高等职业教育教材

化工产品分析与检测

朱啟进　主　编

王广菊　副主编

HUAGONG
CHANPIN
FENXI
YU JIANCE

化学工业出版社
·北京·

内容简介

《化工产品分析与检测》全面贯彻党的教育方针,落实立德树人根本任务,在教材中有机融入党的二十大精神,并根据化工分析类专业课程标准编写。全书安排十一个学习任务,精心选择了工业循环冷却水、工业过氧化氢、工业盐酸、工业硫酸、工业氢氧化钠、石灰、工业碳酸钠、石灰石、原盐、工业成品甲醇、聚氯乙烯树脂产品。化工产品按照中性、酸性、碱性、盐、有机化工产品、高分子化工产品的顺序进行编排,将分析化学和仪器分析基本原理贯穿到学习任务中,具有实用性和可操作性,涵盖了较为广泛的化工产品领域的分析方法。每个学习任务配有测试任务供学生自我检测。本书拓展知识,读者可以通过扫描二维码获取。

每个学习任务分为学习目标、任务准备、任务实施、测试题四个部分。结合化学检验工技能测试,充分融合化工产品的检验知识。

本书可作为高职高专化工分析类、应用化工技术类专业的教材,也可供从事分析、化验、商检等工作的技术人员参考。

图书在版编目(CIP)数据

化工产品分析与检测/朱啟进主编;王广菊副主编
. —北京:化学工业出版社,2022.10
ISBN 978-7-122-42565-2

Ⅰ.①化… Ⅱ.①朱…②王… Ⅲ.①化工产品-分析-高等职业教育-教材②化工产品-检测-高等职业教育-教材 Ⅳ.①TQ075

中国版本图书馆 CIP 数据核字(2022)第 212781 号

责任编辑:刘心怡   文字编辑:邢苗苗
责任校对:张茜越   装帧设计:李子姮

出版发行:化学工业出版社(北京市东城区青年湖南街 13 号 邮政编码 100011)
印   装:三河市延风印装有限公司
787mm×1092mm 1/16 印张 16½ 字数 409 千字 2023 年 9 月北京第 1 版第 1 次印刷

购书咨询:010-64518888   售后服务:010-64518899
网   址:http://www.cip.com.cn
凡购买本书,如有缺损质量问题,本社销售中心负责调换。

定   价:49.80 元

本书是根据化工类专业课程教学改革的要求编写的。本书内容设计依据课程教学标准，贯彻国务院《关于印发国家职业教育改革实施方案的通知》（国发〔2019〕4号）、教育部《关于职业院校专业人才培养方案制订与实施工作的指导意见》（教职成〔2019〕13号）精神，突出职业教育的类型特点，深化产教融合、校企合作、育训结合。全书紧紧围绕以"立德树人"为根本、以"能力提升"为工作任务、以提升专业素养为核心，融入思政元素。在内容和编写上紧密联系生产实际和社会实践，突出实用性和实践性，注重学生职业能力和职业精神的培养。

本书主要有以下特点：

1. 突出职业教育特色

结合目前高职高专院校开展的教学改革，针对高职高专教育的培养目标和受教育者的特点。本书的编写注重培养学生的实践能力，基础理论设计以"实用为主、必须和够用"为原则，基本技能贯穿于教材编写的始终，同时融入课程思政，有助于提高学生的专业素养。

2. 教学目标、教学任务明确

每个教学任务都有明确的学习目标，学生在解决任务的过程中，清楚地知道"为了什么做？做什么？怎么做？"的目标和任务，便于教师对学生进行行为导向的教学，引导学生在完成一个个工作任务的过程中，发现问题、解决问题，充分体现学生"做中学、学中做"的学习方法，使学生在完成工作任务的同时将理论知识消化，充分地将理论与实践有机融合在一起，从而达到良好的教学效果。

3. 充分结合化学检验工职业能力

高职阶段教育要求化工分析类专业在校期间拿到相应的职业资格证书，本书内容在承接分析化学的基础上，让学生能够充分通过实践锻炼提升分析检验技能，为后期分析工技能培训、比赛、取得相关职业资格证书夯实基础。

本书内容主要有理论知识和学习任务两大部分。在学习任务中，以完成若干个明确的任务为导向，由实际问题出发，通过典型问题的分析处理，重点训练学生对化工产品分析检验的能力。通过若干个任务的具体操作，促使学生了解化工产品分析检验的具体应用。本书还将教学内容、训练内容和测试练习集成在一起，方便学生学习、巩固和运用知识。

本书将化工产品分析的原理与思政元素和中华优秀传统文化相结合，将"树立正确世界观、人生观、价值观"融入课堂教学，把思政工作贯穿到教育教学全过程。

本书由兰州石化职业技术大学朱啟进任主编，王广菊为副主编并统稿。其中学习任务一、二、五、六由朱啟进编写；学习任务三、四、七、八由王广菊编写；学习任务九、十、十一由岳晓德编写。全书的整理、校对和编排工作由王广菊完成。

本书在编写过程中，得到编者所在学校领导和同事的关心和帮助，同时也得到了化学工业出版社的大力支持，在此一并致谢。

由于编者水平和经验有限，编写时间紧，书中难免存在不妥之处，敬请广大读者批评指正。

编　者
2022 年 8 月

学习任务一　工业循环冷却水水质分析

学习目标　　1

任务准备　　2

一、工业用水概述　　2

二、水样的采集和保存　　4

任务实施　　6

任务 1　工业循环冷却水中 pH 值的测定　　6

任务 2　工业循环冷却水电导率的测定　　9

任务 3　工业循环冷却水浊度的测定　　13

任务 4　工业循环冷却水硬度的测定　　16

任务 5　工业循环冷却水中钙、镁离子的测定　　19

任务 6　工业循环冷却水总碱及酚酞碱度的测定　23

任务 7　工业循环冷却水中氯离子的测定　　26

任务 8　工业循环冷却水中铁含量的测定　　29

任务 9　工业循环冷却水中总磷含量的测定　　33

任务 10　工业循环冷却水中硅含量的测定　　36

测试题　　40

学习任务二　工业过氧化氢分析

学习目标　　42

任务准备　　42

一、工业过氧化氢概述　　42

二、工业过氧化氢质量指标　　43

任务实施　　44

任务 1　过氧化氢含量的测定　　44

任务 2　双氧水中游离酸含量的测定　　47

测试题　　50

学习任务三　工业盐酸分析

学习目标　　53

任务准备　　53

一、盐酸质量指标　　53

二、工业用合成盐酸的采样及检验规则　　55

三、工业用合成盐酸的标志、包装、运输和
贮存及安全事项　　55

任务实施　　56

任务 1　工业盐酸总酸度的测定　　56

任务 2　工业盐酸中铁含量的测定　　60

任务 3　工业盐酸中灼烧残渣含量的测定　　65

任务 4　工业盐酸中游离氯含量的测定　　67

测试题　　70

学习任务四　工业硫酸分析

学习目标　　72

任务准备　　73

一、工业硫酸概述　　73
二、工业硫酸质量指标　　73

任务实施　　74

任务 1　浓硫酸中硫酸质量分数的测定　　74
任务 2　浓硫酸中灰分质量分数的测定　　77

任务 3　工业硫酸中铁质量分数的测定　　79
任务 4　工业硫酸中砷质量分数的测定　　83
任务 5　工业硫酸中铅质量分数的测定　　87
任务 6　工业硫酸中汞质量分数的测定　　90

测试题　　95

学习任务五　工业氢氧化钠分析

学习目标　　96

任务准备　　97

一、工业用氢氧化钠的质量要求和分析方法　　97
二、氢氧化钠产品的采样、标志、包装、运输、
　　贮存和安全　　98
三、型式检验项目　　99

任务实施　　99

任务 1　工业氢氧化钠中 NaOH 和 Na_2CO_3
　　含量的测定　　100
任务 2　工业氢氧化钠中氯化钠含量的测定　　103
任务 3　工业氢氧化钠中 $NaClO_3$ 含量的测定　　107
任务 4　工业氢氧化钠中铁含量的测定　　110

测试题　　116

学习任务六　石灰分析

学习目标　　117

任务准备　　118

一、冶金石灰质量指标　　118
二、冶金石灰的采样、制样及分析方法　　118

任务实施　　119

任务 1　石灰中氧化钙、氧化镁含量的测定　　119
任务 2　石灰灼烧减量的测定　　123
任务 3　石灰活性度的测定　　125
任务 4　石灰粒度的测定　　128
任务 5　石灰生过烧量的测定　　130

测试题　　133

学习任务七　工业碳酸钠分析

学习目标　　135

任务准备　　135

一、工业碳酸钠概述　　135
二、工业碳酸钠质量指标　　136

任务实施　　136

任务 1　工业碳酸钠中总碱量的测定　　137

任务 2　工业碳酸钠中氯化物含量的测定　　140
任务 3　工业碳酸钠中铁含量的测定　　142
任务 4　硫酸盐含量的测定　　146
任务 5　水不溶物含量的测定　　149
任务 6　烧失量的测定　　152

测试题　　155

学习任务八　石灰石分析

学习目标　157

任务准备　158

一、石灰石质量指标　158

二、石灰石采样、样品制备方法及分析要求　158

三、石灰石运输和贮存注意事项　160

任务实施　160

任务1　石灰石中碳酸钙和氧化镁含量的测定　160

任务2　石灰石中二氧化硅含量的测定　164

任务3　石灰石中氧化铝含量的测定　169

任务4　石灰石中氧化铁含量的测定　174

测试题　179

学习任务九　原盐分析

学习目标　181

任务准备　181

一、原盐概述　181

二、原盐质量指标　182

任务实施　183

任务1　盐水中 Na_2SO_4 含量的测定　183

任务2　盐水中 NaCl 含量的测定　186

任务3　盐水中 NaOH 和 Na_2CO_3 含量的测定　189

任务4　盐水中钙离子和镁离子含量的测定　192

任务5　盐水中游离氯含量的测定　195

任务6　盐水中 $NaClO_3$ 含量的测定　197

任务7　盐水中 Na_2SO_3 含量的测定　200

任务8　盐水中固体悬浮物(SS)含量的测定　202

测试题　205

学习任务十　工业成品甲醇分析

学习目标　207

任务准备　208

一、工业用甲醇质量指标　208

二、工业用甲醇采样及检验规则　208

三、工业用甲醇的标志、包装、运输和贮存及安全事项　209

任务实施　209

任务1　工业甲醇色度的测定　209

任务2　工业甲醇密度的测定　212

任务3　工业甲醇水混溶性的测定　214

任务4　工业甲醇酸度和碱度的测定　216

任务5　工业甲醇沸程的测定　218

任务6　工业甲醇蒸发残渣的测定　224

测试题　227

学习任务十一　聚氯乙烯树脂分析

学习目标　229

任务准备　230

一、聚氯乙烯树脂质量指标　230

二、聚氯乙烯树脂的组批、采样及检验　231

三、聚氯乙烯树脂的标志、包装运输和贮存　232

任务实施   232

  任务 1 聚氯乙烯树脂黏数的测定   232

  任务 2 聚氯乙烯树脂的杂质与外来粒子数
           的测定   238

  任务 3 聚氯乙烯树脂挥发物（包括水）

           的测定   240

  任务 4 聚氯乙烯树脂表观密度的测定   242

  任务 5 聚氯乙烯树脂"鱼眼"的测定   245

  任务 6 聚氯乙烯树脂热稳定性试验   248

测试题   250

附录

参考文献

学习任务一　工业循环冷却水水质分析

学习目标

任务说明

　　循环冷却水是工业用水中的用水大项，在石油化工、电力、钢铁、冶金等行业，循环冷却水的用量占企业用水总量的 50%～90%。循环冷却水由于受浓缩倍数的制约，在运行中必须要排出一定量的浓水和补充一定量的新水，使冷却水中的含盐量、pH 值、有机物浓度、悬浮物含量等控制在一个合理的范围。对这部分浓水排放进行处理回用，具有非常重要的意义。它不但能提高水的重复利用率，节约水资源，而且能极大程度改善循环冷却水的整体状况。

　　在贯彻国家节约水资源的环境保护方针政策指引下，促进工业循环冷却水的循环利用和污水资源化，有效控制和降低循环冷却水所产生的各种危害，保证设备的换热效率和延长使用寿命，减少排污，确保实现达标排污的要求，减少对环境的污染和破坏，使工业循环冷却水处理实现技术先进、经济适用、安全可靠。工业生产过程中，就需要对工业循环冷却水水质进行检验分析。

知识目标

1. 掌握工业循环冷却水的取样、保存和 pH 值多种测定方法及原理。
2. 掌握工业循环冷却水硬度、氯离子、铁离子、总磷含量等的测定方法及原理。
3. 掌握分析数据的记录与处理。
4. 掌握工业循环冷却水分析仪器的使用与维护。

技能目标

1. 具有正确取样的技能。
2. 能正确熟练地使用与维护工业用水分析检测仪器。
3. 具有对分析测定的数据处理的能力，并能提出优化建议。
4. 会正确运用酸度计。

素养目标

1. 培养学生严谨、细致、认真的工作态度。
2. 培养学生团结协作的工作精神。
3. 培养学生环保意识、安全意识、经济意识。

【任务准备】

一、工业用水概述

1. 水中的杂质和水质

水是分布最广的自然资源，也是人类环境的重要组成部分。水是一种良好的溶剂，在自然界的循环过程中与一些物质相接触时，或多或少地溶解了一些杂质，我们把水及其所含的杂质共同表现的综合特性称为水质。

天然水中的杂质主要分为两大类，即悬浮杂质和溶解杂质。悬浮在水中的无机物包括少量沙土和煤灰；有机悬浮物包括有机物的残渣及各种微生物。溶解在水中的气体包括来自空气中的氧气、二氧化碳、氮气和工业排放的气体污染物如氨、硫氧化物、氮氧化物、硫化氢、氯气等；溶解在水中的无机盐类主要有碳酸盐、硫酸盐、氯盐以及相应的镁盐、钠盐、钾盐、铁盐、锰盐和其他金属盐；溶解的有机物，主要是动植物分解的产物。

2. 水中杂质的危害

（1）水中溶解的气体对水质的影响　水中溶解的氧气不仅会引起金属的化学腐蚀，还会导致危害更大的电化学腐蚀。溶于水的二氧化碳对水的 pH 产生影响，含 CO_2 多的水显酸性，会导致金属设备的腐蚀。氨在潮湿空气中或含氧水中会引起铜和铜合金的腐蚀。氨与铜离子能形成稳定的配合物而降低铜的氧化还原电极电位，使铜易被氧化腐蚀，导致铜质工业设备的损坏。溶于水的二氧化硫和硫化氢都使水显酸性，硫离子能强烈促进金属的腐蚀，其危害更大；硫化氢有强还原性，会与水中的氧化性杀菌剂或铬酸盐等强氧化性缓释剂反应而使它们失效。

（2）水中溶解的无机盐类的影响　从自然界得到的水都溶有一定量的可溶性钙盐和镁盐，含可溶性钙盐、镁盐较多的水称为硬水。根据所含钙盐、镁盐种类的不同，又分为暂时硬水和永久硬水。硬水中的碳酸氢钙和碳酸氢镁，在煮沸过程中会转变成碳酸盐沉淀析出，此硬水称为暂时硬水。硬水中钙、镁的硫酸盐、氯化物，在煮沸时不会沉淀析出，故称该硬水为永久硬水。含钙、镁离子较少或不含钙、镁离子的水称为软水。硬水对肥皂和合成洗涤剂的洗涤性能影响很大。硬水也不适合作锅炉用水，它容易产生水垢，使锅炉热效率降低，甚至引起爆炸。

Fe^{3+} 都是以氢氧化铁胶体形式悬浮于水中，会相互作用凝聚沉积在锅炉金属表面形成难以去除的锈垢，并引发金属进一步腐蚀。而溶在水中的 Fe^{2+} 的含量过多会引起铁细菌的滋生。Fe^{2+} 与磷酸根离子结合形成的磷酸亚铁是黏着性很强的污垢，而且能加快碳酸钙沉淀的结晶速度。

铜离子在水中含量一般不高，但它对金属腐蚀有明显影响。

水体中对人体有害的金属离子主要有汞、镉、铬、铅、砷等重金属离子。

Cl^- 易于吸附在金属表面，并渗入金属表面氧化膜保护层内部，而导致腐蚀。此外，OH^-、CO_3^{2-}、HCO_3^- 等与钙、镁离子一样都是成垢离子。

此外，油污水中的油污，二氧化硅水中溶解少量以硅酸或可溶性硅酸盐形式存在的二氧化硅，对水质的影响也不小。

3. 水质分析

（1）水质指标　水的质量好坏的技术指标称为水质指标，它包括水的物理指标、化学指标及生物指标。水质分析是根据水质指标和水质标准，用其要求的分析技术对水中杂质进行的分析。水质分析是工业分析和环境分析等的重要组成部分。水质的优劣，直接影响工业产品的质量和设备的使用，直接影响农作物的生长及质量，关系到人类的健康和整个生态的平衡等。因此，对生活饮用水、工农业用水等各种用途的水都必须进行水质分析。在实际水质分析中，应根据水的来源及用途，选择水质指标项目、水质标准，并按标准规定的分析方法进行分析。

（2）水质标准　水质标准是水质指标要求达到的合格范围，是对生活饮用水、工农业用水等各种用途的水中污染物质的最高容许浓度或限量阈值的具体限制和要求，是水的物理、化学和生物学的质量标准。

不同用途对水质有不同的要求。对饮用水主要考虑对人体健康的影响；对工业用水则应考虑是否影响产品质量或易于损害容器及管道，其水质标准中多数无微生物限制。工业用水的要求也因行业特点或用途的不同而不同。例如，锅炉用水要求悬浮物、氧气、二氧化碳含量要少，硬度要低；纺织工业用水要求硬度要低，铁离子、锰离子含量要极少；化学工业中氯乙烯的聚合反应要在不含任何杂质的水中进行。我国蒸汽锅炉和汽水两用锅炉的给水，一般应采用锅外化学处理，其水质应符合表 1-1 的规定。

表 1-1　蒸汽锅炉和汽水两用锅炉的给水、锅水对水质指标的规定（GB 1576—2018）

项目		给水			锅水		
额定蒸汽压力/MPa		≤1.0	>1.0 ≤1.6	>1.6 ≤2.5	≤1.0	>1.0 ≤1.6	>1.6 ≤2.5
悬浮物浓度/(mg/L)		≤5	≤5	≤5	—	—	—
总硬度/(mmol/L)		≤0.03	≤0.03	≤0.03	—	—	—
总碱度/(mmol/L)	无过热器	—	—	—	软化水：4～26 除盐水：≤26	软化水：4～24 除盐水：≤24	软化水：4～16 除盐水：≤16
	有过热器	—	—	—	—	≤14	≤12
pH(25℃)		软化水：7.0～10.5 除盐水：8.5～10.5	软化水：7.0～10.5 除盐水：8.5～10.5	软化水：7.0～10.5 除盐水：8.5～10.5	10～12	10～12	10～12
溶解氧浓度/(mg/L)		≤0.1	软化水：≤0.1 除盐水：≤0.05	≤0.05			
溶解固形物浓度(mg/L)	无过热器	—	—	—	≤4000	≤3500	≤3000
	有过热器	—	—	—	—	≤3000	≤2500
SO_3^{2-} 浓度/(mg/L)		—	—	—	—	10～30	10～30
PO_4^{3-} 浓度/(mg/L)		—	—	—	—	10～30	10～30
相对碱度（游离 NaOH/溶解固形物）		—	—	—	—	<0.2	<0.2
含油量/(mg/L)		≤2	≤2	≤2	—	—	—
含铁量/(mg/L)		≤0.3	≤0.3	≤0.3	—	—	—

（3）水样的类型

① 瞬时水样。指在某一时间和地点从水体中随机采集的分散水样。对于组成较稳定的水体，或水体的组成在相当长的时间和相当于大的空间范围变化不大，采瞬时水样具有很好的代表性；当水体组分及含量随时间和空间变化时，就应隔时、多点采集瞬时水样，分别进行分析，摸清水质的变化规律。

② 混合水样。等时混合水样：指在某一时段内，在同一采样点按等时间间隔所采等体积水样的混合水样。等比例混合水样：指在某一时段内，在同一采样点所采水样量随时间或流量成比例的混合水样。

③ 综合水样。把不同采样点同时采集的各个瞬时水样混合起来所得到的样品称作"综合水样"。这种水样在某些情况下更具有实际意义。例如，当几条污水河、渠建立综合处理厂时，以综合水样取得的水质参数作为设计的依据更为合理。

二、水样的采集和保存

1. 水样的采集

采样量根据测定项目的多少而定，一般采集 2～3L 为宜。若测定苯并芘等项目，则需采集 10L 水样。

（1）采样器和采样方法

① 玻璃瓶和聚乙烯瓶。采样前先将容器洗净，采样时用水样冲洗 3 次，再将水样采集于瓶中。采集自来水和带有抽水设备的井水时，应先放几分钟再采集。而采集江、河、水库等地面水样时，可将采样器浸于水中液面下 20～30cm 处，然后打开瓶塞，使水进入瓶中。

② 单层采样器。单层采样器适用于采集水流较平稳的深层水样，其结构如图 1-1 所示。其是一个装在金属框内用绳子吊起的玻璃采样瓶，框底有一铅锤，以增加质量，瓶口配有橡胶塞，以软绳系牢，绳上标有高度，当采样时，将其沉降至所需深度，上提提绳打开瓶塞，当水充满采样瓶后提出。

③ 急流采样器。急流采样器适用于采集流量大、水流急的水样，其结构如图 1-2 所示。将一根长钢管固定在铁框上，管内装一根橡胶管，橡胶管上部用夹子夹紧，下部与瓶塞上的短玻璃管相连，瓶塞上另有一长玻璃管通至采样瓶近底处。采样前塞紧橡胶塞，然后将采样器垂直沉至要求的水深处，打开上部橡胶管夹，水样即沿长玻璃管流入样品瓶中，瓶内空气由短玻璃管沿橡胶管排出。由于它是与空气隔绝的，所以采集的水样也可用于测定水中溶解性气体。

④ 双层采样器。双层采样器适用于采集溶解性气体水样，其结构如图 1-3 所示。采样时，将采样器沉至要求的水深处，打开上部的橡皮管夹，水样进入小瓶并将空气驱入大瓶，从连接大瓶短玻璃管排出，直到大瓶中充满水样，提出水面后迅速密封。

此外，还有直立式采水器、塑料手摇采样器、电动采样器及自动采样器等。

（2）水样采集的时间间隔　各种工业废水都含有一定的污染物质，其浓度和排放量与工艺、操作时间及开工率不同而有很大的差异。采样时间和频率取决于排污情况和分析要求。

一般，工业废水的采样时间应尽可能选择在开工率、运转时间及设备等处于正常状况时，并且至少以调查一个操作口作为一个变化单位。在生产和废水排放周期内，应根据废水排放的具体情况来确定时间间隔。

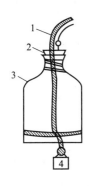

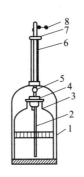

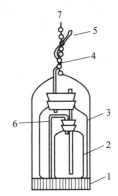

图 1-1 单层采样器

1—绳子；2—带绳的橡胶塞；
3—采样瓶；4—铅锤

图 1-2 急流采样器

1—铁框；2—长玻璃管；3—采样瓶；
4—橡胶塞；5—短玻璃管；6—钢管；
7—橡胶管；8—夹子

图 1-3 双层采样器

1—带重锤的铁框；2—小瓶；
3—大瓶；4—橡胶管；5—
夹子；6—塑料管；7—绳子

2. 水样的保存

由于水样内存在各种物理、化学、生物的作用，因而常发生各种变化。因此，采样和分析间隔要尽可能缩短。对于不能尽快分析的水样，应根据不同的测定项目，采取适宜的保存方法。常用的水样保存方法有以下几种：

（1）冷藏法和冷冻法　冷藏温度一般是 2～5℃，冷冻温度为 -20℃，以抑制微生物活动，减缓物理挥发和化学反应速率。

（2）加入化学试剂法　根据待测水样的测定项目，在水样中加入适当的试剂，如生物抑制剂、酸、碱、氧化剂或还原剂等，以避免待测组分在存放过程中发生变化。例如，加酸保存，可防止重金属离子水解沉淀和抑制细菌对一些测定项目的影响。加碱可防止氰化物等组分的挥发。当水样的 pH 低时，六价铬易被还原，因此其不应在酸性溶液而应在接近中性或弱碱性（pH7～9）溶液中保存。加入氧化剂或还原剂，可抑制氧化还原反应和生化作用。可见，在实际中应根据水样的组成、物理性质、化学性质等合理选择其保存方法。常见水质分析项目对存放水样容器的要求和水样保存方法见表 1-2。

表 1-2 常见水质分析项目对存放水样容器的要求和保存方法

项目	采样容器	保存方法
pH	玻璃瓶或聚乙烯瓶	最好现场测定，必要时 4℃保存，6h 测定
总硬度	聚乙烯瓶或玻璃瓶	必要时加硝酸至 pH<2
金属（铁、锰、铜、锌、镉、铅）	聚乙烯瓶或玻璃瓶	加硝酸至 pH<2
挥发酚类	玻璃瓶	加氢氧化钠至 pH≥12,4℃保存，24h 内测定
氟化物	聚乙烯瓶	4℃保存
氰化物	玻璃瓶或聚乙烯瓶	加氢氧化钠至 pH≥12,4℃保存，24h 内测定
砷、硒	玻璃瓶或聚乙烯瓶	—
汞	聚乙烯瓶	加 1+9 硝酸[①]（内含重铬酸钾 50g/L）至 pH<2,10d 内测定
铬（Ⅵ）	内壁无磨损的玻璃瓶	加氢氧化钠至 pH7～9，尽快测定

项目	采样容器	保存方法
细菌总数	消毒玻璃瓶	在 4h 内检验
总大肠菌群	消毒玻璃瓶	在 4h 内检验
余氯	玻璃瓶	现场测定
氨氮	玻璃瓶或聚乙烯瓶	每 1L 水样加 0.8mL 硫酸,4℃保存,24h 内测定
亚硝酸盐氮	玻璃瓶或聚乙烯瓶	4℃保存,尽快分析
硝酸盐氮	玻璃瓶或聚乙烯瓶	每 1L 水样加 0.8mL 硫酸,4℃保存,24h 内测定
耗氧量	玻璃瓶	每 1L 水样加 0.8mL 硫酸,4℃保存,24h 内测定
氯化物	玻璃瓶或聚乙烯瓶	—
硫酸盐	玻璃瓶或聚乙烯瓶	—
碘化物	玻璃瓶或聚乙烯瓶	24h 测定
苯并[a]芘	玻璃瓶(棕色)	—

①：1+9 硝酸指 1 体积的硝酸溶于 9 体积的水中。

【任务实施】

工作任务

学习情境	任务目标	学习任务	任务实施方法
工业循环冷却水分析与检测	1. 掌握液体物质的取样方法 2. 掌握工业循环冷却水中可能存在的物质 3. 查找相关材料制定分析检测指标 4. 能正确操作、维护使用仪器设备 5. 能准确处理分析检测结果 6. 根据国标分析工业循环冷却水不合格的原因并能提出合理化的改进建议	1. 掌握工业循环冷却水 pH 的测定方法原理与操作方法 2. 掌握工业循环冷却水酸碱度、硬度等的测定方法原理与操作方法	任务驱动、引导实施、小组讨论、多媒体教学演示、讲解分析、总结、边学边做

任务 1　工业循环冷却水中 pH 值的测定

任务描述

　　工业循环冷却水中的 pH 值，是冷却水化学处理的一个最重要的指标，它是鉴定水的腐蚀和评定水处理技术的重要依据，要成功地实施任一水的化学处理方案，必须考虑冷却水 pH 值的重要影响。因而，冷却水的 pH 值是一个经常要分析、检测的项目。

一、测定原理（玻璃电极法）

水溶液的 pH 通常是用酸度计进行测定的。以玻璃电极作指示电极，饱和甘汞电极作参比电极，同时插入被测试液之中组成工作电池，该电池可以用下式表示：

$$(-)Ag, AgCl \mid HCl(0.1mol/L) \mid 玻璃膜 \mid 试液 \parallel KCl(饱和) \mid Hg_2Cl_2, Hg(+)$$

$$\mid\longleftarrow 玻璃电极 \longrightarrow\mid \qquad \mid\longleftarrow 饱和甘汞电极 \longrightarrow\mid$$

在一定条件下，工作电池的电动势可表示为

$$E = K' + 0.059pH(25℃)$$

由测得的电动势虽然能算出溶液的 pH，但因上式中的 K' 值是由内、外参比电极的电位以及难以计算的不对称电位和液接电位所决定的常数，实际计算并非易事。因此在实际工作中，当用酸度计测定溶液的 pH 时，经常用已知 pH 的标准缓冲溶液来校正酸度计（也叫"定位"）。校正时应选用与被测溶液的 pH 接近的标准缓冲溶液，以减少在测量过程中可能由于液接电位、不对称电位以及温度等变化而引起的误差。校正后的酸度计，可直接测量水或其他低酸碱度溶液的 pH。

二、试剂与仪器

1. 试剂

pH 标准缓冲溶液（25℃）：pH 4.00（0.05mol/L $KHC_8H_4O_4$ 溶液），pH 6.86（0.025mol/L KH_2PO_4 和 0.025mol/L Na_2HPO_4 的混合溶液），pH 9.18（0.01mol/L $Na_2B_4O_7 \cdot 10H_2O$ 溶液）。

2. 仪器

PHS-2 型酸度计，玻璃电极与饱和甘汞电极。

三、分析步骤

① 按照酸度计说明书中的操作方法进行操作。

摘去饱和甘汞电极的橡皮帽，并检查内电极是否浸入饱和 KCl 溶液中，如未浸入，应补充饱和 KCl 溶液。安装玻璃电极和饱和甘汞电极，并使饱和甘汞电极稍低于玻璃电极，以防止杯底及搅拌子碰坏玻璃电极薄膜。

② 将电极和塑料烧杯用水冲洗干净后，用标准缓冲溶液荡洗 1～2 次（电极用滤纸吸干）。

③ 用标准缓冲溶液校正仪器。

④ 用水样将电极和塑料烧杯冲洗 6～8 次后，测量水样。由仪器刻度表上读出 pH。

⑤ 测量完毕后，将电极和塑料烧杯冲洗干净，妥善保存。

四、任务执行

1. 准备

（1）以小组为单位，综合分析考虑实验室条件、实验方法、安全环保的可行性，明确分配任务。由组长填写完成任务分配表（详见附录）。

（2）查阅参考文献资料，完成实施前的任务问题。

① 安装电极时，应注意哪些问题？

② 电极经长期使用后会产生什么现象？如何解决？

③ 电位法测定 pH 值的基本原理是什么？

④ 酸度计为什么要用已知 pH 值的标准缓冲溶液校正？校正时应注意什么？

⑤ 玻璃电极在使用前应如何处理？为什么？玻璃电极、甘汞电极在使用时应注意什么？

2. 实施

（1）制订分析检验方案　以小组为单位，综合分析考虑实验室条件、实验方法、安全环保的可行性，制订相应的检测方案，并列出所需仪器和药品（详见附录）。

① 实验所需药品。

② 实验所需仪器。

③ 检测步骤：调试仪器、定位、水样的测定。

（2）审核分析检验方案　各组将制订好的计划检测方案交指导教师审核，在教师指导下修改完善，批准后再实施。

（3）分析检验项目的实施

① 各组根据实验室现有条件选择所用仪器，填写仪器使用情况登记表，各自洗净、备用。

② 领取所需的化学药品和标准缓冲溶液，装入试剂瓶，贴好标签，备用。

③ 学生各组独立完成检验项目，填写好原始数据记录表及检验报告单。

④ 对分析检验结果进行描述总结。

pH 值分析检验原始数据记录表

样品名称		测定人	
样品编号		校核人	
检测依据		检测日期	
室温/℃		湿度	
样品温度及温度补偿		℃	
以标准缓冲溶液校正	(1)pH=	(2)pH=	(3)pH=
记录项目	第一份	第二份	第三份
pH 值			
平均值			
绝对差值			
标准规定 pH 平行测定结果的绝对值之差	≤0.1	本次测定结果是否符合要求	

（4）数据处理　将水质分析结果填至下表中，并进行相关计算。

水质分析结果报告单

来样单位			
采样日期	年　月　日	分析日期	年　月　日
批号		批量/t	
执行标准			
分析人		复核人	

检测项目	企业指标值	实测结果
pH 值		
酸碱度		
氯离子含量		
电导率		
硬度		
钙镁离子含量		
铁含量		
总磷含量		
硅含量		

五、评价与反馈

1. 总结反思

分组讨论检测过程中的操作要点和要注意的细节，并做汇报。

2. 考核细则　（见附录）

 任务 2　工业循环冷却水电导率的测定

任务描述

电导率是电阻率的倒数，是电极截面积为 $1cm^2$、两电极间距离为 1cm 时溶液的电导。电导率的国际制单位是 S/m，在水质分析中常用（μS/cm）表示。

水溶液的电导率取决于电解质的性质，溶液的浓度、温度和黏度等。一般情况下溶液的电导率是指 25℃时的电导率。不同类型的水，其电导率也不同。电导率常用于间接测定水中离子的总浓度或含盐量。

GB/T 6908—2018《锅炉用水和冷却水分析方法　电导率的测定》中规定了工业循环冷却水电导率的测定方法电导仪法。本方法适用于锅炉用水、冷却水、除盐水中的电导率在 $0.055 \sim 10^6$ μS/cm（25℃）的测定，也适用于天然水及生活用水的电导率的测定。

一、方法概要

水中含有各种溶解性盐类，并以离子的形式存在。当水中插入一对电极并通电后，在电场的作用下，带电的离子做定向移动，水中的阴离子移向阳极，阳离子移向阴极，使水溶液起导电作用，水的导电能力的强弱程度称为电导（G）。电导率随温度变化而变化，温度每升高 1℃，电导率增加约 2%，通常规定 25℃为测定电导率的标准温度。若温度不是 25℃，必须进行温度校正，其经验公式为

$$K_t = K_s [1 + a(t - 25)]$$

式中　K_t——温度 t 时的电导率，μS/cm；

　　　K_s——25℃下的电导率，μS/cm；

　　　t——温度，℃；

　　　a——各种离子电导率的平均温度系数，定为 0.022。

二、试剂与仪器

1. 试剂

① 水：符合 GB/T 6682—2008 要求。

② 氯化钾标准溶液：$c(KCl)=1mol/L$。

称取在 105℃ 干燥 2h 的优级纯氯化钾（或基准试剂）74.2460g，用新制备的二级试剂水溶解后移入 1000mL 容量瓶中，在（20±2）℃下稀释至刻度，混匀。放入聚乙烯塑料瓶或硬质玻璃瓶中，密封保存。

③ 氯化钾标准溶液：$c(KCl)=0.1mo/L$。

称取在 105℃ 干燥 2h 的优级纯氯化钾（或基准试剂）7.4246g，用新制备的二级试剂水溶解后移入 1000mL 容量瓶中，在（20±2）℃下稀释至刻度，混匀。放入聚乙烯塑料瓶或硬质玻璃瓶中，密封保存。

④ 氯化钾标准溶液：$c(KCl)=0.01mo/L$。

称取在 105℃ 干燥 2h 的优级纯氯化钾（或基准试剂）0.7425g，用新制备的二级试剂水溶解后移入 1000mL 容量瓶中，在（20±2）℃下稀释至刻度，混匀。放入聚乙烯塑料瓶或硬质玻璃瓶中，密封保存。

⑤ 氯化钾标准溶液：$c(KCl)=0.001mol/L$。

移取 0.01mol/L 氯化钾标准溶液 100mL 至 1000mL 容量瓶中，用新制备的一级试剂水在（20±2）℃稀释至刻度，混匀。

⑥ 氯化钾标准溶液：$c(KCl)=1\times10^{-4}mol/L$。

在（20±2）℃移取 0.01mo/L 氯化钾标准溶液 10mL 至 1000mL 容量瓶中，用新制备的一级试剂水稀释至刻度，混匀。

⑦ 氯化钾标准溶液：$c(KCl)=1\times10^{-5}mol/L$。

在（20±2）℃移取 0.001mol/L 氯化钾标准溶液 10mL 至 1000mL 容量瓶中，用新制备的一级试剂水稀释至刻度，混匀。

⑧ 氯化钾标准溶液：$c(KCl)=1\times10^{-6}mol/L$。

在（20±2）℃移取 $1\times10^{-5}mol/L$ 氯化钾标准溶液 100mL 至 1000mL 容量瓶中，用新制备的一级试剂水稀释至刻度，混匀。

氯化钾标准溶液在不同温度下的电导率如下表所示。

氯化钾标准溶液的电导率

溶液浓度/(mol/L)	温度/℃	电导率/(μS/cm)
1	1	65176
	18	97838
	25	111342
0.1	0	7138
	18	11167
	25	12856

溶液浓度/(mol/L)	温度/℃	电导率/(μS/cm)
0.01	0	773.6
	18	1220.5
	25	1408.8
0.001	25	146.93
1×10^{-4}	25	14.89
1×10^{-5}	25	1.4985
1×10^{-6}	25	0.14985

注：此表中的电导率已将氯化钾标准溶液配制时所用试剂水的电导率扣除。

2. 仪器

① 电导率仪：测量范围 $0.01 \sim 10^6 \mu S/cm$。

电导率仪由电导池系统和测量仪器组成。电导池是盛放或发送被测溶液的仪器，电导池中装有电导电极和感温元件，电导电极分片状光亮和镀铂黑的铂电极及 U 形铂电极，每一电极有各自的电导常数。

② 电导电极（简称电极）。

③ 温度计：实验室测定时精度为 $\pm 0.1℃$，非实验室测定时精度为 $\pm 0.5℃$。

④ 其他一般实验室仪器。

三、分析步骤

① 电导率仪的校正、操作、读数应按其使用说明书的要求进行。

② 根据水样的电导率大小，参照下表选用不同电导池常数电极。将选择好的电极用二级试剂水洗净，再冲洗 $2 \sim 3$ 次，浸泡备用。测量电导率小于 $3 \mu S/cm$ 的水样时，须用一级试剂水冲洗浸泡电极。

不同电导池常数电极的选用

电导池常数/cm^{-1}	电导率/(μS/cm)
0.001	0.1 以下
0.01	$0.1 \sim 10$
$0.1 \sim 1.0$	$10 \sim 100$
$1.0 \sim 10$	$100 \sim 100000$
$10 \sim 50$	$100000 \sim 500000$

③ 实验室测量时，取 $50 \sim 100mL$ 水样，放入塑料杯或硬质玻璃杯中，将电极和温度计用被测水样冲洗 $2 \sim 3$ 次后，浸入水样中进行电导率、温度的测定，重复取样测定 $2 \sim 3$ 次，在实验室测定时测定结果读数相对误差均在 $\pm 1\%$ 以内，即为所测的电导率值。同时记录水样温度。

④ 非实验室测定时，取 $50 \sim 100mL$ 水样，放入塑料杯或硬质玻璃杯中，将电极和温度计用被测水样冲洗 $2 \sim 3$ 次后，浸入水样中进行电导率、温度的测定，重复取样测定 $2 \sim 3$ 次，在实验室测定时测定结果读数相对误差均在 $\pm 3\%$ 以内，即为所测的电导率值。同时记

录水样温度。

⑤ 电导率仪若带有温度自动补偿，应按仪器的使用说明结合所测水样温度将温度补偿调至相应数值；电导率仪没有温度自动补偿，水样温度不是25℃时，测定数值应按式 (1-1) 换算为25℃的电导率值。

$$S = \frac{S_t K}{1 - \beta(t - 25)} \qquad (1-1)$$

式中，S 为换算成25℃时水样的电导率，$\mu S/cm$；S_t 为水温 t ℃时测得的电导，μS；K 为电导池常数，cm^{-1}；β 为温度校正系数（通常情况下 β 近似等于0.02）；t 为测定时水样温度，℃。

⑥ 电导池常数校正。用校正电导池常数的电极测定已知电导率的氯化钾标准溶液［其温度为（25±0.1）℃］的电导。按式 (1-2) 计算电极的电导池常数。若实验室无条件进行校正电导池常数时，应送有关部门校正。

$$K = (S_0 - S_1)/S_2 \qquad (1-2)$$

式中，K 为电极的电导池常数，cm^{-1}；S_0 为配制氯化钾所用试剂水的电导率，$\mu S/cm$［（25±0.1）℃］；S_1 为氯化钾标准溶液的电导率，$\mu S/cm$［（25±0.1）℃］；S_2 为用校正电导池常数的电极测定氯化钾标准溶液的电导，μS。

⑦ 精密度。实验室测量时测定结果读数相对误差均在±1%之内。非实验室测定时结果读数相对误差均在±3%之内。

四、任务执行

1. 准备

（1）以小组为单位，综合分析考虑实验室条件、实验方法、安全环保的可行性，明确分配任务。由组长填写完成任务分配表（详见附录）。

（2）查阅参考文献资料，完成实施前的任务问题。

① 实验的影响因素主要有哪些？

② 实验过程中有哪些注意事项？

③ 取样测量时，应选用哪些容器？

④ 讨论其在工程实践中的应用。

2. 实施

（1）制订分析检验方案　以小组为单位，综合分析考虑实验室条件、实验方法、安全环保的可行性，制订相应的检测方案，并列出所需仪器和药品（详见附录）。

① 实验所需药品。

② 实验所需仪器。

③ 检测步骤：标准溶液的准备、电导率仪的校正、水样的测定。

（2）审核分析检验方案　各组将制订好的计划检测方案交指导教师审核，在教师指导下修改完善，批准后再实施。

（3）分析检验项目的实施

① 各组根据实验室现有条件选择所用仪器，填写仪器使用情况登记表，各自洗净、备用。

② 领取所需的化学药品和标准缓冲溶液，装入试剂瓶，贴好标签，备用。

③ 学生各组独立完成检验项目，填写好原始数据记录表及检验报告单。

④ 对分析检验结果进行描述总结。

电导率测定原始数据记录表

样品名称		测定人	
样品编号		校核人	
检测依据		检测日期	
室温/℃		湿度	
试验次数	1	2	3
测定值/(μS/cm)			
平均值			
相对误差/%			
标准规定平行测定结果读数相对误差		本次测定结果是否符合要求	

（4）数据处理　将电导率测定结果填至下表中，并进行相关计算。

电导率测定分析结果报告单

来样单位			
采样日期		分析日期	
批号		批量	
执行标准			
检测项目	企业指标值		实测结果
电导率			
检验结论			

五、评价与反馈

1. 总结反思

分组讨论检测过程中的操作要点和要注意的细节，并做汇报。

2. 考核细则　　（见附录）

 任务3　工业循环冷却水浊度的测定

任务描述

　　根据 GB/T 12151—2005《锅炉用水和冷却水分析方法　浊度的测定（福马肼浊度）》中规定，可用分光光度法测定工业循环冷却水浊度。

　　本标准适用于锅炉用水和冷却水中浊度的分析，测定范围 4~400FTU。

一、方法概要

本方法的原理是以福马肼悬浊液作为标准，采用分光光度计比较被测水样和标准悬浊液的透过光的强度，从而进行测定。

水样带有颜色可用 $0.15\mu m$ 滤膜过滤器过滤，并以此溶液作为空白。

二、试剂与仪器

1. 试剂

（1）试剂纯度　应符合 GB/T 6903—2022 有关规定。

（2）无浊度水　将二级试剂水以 3mL/min 流速经 $0.15\mu m$ 滤膜过滤，弃去 200mL 初始滤液，使用时制备。

（3）福马肼浊度贮备标准液（400FTU）

① 硫酸联氨溶液：称取 1.000g 硫酸联氨，用少量无浊度水溶解，移入 100mL 容量瓶中，并稀释至刻度。

② 六次甲基四胺溶液：称取 10.00g 六次甲基四胺，用少量无浊度水溶解，移入 100mL 容量瓶中，并稀释至刻度。

③ 福马肼浊度贮备标准液：分别移取硫酸联氨溶液和六次甲基四胺溶液各 25mL，注入 500mL 容量瓶中，充分摇匀，在 $(25\pm3)℃$ 下保温 24h 后，用无浊度水稀释至刻度。

2. 仪器

① 分光光度计：波长范围 360～910nm。

② 滤膜过滤器：滤膜孔径为 $0.15\mu m$。

③ 容量瓶：100mL、500mL。

④ 移液管：5mL、10mL、25mL、50mL。

三、分析步骤

1. 工作曲线的绘制

① 浊度为 40～400FTU 的工作曲线：按浊度标准液配制（40～400FTU）表用移液管吸取浊度贮备标准液分别加入一组 100mL 容量瓶中，用无浊度水稀释至刻度，摇匀，放入 10mm 比色皿中，以无浊度水作参比，在波长为 660nm 处测定透光度，并绘制工作曲线。

浊度标准液配制（40～400FTU）

贮备标准液/mL	0	10.00	15.00	20.00	25.00	50.00	75.00	100.00
相当水样浊度/FTU	0	40	60	80	100	200	300	400

② 浊度为 4～40FTU 的工作曲线：按浊度标准液配制（4～40FTU）表用移液管吸取浊度贮备标准液分别加入一组 100mL 容量瓶中，用无浊度水稀释至刻度，摇匀，放入 50mm 比色皿中，以无浊度水作参比，在波长为 660nm 处测定透光度，并绘制工作曲线。

浊度标准液配制（4～40FTU）

贮备标准液/mL	0	1.00	1.50	2.00	2.50	5.00	7.50	10.00
相当水样浊度/FTU	0	4	6	8	10	20	30	40

2. 水样的测定

取充分摇匀的水样，直接注入比色皿中，用绘制工作曲线的相同条件测定透光度，从工作曲线上求其浊度。

四、任务执行

1. 准备

（1）以小组为单位，综合分析考虑实验室条件、实验方法、安全环保的可行性，明确分配任务。由组长填写完成任务分配表（详见附录）。

（2）查阅参考文献资料，完成实施前的任务问题。

① 实验的影响因素主要有哪些？

② 在浊度的测定实验过程中有哪些注意事项？

③ 取样测量时，应选用哪些容器？

④ 讨论在工程实践中的应用。

2. 实施

（1）制订分析检验方案 以小组为单位，综合分析考虑实验室条件、实验方法、安全环保的可行性，制订相应的检测方案，并列出所需仪器和药品（详见附录）。

① 实验所需药品。

② 实验所需仪器。

③ 检测步骤：仪器的调试和定位、测试瓶清洗、水样的测定。

（2）审核分析检验方案 各组将制订好的计划检测方案交指导教师审核，在教师指导下修改完善，批准后再实施。

（3）分析检验项目的实施

① 各组根据实验室现有条件选择所用仪器，填写仪器使用情况登记表，各自洗净、备用。

② 领取所需的化学药品和标准缓冲溶液，装入试剂瓶，贴好标签，备用。

③ 学生各组独立完成检验项目，填写好原始数据记录表及检验报告单。

④ 对分析检验结果进行描述总结。

浊度测定原始数据记录表

样品名称		测定人	
样品编号		校核人	
检测依据		检测日期	
室温/℃		湿度	
试验次数	1	2	3
测定值/FTU			
平均值			
绝对差值			
标准规定平行测定结果读数相对误差		本次测定结果是否符合要求	

（4）数据处理　将浊度测定结果填至下表中，并进行相关计算。

浊度测定分析结果报告单

来样单位			
采样日期		分析日期	
批号		批量	
执行标准			
检测项目	企业指标值		实测结果
浊度			
检验结论			

五、评价与反馈

1. 总结反思

分组讨论检测过程中的操作要点和要注意的细节，并做汇报。

2. 考核细则（见附录）

 # 任务 4　工业循环冷却水硬度的测定

任务描述

含有较多钙、镁金属化合物的水称为硬水。水中这些金属化合物的含量则称为硬度。水的硬度是反映水中钙、镁特性的一种质量指标。可分为暂时硬度和永久硬度。水中含有碳酸氢钙、碳酸氢镁的量叫碳酸盐硬度。由于将水煮沸时，这些盐可分解成碳酸盐沉淀析出，故又称之为暂时硬度。水中含有的钙、镁的硫酸盐及氯化物的量叫非碳酸盐硬度，因为用煮沸方法不能除掉这些盐，故又称为永久硬度。水的暂时硬度和永久硬度的总和（即钙、镁的总量）称为总硬度。

根据 GB/T 6909—2018《锅炉用水和冷却水分析方法　硬度的测定》中规定，工业循环冷却水硬度的测定方法如下。

本标准适用于天然水、冷却水、软化水、锅炉给水水样硬度的测定。

使用铬黑 T 作指示剂时，硬度测定范围为 0.1～5mmol/L，硬度超过 5mmol/L 时，可适当减少取样体积，稀释到 100mL 后测定；使用酸性铬蓝 K 作指示剂时，硬度测定范围为 1～100μmol/L。

下面所述方法适合于测定高硬度的工业循环冷却水。

一、方法概要

在 pH 值为 10.0±0.1 的水溶液中，用铬黑 T 作指示剂，以乙二胺四乙酸二钠盐（EDTA）标准滴定溶液滴定至蓝色为终点。根据消耗 EDTA 的体积，即可算出硬度值。

为提高终点指示的灵敏度，可在缓冲溶液中加入一定量的 EDTA 二钠镁盐。如果用酸性铬蓝 K 作指示剂，可不加 EDTA 二钠镁盐。

铁含量大于 2mg/L、铝含量大于 2mg/L、铜含量大于 0.01mg/L、锰含量大于 0.1mg/L 对测定有干扰，可在加指示剂前用 2mL L-半胱氨酸盐酸盐溶液和 2mL 三乙醇胺溶液进行联合掩蔽消除干扰。

二、试剂与仪器

1. 试剂

本实验所用试剂和水，除非另有规定，应使用分析纯试剂和符合 GB/T 6682 的规定。

试验中所需标准滴定溶液、制剂及制品，在没有特殊注明时，均按 GB/T 601、GB/T 603 之规定制备。

① 氨-氯化铵缓冲溶液。称取 67.5g 氯化铵，溶于 570mL 浓氨水中，加入 1g EDTA 二钠镁盐，并用水稀释至 1L。

② 氢氧化钠溶液：50g/L。

③ 盐酸溶液：1+1。

④ 三乙醇胺溶液：1+4。

⑤ L-半胱氨酸盐酸盐溶液：10g/L。

⑥ 乙二胺四乙酸二钠标准滴定溶液：$c(EDTA)$ 约 0.01mol/L。

⑦ 铬黑 T 指示剂：5g/L。

2. 一般实验室仪器及络合滴定用仪器

三、分析步骤

① 取 100mL 水样，于 250mL 锥形瓶中。如果水样浑浊，取样前应过滤。

注：水样酸性或碱性很高时，可用氢氧化钠溶液或盐酸溶液中和后再加缓冲溶液。

② 加 5mL 氨-氯化铵缓冲溶液，加 2~3 滴铬黑 T 指示剂。

注：碳酸盐硬度很高的水样，在加入缓冲溶液前应先稀释或先加入所需 EDTA 标准溶液量的 80%~90%（记入滴定体积内），否则缓冲溶液加入后，碳酸盐析出，终点拖长。

③ 在不断摇动下，用乙二胺四乙酸二钠标准滴定溶液进行滴定，接近终点时应缓慢滴定，溶液由酒红色转为蓝色即为终点。

同时做空白试验。

四、结果计算

硬度含量以浓度 c_1 计，以 mmol/L 表示，按式（1-3）计算：

$$c_1 = \frac{(V_1 - V_0)c}{V} \times 1000 \tag{1-3}$$

式中，V_1 为滴定水样消耗 EDTA 标准滴定溶液体积，mL；V_0 为滴定空白溶液消耗 EDTA 标准滴定溶液体积，mL；c 为 EDTA 标准滴定溶液的准确浓度，mol/L；V 为所取水样体积，mL。

五、允许差

取平行测定结果的算术平均值为测定结果。两次平行测定结果的绝对差值不大于 0.02mmol/L。

六、任务执行

1. 准备

（1）以小组为单位，综合分析考虑实验室条件、实验方法、安全环保的可行性，明确分配任务。由组长填写完成任务分配表（详见附录）。

（2）查阅参考文献资料，完成实施前的任务问题。

① 测定过程中应注意哪些安全事项？

② 何谓硬度？水的硬度有哪些表示方法？

③ 本次分析检测你选择的是哪种方法？写出实验过程中涉及的主要化学方程式。

④ 实验中用到的标准溶液是什么？如何配制？

⑤ 选用的指示剂是什么？滴定终点如何判断？判断的依据是什么？

⑥ 加入缓冲溶液的原因是什么？

⑦ 如何消除干扰离子？

2. 实施

（1）制订分析检验方案　以小组为单位，综合分析考虑实验室条件、实验方法、安全环保的可行性，制订相应的检测方案，并列出所需仪器和药品（详见附录）。

① 实验所需药品。

② 实验所需仪器。

③ 检测步骤：缓冲溶液的配制、标准溶液的配制、标准溶液的标定、试样溶液测定步骤。

（2）审核分析检验方案　各组将制订好的计划检测方案交指导教师审核，在教师指导下修改完善，批准后再实施。

（3）分析检验项目的实施

① 各组根据实验室现有条件选择所用仪器，填写仪器使用情况登记表，各自洗净、备用。

② 领取所需的化学药品和标准缓冲溶液，装入试剂瓶，贴好标签，备用。

③ 学生各组独立完成检验项目，填写好原始数据记录表及检验报告单。EDTA 标准溶液标定记录表见附录。

④ 对分析检验结果进行描述总结。

硬度测定原始数据记录表

溶液名称		测定人	
检测依据		校核人	
标准溶液及其浓度		检测日期	
水温/℃		指示剂	
温度校正系数			

记录项目		第一份	第二份	第三份
取样量/mL				
稀释倍数 F				
滴定管	滴定管初读数/mL			
	滴定管终读数/mL			
	实际滴定溶液体积/mL			
计算结果	计算公式			
	$c/(\text{mmol/L})$			
	平均值			
	绝对差值/%			
标准规定平行测定结果的绝对差值			本次测定结果是否符合要求	

（4）数据处理　将硬度测定结果填至下表中，并进行相关计算。

硬度测定分析结果报告单

来样单位			
采样日期		分析日期	
批号		批量	
执行标准			
检测项目	企业指标值		实测结果
硬度			
检验结论			

七、评价与反馈

1. 总结反思

分组讨论检测过程中的操作要点和要注意的细节，并做汇报。

2. 考核细则（见附录）

任务5　工业循环冷却水中钙、镁离子的测定

任务描述

　　EDTA 滴定法测定工业循环冷却水中的钙、镁离子含量。根据 GB/T 15452—2009《工业循环冷却水中钙、镁离子的测定　EDTA 滴定法》中的规定，工业循环冷却水钙、镁离子的测定方法如下。

　　本标准适用于工业循环冷却水中钙含量在 2～200mg/L，镁含量在 2～200mg/L 的测定，适用于其他工业用水及原水中钙、镁离子含量的测定。

一、方法概要

钙离子测定是在 pH 为 12～13 时，以钙-羧酸为指示剂，用 EDTA 标准滴定溶液测定水样中的钙离子含量。滴定时 EDTA 与溶液中游离的钙离子仅应形成络合物，溶液颜色变化由紫红色变为亮蓝色时即为终点。

镁离子含量是在 pH 为 10 时，以铬黑 T 为指示剂，用 EDTA 标准滴定溶液测定钙、镁离子含量，溶液颜色由紫红色变为纯蓝色时即为终点，由钙镁含量中减去钙离子含量即为镁离子含量。

二、试剂和材料

本实验所用试剂，除非另有规定，应使用分析纯试剂和符合 GB/T 6682 中三级水的规定。

试验中所需标准滴定溶液、制剂及制品，在没有注明其他要求时，均按 GB/T 601、GB/T 603 之规定制备。

① 硫酸溶液：1＋1。

② 过硫酸钾溶液：40g/L，贮存于棕色瓶中（有效期 1 个月）。

③ 三乙醇胺溶液：1＋2。

④ 氢氧化钾溶液：200g/L。

⑤ 氨-氯化铵缓冲溶液（甲）：pH＝10。

⑥ 乙二胺四乙酸二钠标准滴定溶液：c(EDTA) 约 0.01mo/L。

⑦ 钙-羧酸指示剂：0.2g 钙-羧酸指示剂 [2-羟基-1-（2-羟基-4-磺基-1-萘偶氮）-3-萘甲酸] 与 100g 氯化钾混合研磨均匀，贮存于磨口瓶中。

⑧ 铬黑 T 指示液：溶解 0.50g 铬黑 T [1-（1-羟基-2-萘偶氮-6-硝基-萘酚-4-磺酸钠）] 于 85mL 三乙醇胺中，再加入 15mL 乙醇。

三、分析步骤

1. 钙离子的测定

用移液管移取 50mL 过滤后的水样于 250mL 锥形瓶中，加 1mL 硫酸溶液和 5mL 过硫酸钾溶液，加热煮沸至近干，取下冷却至室温，加 50mL 水、3mL 三乙醇胺溶液、7mL 氢氧化钾溶液和约 0.2g 钙-羧酸指示剂，用 EDTA 标准滴定溶液滴定，近终点时速度要缓慢，当溶液颜色由紫红色变为亮蓝色时即为终点。

2. 镁离子的测定

用移液管移取 50mL 过滤后的水样于 250mL 锥形瓶中，加 1mL 硫酸溶液和 5mL 过硫酸钾溶液加热煮沸至近干，取下冷却至室温，加 50mL 水和 3mL 三乙醇胺溶液。用氢氧化钾溶液调节 pH 近中性，再加 5mL 氨-氯化铵缓冲溶液和 3 滴铬黑 T 指示液，用 EDTA 标准滴定溶液滴定，近终点时速度要缓慢，当溶液颜色由紫红色变为纯蓝色时即为终点。

注 1：原水中钙、镁离子含量的测定不用加硫酸及过硫酸钾加热煮沸。

注 2：三乙醇胺用于消除铁、铝离子对测定的干扰，原水中钙、镁离子测定不加入。

注 3：过硫酸钾用于氧化有机磷系药剂以消除对测定的干扰。

四、结果计算

① 钙离子含量以质量浓度 ρ_1 计，以 mg/L 表示，按式 (1-4) 计算：

$$\rho_1 = \frac{(V_1/1000)cM_1}{V/1000} \times 10^3 \tag{1-4}$$

式中，V_1 为滴定钙离子含量时，消耗 EDTA 标准滴定溶液的体积，mL；c 为 EDTA 标准滴定溶液的准确浓度，mol/L；V 为所取水样的体积，mL；M_1 为钙的摩尔质量，$M_1 = 40.08\text{g/mol}$。

② 镁离子含量以质量浓度 ρ_2 计，以 mg/L 表示，按式 (1-5) 计算：

$$\rho_2 = \frac{(V_2/1000 - V_1/1000)cM_2}{V/1000} \times 10^3 \tag{1-5}$$

式中，V_2 为滴定钙、镁含量时，消耗 EDTA 标准滴定溶液的体积，mL；V_1 为滴定钙离子含量时，消耗 EDTA 标准滴定溶液的体积，mL；c 为 EDTA 标准滴定溶液的准确浓度，mol/L；V 为所取水样的体积，mL；M_2 为钙的摩尔质量，$M_2 = 24.31\text{g/mol}$。

五、允许差

取平行测定结果的算术平均值为测定结果。平行测定结果的绝对差值不大于 0.4mg/L。

六、任务执行

1. 准备

（1）以小组为单位，综合分析考虑实验室条件、实验方法、安全环保的可行性，明确分配任务。由组长填写完成任务分配表（详见附录）。

（2）查阅参考文献资料，完成实施前的任务问题。

① 实验中用到的标准溶液是什么？如何配制？

② EDTA 铬黑 T 分别与 Ca^{2+}、Mg^{2+} 形成的配合物稳定性顺序如何？

③ 本次分析检测你选择的是哪种方法？写出实验过程中涉及的主要化学方程式。

④ 选用的指示剂是什么？滴定终点如何判断？判断的依据是什么？为什么？

⑤ 滴定 Ca^{2+}、Mg^{2+} 总量时要控制溶液 pH=10 的原因是什么？

⑥ 分析测定过程中，需要注意的安全事项包括哪些？

⑦ 如何消除干扰离子？

⑧ 检测过程中加入缓冲溶液的目的是什么？

⑨ 测定过程中为什么不进行空白实验？

2. 实施

（1）制订分析检验方案　以小组为单位，综合分析考虑实验室条件、实验方法、安全环保的可行性，制订相应的检测方案，并列出所需仪器和药品（详见附录）。

① 实验所需药品。

② 实验所需仪器。

③ 检测步骤：缓冲溶液的配制、标准溶液的配制、标准溶液的标定、水样 Ca^{2+} 测定步骤、水样 Mg^{2+} 测定步骤。

（2）审核分析检验方案　各组将制订好的计划检测方案交指导教师审核，在教师指导下修改完善，批准后再实施。

（3）分析检验项目的实施

① 各组根据实验室现有条件选择所用仪器，填写仪器使用情况登记表，各自洗净、备用。

② 领取所需的化学药品和标准缓冲溶液，装入试剂瓶，贴好标签，备用。

③ 学生各组独立完成检验项目，填写好原始数据记录表及检验报告单。EDTA标准溶液标定记录表见附录。

④ 对分析检验结果进行描述总结。

钙、镁离子测定原始数据记录表

	溶液名称			测定人	
	检测依据			校核人	
	标准溶液及其浓度			检测日期	
	水温/℃			指示剂	
	温度校正系数				
	记录项目	钙离子含量		镁离子含量	
		第一份	第二份	第一份	第二份
	取样量 V/mL				
	稀释倍数 F				
滴定管	滴定管初读数/mL				
	滴定管终读数/mL				
	实际滴定溶液体积/mL				
计算结果	计算公式				
	$\rho/(mg/L)$				
	平均值				
	绝对差值/%				
	标准规定平行测定结果的绝对差值		本次测定结果是否符合要求		

（4）数据处理　将钙、镁离子测定结果填至下表中，并进行相关计算。

钙、镁离子测定分析结果报告单

	来样单位			
	采样日期		分析日期	
	批号		批量	
	执行标准			
	检测项目	企业指标值	实测结果	
	含量			
	$\rho/(mg/L)$			
	检验结论			

七、评价与反馈

1. 总结反思

分组讨论检测过程中的操作要点和要注意的细节，并做汇报。

2. 考核细则（见附录）

任务6　　工业循环冷却水总碱及酚酞碱度的测定

任务描述

1. 碱度（A）

水中能与 H^+ 发生反应的物质总量。

2. 甲基橙（甲基红）碱度

通过滴定以甲基橙（甲基红）为指示剂的滴定终点（pH=4.5），随机测定水中的总碱度（A_T），以确定水中碳酸氢盐、碳酸盐和氢氧化物的浓度。

$$A_T \approx c(HCO_3^-) + 2c(CO_3^{2-}) + c(OH^-) - c(H^+) + c(X)$$

3. 复合碱度（A_P）

通过滴定以酚酞为指示剂的滴定终点（pH=8.3），随机测定水中全部氢氧化物和 1/2 碳酸盐浓度。

$$A_P \approx c(CO_3^{2-}) - c(CO_2, aq) + c(OH^-) - c(H^+) + c(X)$$

注：X 为氨、硼酸盐、磷酸盐、硅酸盐和有机阴离子。

根据 GB/T 15451—2006《工业循环冷却水　总碱及酚酞碱度的测定》的规定，工业循环冷却水总碱度及酚酞碱度的测定方法如下。

本标准适用于工业循环冷却水中碱度在 20mmol/L 的范围内的测定，也适用于天然水和废水中碱度的测定。

一、方法概要

采用指示剂法或电位滴定法，用盐酸标准滴定溶液滴定水样。终点为 pH=8.3 时，可认为近似等于碳酸盐和二氧化碳的浓度，并表示水样中存在的几乎所有的氢氧化物和 1/2 的碳酸盐已被滴定。终点 pH=4.5 时，可认为近似等于氢离子和碳酸氢根离子的等当点，可用于测定水样的总碱度。

二、试剂与仪器

1. 试剂

分析方法中，除特殊规定外，只应使用分析纯试剂。

分析方法中所需标准滴定溶液、制剂及制品，在没有注明其他规定时，均按 GB/T 601、GB/T 603 之规定制备。

① 水（GB/T 6682）三级且不含二氧化碳。

② 盐酸标准滴定溶液：$c(HCl)$ 约 0.1mol/L。

③ 盐酸标准滴定溶液：$c(HCl)$ 约 0.05mo/L。

④ 酚酞指示剂：5g/L 乙醇溶液。

⑤ 溴甲酚绿-甲基红指示剂。

2. 仪器

一般实验室用仪器和 pH 计（配有玻璃电极和饱和甘汞电极，精度为 0.02pH 单位）。

三、分析步骤

1. 电位滴定法 (样品有颜色并会干扰终点测定时)

(1) 酚酞碱度的测定 (复合碱度)　移取 100.00mL 试样于烧杯中,将其放置于电磁搅拌器上,放入搅拌子并将 pH 计浸入水样中,开动搅拌,测定试样的 pH 值。如果测得的值为 8.3 或更小,则将酚酞碱度计为 0。若碱度范围为 4~20mmol/L,使用 0.1mol/L 的盐酸标准滴定溶液;若碱度范围为 0.4~4mmol/L,则用 0.05mol/L 的盐酸标准滴定溶液。选用合适的盐酸标准滴定溶液滴定试样,记录消耗的盐酸标准滴定溶液的体积。

保留溶液用于总碱的测定。

(2) 总碱的测定　选用合适的盐酸标准滴定溶液继续滴定。从滴定至 pH 为 8.3 的测定酚酞碱度保留的试样直至 pH 读数为 4.5±0.05 (在 pH=4.5 附近逐滴滴加滴定液,直至电极保持稳定至少 30s),记录消耗的盐酸标准滴定溶液的总体积。

2. 指示剂法

(1) 滴定到 pH 为 8.3 的酚酞碱度的测定 (复合碱度)　移取 100.00mL 试样于 250mL 锥形瓶中,并向其中加 (0.1±0.02) mL 酚酞指示剂,若无粉红色出现,则认为酚酞碱度为 0,若出现粉红色,用盐酸标准滴定溶液滴定至粉红色消失。若碱度范围为 4~20mmol/L,使用 0.1mol/L 的盐酸标准滴定溶液;若碱度范围为 0.4~4mmol/L,则用 0.05mol/L 的盐酸标准滴定溶液。记录消耗的盐酸标准滴定溶液的体积。

保留溶液用于总碱的测定。

(2) 总碱的测定　滴加 (0.1±0.02) mL 溴甲酚绿-甲基红指示剂于滴定至 pH 为 8.3 的测定酚酞碱度的溶液中,用合适浓度的盐酸标准滴定溶液继续滴定直至溶液颜色由蓝绿色变成暗红色,煮沸 2min 冷却后继续滴定至暗红色,即为终点。记录消耗的盐酸标准滴定溶液的总体积。

四、结果计算

1. 滴定至 pH 等于 8.3 的酚酞碱度 (复合碱度)

以 mmol/L 表示的酚酞碱度 A_P,按式 (1-6) 计算:

$$A_P = \frac{V_1 c \times 1000}{V_0} \tag{1-6}$$

式中,V_1 为滴定至 pH 等于 8.3 时消耗盐酸标准滴定溶液的体积,mL;c 为盐酸标准滴定溶液的准确浓度,mol/L;V_0 为试样的体积,mL。

2. 总碱度

以 mmol/L 表示的总碱度 A_T 按式 (1-7) 计算:

$$A_T = \frac{V_2 c \times 1000}{V_0} \tag{1-7}$$

式中,V_2 为滴定至 pH 等于 4.5 时消耗盐酸标准滴定溶液的体积,mL;c 为盐酸标准滴定溶液的准确浓度,mol/L;V_0 为试样的体积,mL。

五、允许差

取平行测定结果的算术平均值为测定结果。平行测定结果的绝对差值不大于 0.02mmol/L。

六、任务执行

1. 准备

（1）以小组为单位，综合分析考虑实验室条件、实验方法、安全环保的可行性，明确分配任务。由组长填写完成任务分配表（详见附录）。

（2）查阅参考文献资料，完成实施前的任务问题。

① 水中碱度有几种类型？

② 实验中用到的标准溶液是什么？如何配制？

③ 本次检测你选择的方法是什么？写出实验过程中涉及的主要化学反应方程式。

④ 本实验应选用什么指示剂？滴定终点如何判断？判断的依据是什么？

⑤ 测定过程中有哪些注意事项？

2. 实施

（1）制订分析检验方案　以小组为单位，综合分析考虑实验室条件、实验方法、安全环保的可行性，制订相应的检测方案，并列出所需仪器和药品（详见附录）。

① 实验所需药品。

② 实验所需仪器。

③ 检测步骤：标准溶液的配制、标准溶液的标定、水样总碱度的测定。

（2）审核分析检验方案　各组将制订好的计划检测方案交指导教师审核，在教师指导下修改完善，批准后再实施。

（3）分析检验项目的实施

① 各组根据实验室现有条件选择所用仪器，填写仪器使用情况登记表，各自洗净、备用。

② 领取所需的化学药品和标准缓冲溶液，装入试剂瓶，贴好标签，备用。

③ 学生各组独立完成检验项目，填写好原始数据记录表及检验报告单。盐酸标准溶液标定记录表见附录。

④ 对分析检验结果进行描述总结。

碱度测定原始数据记录表

	溶液名称			测定人	
	检测依据			校核人	
	标准溶液及其浓度			检测日期	
	水温/℃			指示剂	
	温度校正系数				
	记录项目	酚酞碱度		总碱度	
		第一份	第二份	第一份	第二份
滴定管	滴定管初读数/mL				
	滴定管终读数/mL				
	实际滴定溶液体积/mL				
计算结果	计算公式				
	A/(mmol/L)				
	平均值				
	绝对差值/%				
	标准规定平行测定结果的绝对差值		本次测定结果是否符合要求		

（4）数据处理　将碱度测定结果填至下表中，并进行相关计算。

碱度测定分析结果报告单

来样单位			
采样日期		分析日期	
批号		批量	
执行标准			
检测项目	企业指标值		实测结果
碱度/(mmol/L)			
总碱度/(mmol/L)			
检验结论			

七、评价与反馈

1. 总结反思

分组讨论检测过程中的操作要点和要注意的细节，并做汇报。

2. 考核细则（见附录）

 ## 任务7　工业循环冷却水中氯离子的测定

一、方法概要

电位滴定法测定是以双液型饱和甘汞电极为参比电极，以银电极为指示电极，用硝酸银标准滴定溶液滴定至出现电位突跃点（即理论终点），即可从消耗的硝酸银标准滴定溶液的体积算出氯离子含量。溴、碘、硫等离子存在干扰。

二、试剂与仪器

1. 试剂

本实验所用试剂，除非另有规定，应使用分析纯试剂和符合 GB/T 6682 三级水的规定。

试验中所需标准滴定溶液、制剂及制品，在没有注明其他要求时，均按 GB/T 601、GB/T 603 之规定制备。

① 硝酸溶液：1+300。

② 氢氧化钠溶液：2g/L。

③ 硝酸银标准滴定溶液：$c(AgNO_3)$ 约 $0.01mol/L$。

④ 酚酞指示剂：$10g/L$ 乙醇溶液。

2. 仪器

一般实验室用仪器和下列仪器。

① 电位滴定计。

② 双液型饱和甘汞电极。

③ 银电极。

三、分析步骤

移取适量体积的水样于 $250mL$ 烧杯中，加入 2 滴酚酞指示剂，用氢氧化钠溶液或硝酸溶液调节水样的 pH 值，使红色刚好变为无色。放入搅拌子，将盛有试样的烧杯置于电磁搅拌器，开动搅拌器，将电极插入烧杯中，用硝酸银标准滴定溶液滴定至终点电位（在电位突跃点附近，应放慢滴定速度）。同时做空白试验。

四、结果计算

氯离子含量以质量浓度 ρ_2 计，以 mg/L 表示，按式（1-8）计算：

$$\rho_2 = \frac{(V_1 - V_0)cM}{1000V} \times 10^6 \tag{1-8}$$

式中，V_1 为试样消耗硝酸银标准滴定溶液的体积，mL；V_0 为空白试验消耗硝酸银标准滴定溶液的体积，mL；V 为试样体积，mL；c 为硝酸银标准滴定溶液的准确浓度，mol/L；M 为氯的摩尔质量，$M = 35.45g/mol$。

五、允许差

取平行测定结果的算术平均值为测定结果。平行测定结果的绝对差值不大于 $0.5mg/L$。

六、任务执行

1. 准备

（1）以小组为单位，综合分析考虑实验室条件、实验方法、安全环保的可行性，明确分配任务。由组长填写完成任务分配表（详见附录）。

（2）查阅参考文献资料，完成实施前的任务问题。

① 滴定过程中试液的酸度宜控制在什么范围？如何调节？原因是什么？

② 实验中用到的标准溶液是什么？如何配制？

③ 本次分析检测用的方法是什么？写出实验过程中涉及的主要化学反应方程式。

④ 选用的指示剂是什么？滴定终点如何判断？判断的依据是什么？分析原因。

⑤ 做空白实验的原因是什么？滴定过程中要用力进行摇动的目的是什么？

⑥ 分析检测过程中有哪些注意事项？

2. 实施

（1）制订分析检验方案 以小组为单位，综合分析考虑实验室条件、实验方法、安全环保的可行性，制订相应的检测方案，并列出所需仪器和药品（详见附录）。

① 实验所需药品。

② 实验所需仪器。

③ 检测步骤：标准溶液的配制、标准溶液的标定、空白试验、水样测定。

（2）审核分析检验方案　各组将制订好的计划检测方案交指导教师审核，在教师指导下修改完善，批准后再实施。

（3）分析检验项目的实施

① 各组根据实验室现有条件选择所用仪器，填写仪器使用情况登记表，各自洗净、备用。

② 领取所需的化学药品和标准缓冲溶液，装入试剂瓶，贴好标签，备用。

③ 学生各组独立完成检验项目，填写好原始数据记录表及检验报告单。硝酸银标准溶液标定记录表见附录。

④ 对分析检验结果进行描述总结。

氯离子测定原始数据记录表

	溶液名称		测定人			
	检测依据		校核人			
	标准溶液及其浓度		检测日期			
	水温/℃		指示剂			
	温度校正系数					
	记录项目	第一份	第二份	第三份	第四份	
	试样体积 V/mL					
滴定管	滴定管初读数/mL					
	滴定管终读数/mL					
	实际滴定溶液体积/mL					
计算结果	计算公式					
	ρ/(mg/L)					
	平均值					
	绝对差值/%					
	标准规定平行测定结果的绝对差值		本次测定结果是否符合要求			

（4）数据处理　将氯离子测定结果填至下表中，并进行相关计算。

氯离子测定分析结果报告单

	来样单位				
	采样日期		分析日期		
	批号		批量		
	执行标准				
	检测项目	企业指标值		实测结果	
	含量				
	ρ/(mg/L)				
	检验结论				

七、评价与反馈

1. 总结反思

分组讨论检测过程中的操作要点和要注意的细节，并做汇报。

2. 考核细则 （见附录）

 任务 8　　工业循环冷却水中铁含量的测定

任务描述

邻菲啰啉（现一般称作"邻二氮菲"）分光光度法测定工业循环冷却水中的铁含量，根据 HG/T 3539—2012《工业循环冷却水中铁含量的测定 邻菲啰啉分光光度法》中的规定，工业循环冷却水铁含量的测定方法如下。

本标准规定了工业循环冷却水中低含量总铁、可溶性铁和二价铁含量的测定方法。

本标准适用于含量为 5～50μg/L 的铁的测定。本标准也适用于锅炉用水及原水中低含量铁的测定。

一、方法概要

在 pH＝3～4 条件下，水样中的二价铁离子与 4,7-二苯基-1,10-菲啰啉生成红色的配合物，用正丁醇萃取，测定其吸光度进行定量。此配合物最大吸收波长为 533nm。磷酸盐对本法测定无干扰。

二、试剂与仪器

1. 试剂

① 本标准所用试剂，除非另有规定，应使用分析纯试剂和符合 GB/T 6682 中一级水的规定。

② 试验中所需杂质标准溶液，在没有注明其他要求时，均按 GB/T 602 之规定制备。

③ 盐酸：优级纯。

④ 硝酸：优级纯。

⑤ 硫酸：优级纯。

⑥ 氨水：优级纯。

⑦ 正丁醇：优级纯。

⑧ 乙醇（95％）。

⑨ 盐酸溶液：1＋1。

⑩ 盐酸溶液：1＋9。

⑪ 氨水溶液：1＋1。

⑫ 4,7-二苯基-1,10-菲啰啉溶液：称取 0.4175g 4,7-二苯基-1,10-菲啰啉 $[(C_6H_5)_2C_{12}H_6N_2]$ 溶于 500mL 乙醇（95％）中，摇匀，置于棕色瓶中，并于暗处保存。

⑬ 盐酸羟胺溶液：100g/L。盐酸羟胺溶液需要提纯后使用。提纯方法如下：取 100mL 盐酸羟胺溶液，使用酸度计用氨水溶液或盐酸溶液调节 pH 值至 3.5，转移至分液漏斗，加入 6mL 4,7-二苯基-1,10-菲啰啉溶液，混匀后，放置 1min，然后加入正丁醇 20mL，振荡 1min，静置分层，移出水层，并弃去醇层，再加入 3mL 4,7-二苯基-1,10-菲啰啉溶液和

20mL 正丁醇重复萃取，静置 20min，弃去醇层。

⑭ 铁标准贮备溶液（1mL 含 0.1mg Fe^{2+}）：称取 100.0mg 高纯铁丝（含铁 99.99% 以上）于 80~100mL 盐酸溶液（1+9）中，缓缓加热，待全部溶解后，煮沸数分钟，冷却至室温，移入 1L 容量瓶中，用水稀释至刻度，摇匀。或按 GB/T 602 中亚铁 $[Fe(II)]$ 标准溶液进行制备。

⑮ 铁标准溶液（1mL 含 0.5μg Fe^{2+}）：移取 1.00mL 铁标准贮备溶液，置于 200mL 容量瓶中，加入 2mL 盐酸溶液（1+9），用水稀释至刻度，摇匀。此溶液现用现配。

2. 仪器

① 分光光度计：可在 533nm 使用，并附有 30mm 吸收池。

② 分液漏斗：150mL。

③ 酸度计。

④ 所用取样瓶、玻璃器皿，均需用盐酸溶液[1+9]浸泡，然后用水充分冲洗干净。

三、分析步骤

1. 校准曲线的绘制

① 分别准确移取 0.00mL（试剂空白）、0.50mL、1.00mL、2.00mL、3.00mL、4.00mL、5.00mL 铁标准溶液（试剂⑮）于 7 个 50mL 容量瓶中，用水稀释至刻度，摇匀。该系列溶液的铁含量分别为 0μg/L、5μg/L、10μg/L、20μg/L、30μg/L、40μg/L 和 50μg/L。

② 将配制好的校准溶液分别转移到 150mL 分液漏斗中，加入 2.0mL 盐酸羟胺溶液，摇匀，静置 5min，再加入 3.0mL 4,7-二苯基-1,10-菲啰啉溶液，振摇 30s。然后一边摇动，一边滴加氨水溶液至呈现浑浊状态，再滴加盐酸溶液（试剂⑩）至溶液刚好透明为止。此时 pH 值为 3.5，停留 1min。

③ 加 15.00mL 正丁醇，剧烈振摇 1min，然后停留至少 15min 使之完全分离，弃去水层，将醇层转移至 25mL 的容量瓶中，用 10.00mL 乙醇冲洗分液漏斗内表面（旋转冲洗）并收集于该容量瓶，混匀。

④ 使用分光光度计，用 30mm 吸收池，在 533nm 波长处，以 15.00mL 正丁醇和 10.00mL 乙醇混合液作参比，测定其吸光度。

⑤ 以铁含量（μg/L）为横坐标，对应的吸光度为纵坐标，绘制校准曲线，并计算出回归方程。

2. 水样的测定

（1）总铁的测定

① 取样。在取样瓶中加入盐酸，每 500mL 水样加盐酸 2mL，直接采取水样，取样后将水样摇匀。

② 样品处理。如果存在不溶铁、铁氧化物或铁配合物，移取 50.00mL 试样于 100mL 烧杯中，加 5mL 硝酸和 10mL 盐酸并将该混合物加热微沸，30min 后加 2mL 硫酸并蒸发该溶液至出现白色的氧化硫烟雾，避免煮干。冷至室温后转移至 50mL 容量瓶中并用水稀释至刻度。

③ 测定。移取 50.00mL 水样于 150mL 分液漏斗中，然后按步骤②~④显色，萃取，

测定吸光度。

同时作单倍试剂和双倍试剂空白试验，双倍试剂减去单倍试剂空白值即得试剂空白值。水样吸光度值减去试剂空白值后，按回归方程计算即得水样铁含量。

（2）可溶性铁的测定

① 取样。采样后立即过滤水样，将滤液按每 500mL 水样加盐酸 2mL 的比例酸化，摇匀。

② 测定。按总铁测定中步骤③进行测定。

（3）二价铁的测定

① 取样。加 0.5mL 盐酸于 100mL 氧瓶中，用被测水样完全充满，避免与空气接触。

② 测定。不加盐酸羟胺溶液，按总铁测定中步骤③进行测定。

四、结果计算

水中总铁、可溶性铁、二价铁含量以质量浓度 ρ 计，以 $\mu g/L$ 表示，按式（1-9）计算：

$$\rho = \rho_0 \frac{f \times 50}{V} \tag{1-9}$$

式中，ρ_0 为按回归方程计算出的铁含量，$\mu g/L$；f 为酸化后试样体积（mL）与所取水样体积（mL）之比；V 为水样的体积，mL；50 为定容体积，mL。

五、允许差

取平行测定结果的算术平均值作为测定结果，平行测定结果的绝对差值不大于 $1\mu g/L$。

六、任务执行

1. 准备

（1）以小组为单位，综合分析考虑实验室条件、实验方法、安全环保的可行性，明确分配任务。由组长填写完成任务分配表（详见附录）。

（2）查阅参考文献资料，完成实施前的任务问题。

① 分析检测的原理是什么？

② 实验中用什么标准溶液？如何配制？

③ 参比溶液的作用是什么？

④ 溶液酸度对测定有什么影响？

⑤ 制作标准曲线和进行其他条件实验时，加入试剂的顺序能否任意改变？说明原因。

⑥ 测定过程中应注意哪些事项？

2. 实施

（1）制订分析检验方案　以小组为单位，综合分析考虑实验室条件、实验方法、安全环保的可行性，制订相应的检测方案，并列出所需仪器和药品（详见附录）。

① 实验所需药品。

② 实验所需仪器。

③ 检测步骤：

a. 铁标准溶液最大波长的确定。

b. 标准工作曲线的绘制：不同浓度标准溶液的配制；不同浓度标准溶液吸光度的测定。

c. 试样中铁含量的测定：试样溶液的制备；空白试验；试样吸光度的测定。

（2）审核分析检验方案　各组将制订好的计划检测方案交指导教师审核，在教师指导下修改完善，批准后再实施。

（3）分析检验项目的实施

① 各组根据实验室现有条件选择所用仪器，填写仪器使用情况登记表，各自洗净、备用。

② 领取所需的化学药品和标准缓冲溶液，装入试剂瓶，贴好标签，备用。

③ 学生各组独立完成检验项目，填写好原始数据记录表及检验报告单。

④ 对分析检验结果进行描述总结。

铁含量测定原始数据记录表

样品名称		测定人	
检测编号		校核人	
检测依据		检测日期	
室温/℃		湿度	
工业循环冷却水溶液测定序号		1	2
工业循环冷却水体积/mL			
吸光度 A			
对应标准曲线查的浓度/(μg /L)			
样品中铁含量/%			
算数平均值			
平行测定结果的绝对差值不大于1μg /L	本次测定结果是否符合要求		

定量分析结果：水样中铁的含量为＿＿＿＿＿＿。

（4）数据处理　将铁含量测定结果填至下表中，并进行相关计算。

铁含量测定分析结果报告单

来样单位			
采样日期		分析日期	
批号		批量	
执行标准			
检测项目	企业指标值		实测结果
含量/%			
吸光度			
检验结论			

七、评价与反馈

1. 总结反思

分组讨论检测过程中的操作要点和要注意的细节，并做汇报。

2. 考核细则 （见附录）

 ## 任务9　工业循环冷却水中总磷含量的测定

任务描述

　　磷钼蓝光度法可测定工业循环冷却水中的总磷酸盐含量。根据 HG/T 3540—2011《工业循环冷却水中总磷酸盐含量的测定》中的规定，工业循环冷却水总磷酸盐含量的具体测定方法如下。

　　本标准适用于工业循环冷却水中总磷酸盐含量在 0.02~50mg/L （以 PO_4^{3-} 计）的测定。

一、方法概要

1. 原理

　　在酸性溶液中，用过硫酸钾作分解剂，将聚磷酸盐和有机膦转化为正磷酸盐，正磷酸盐与钼酸铵反应生成黄色的磷钼杂多酸，再用抗坏血酸还原成磷钼蓝，于 710nm 最大吸收波长处用分光光度法测定，得出总磷酸盐含量。

　　反应式：

$$12(NH_4)_2MoO_4 + H_2PO_4^- + 24H^+ \xrightarrow{KSbOC_4H_4O_6} [H_2PMo_{12}O_{40}]^- + 24NH_4^+ + 12H_2O$$

$$[H_2PMo_{12}O_{40}]^- \xrightarrow{C_6H_8O_6} H_3PO_4 \cdot 10MoO_3 \cdot Mo_2O_5$$

　　工业循环冷却水中通常存在着一些无机离子和有机物质，如果这些物质在限量之内对 $80\mu g\ PO_4^{3-}$ 测定所引起的误差在 $\pm4\mu g$ 范围之内，则认为不干扰总磷酸盐含量的分析。

2. 无机离子

　　500mg/L Na^+、K^+、NH_4^+、Ca^{2+}，300mg/L Mg^{2+}，100mg/L Si，50mg/L Zn^{2+}，40mg/L Fe^{3+}，20mg/L Al^{3+}、Cu^{2+}、Co^{2+} 不干扰总磷酸盐含量的分析。Cu^{2+}、Fe^{3+}、Co^{2+} 由于本身有颜色，含量过高对显色有一定影响，可通过做颜色空白试验扣除干扰。

　　100mg/L F^-，500mg/L Cl^-，500mg/L NO_2^-，800mg/L HCO_3^-，1000mg/L NO_3^-、SO_4^{2-} 不干扰总磷酸盐含量的分析。F^- 浓度高于 200mg/L 完全影响显色，亚硝酸盐浓度过高会引起溶液脱色，可适当稀释试验溶液后分析。

3. 有机物质

　　一些常用的缓蚀阻垢剂如聚丙烯酸、聚丙烯酸钠、马来酸酐丙烯酸共聚物、苯并噻唑等，含量不高于 20mg/L 不干扰总磷酸盐含量的分析。

二、试剂与仪器

1. 试剂

① 水：GB/T 6682，三级。

② 硫酸溶液：1+35。

③ 抗坏血酸溶液：20g/L。

称取 10g±0.5g 抗坏血酸，0.2g±0.01g 乙二胺四乙酸二钠（$C_{10}H_{14}O_8N_2Na_2 \cdot 2H_2O$），溶于 200mL 水中，加入 8.0mL 甲酸，用水稀释至 500mL，摇匀，贮存于棕色瓶中。贮存期 15d。

④ 钼酸铵溶液：26g/L。

称取 13g 钼酸铵，精确至 0.5g，称取 0.5g 酒石酸锑钾（$KSbOC_4H_4O_6 \cdot 1/2H_2O$），精确至 0.01g，溶于 200mL 水中，加入 230mL 硫酸溶液（1＋1），冷却后用水稀释至 500mL，摇匀，贮存于棕色瓶中。贮存期两个月。

⑤ 过硫酸钾溶液：40g/L。

称取 20g 过硫酸钾，精确至 0.5g，溶于 500mL 水中，摇匀，贮存于棕色瓶中，贮存期一个月。

⑥ 磷标准贮备溶液：1mL 含有 0.5mg PO_4^{3-}。

称取 0.7165g 预先在 100～105℃ 干燥至恒重的磷酸二氢钾，精确至 0.2mg，溶于约 500mL 水中，定量转移至 1000mL 容量瓶中，用水稀释至刻度，摇匀。

⑦ 磷标准溶液：1mL 含有 0.02mg PO_4^{3-}。

移取 20.00mL 磷标准贮备溶液于 500mL 容量瓶中，用水稀释至刻度，摇匀。

⑧ 酚酞指示液：10g/L。

2. 仪器

分光光度计：带有厚度为 1cm 的吸收池。

三、分析步骤

1. 试样的制备

现场取约 250mL 实验室样品，经中速滤纸过滤后贮存于 500mL 烧杯中，即制成试样。

2. 校准曲线的绘制

分别取 0.00mL（空白）、1.00mL、2.00mL、3.00mL、4.00mL、5.00mL、6.00mL、7.00mL、8.00mL 磷标准溶液于 9 个 50mL 容量瓶中，用水稀释至约 25mL。依次加入 2.0mL 钼酸铵溶液、3.0mL 抗坏血酸溶液，用水稀释至刻度，摇匀，室温下放置 10min。在分光光度计 710nm 处，用 1cm 吸收池，以试剂空白为参比测其吸光度。以测得的吸光度为纵坐标，相对应的 PO_4^{3-} 质量（μg）为横坐标绘制校准曲线。

3. 测定

移取适量体积的试样（步骤 1）于 100mL 锥形瓶中，加入 1.0mL 硫酸溶液，5.0mL 过硫酸钾溶液，加水至约 25mL，置于可调电炉上缓缓煮沸 15min 至溶液快蒸干为止。取下后流水冷却至室温，定量转移至 50mL 容量瓶中。用水稀释至约 25mL，加入 2.0mL 钼酸铵溶液、3.0mL 抗坏血酸溶液，用水稀释至刻度，摇匀，室温下放置 10min。在分光光度计 710nm 处，用 1cm 吸收池，以试剂空白为参比测其吸光度。

注：移取试样的体积可参考下表。

检测剂量范围

试样磷含量（以 PO_4^{3-} 计）/(mg/L)	移取试验溶液的体积/mL	吸收池厚度/cm
0～5.0	12～40	1
5.0～10.0	6～12	1
10.0～20.0	3～6	1
20.0～30.0	2～3	1

四、结果计算

总磷酸盐（以 PO_4^{3-} 计）含量以质量浓度 ρ 计，以 mg/L 表示，按式（1-10）计算：

$$\rho = \frac{m}{V} \tag{1-10}$$

式中，m 为从校准曲线上查得的 PO_4^{3-} 的质量，μg；V 为移取试验溶液体积，mL。

五、允许差

取平行测定结果的算术平均值为测定结果，平行测定结果的允许差应符合下表的规定。

测定结果的允许差

总磷酸盐含量/(mg/L)	允许差/(mg/L)
≤10.00	<0.50
>10.00	<1.00

六、任务执行

1. 准备

（1）以小组为单位，综合分析考虑实验室条件、实验方法、安全环保的可行性，明确分配任务。由组长填写完成任务分配表（详见附录）。

（2）查阅参考文献资料，完成实施前的任务问题。

① 分析检测的基本原理是什么？

② 实验中总磷的消除方法有哪些？本实验中使用哪一种？

③ 制作标准曲线和进行其他条件实验时，加入试剂的顺序能否任意改变？说明原因。

④ 测定过程中应注意哪些事项？

2. 实施

（1）制订分析检验方案　以小组为单位，综合分析考虑实验室条件、实验方法、安全环保的可行性，制订相应的检测方案，并列出所需仪器和药品（详见附录）。

① 实验所需药品。

② 实验所需仪器。

③ 检测步骤：

a. 磷标准溶液最大波长的确定。

b. 标准工作曲线的绘制：不同浓度标准溶液的配制，不同浓度标准溶液吸光度的测定。

c. 试样中磷含量的测定：试样溶液的制备，空白试验，试样吸光度的测定。

（2）审核分析检验方案　各组将制订好的计划检测方案交指导教师审核，在教师指导下修改完善，批准后再实施。

（3）分析检验项目的实施

① 各组根据实验室现有条件选择所用仪器，填写仪器使用情况登记表，各自洗净、备用。

② 领取所需的化学药品和标准缓冲溶液，装入试剂瓶，贴好标签，备用。

③ 学生各组独立完成检验项目，填写好原始数据记录表及检验报告单。

④ 对分析检验结果进行描述总结。

磷含量测定原始数据记录表

样品名称		测定人		
检测编号		校核人		
检测依据		检测日期		
室温/℃		湿度		
工业循环冷却水溶液测定序号		1		2
工业循环冷却水体积/mL				
吸光度 A				
对应标准曲线查的质量/μg				
样品中磷含量/%				
算数平均值				
允许差		本次测定结果是否符合要求		

定量分析结果：水样中总磷的含量为＿＿＿＿＿＿＿。

（4）数据处理　将总磷含量测定结果填至下表中，并进行相关计算。

总磷含量测定分析结果报告单

来样单位			
采样日期		分析日期	
批号		批量	
执行标准			
检测项目	企业指标值		实测结果
含量/%			
吸光度			
检验结论			

七、评价与反馈

1. 总结反思
分组讨论检测过程中的操作要点和要注意的细节，并做汇报。

2. 考核细则　（见附录）

任务 10　工业循环冷却水中硅含量的测定

任务描述

　　硅酸根分析仪法可测定工业循环冷却水中的硅含量，硅酸根分析仪法适用于化学除盐水、锅炉给水、蒸汽、凝结水等锅炉用水中硅含量为 0～50 μg/L 的测定。

一、方法概要

在 pH 值为 1.1～1.3 条件下，水中的可溶硅与钼酸铵生成黄色硅钼络合物，用 1-氢基-2-萘酚-4-磺酸还原剂把硅钼络合物还原成硅钼蓝，用硅酸根分析仪测定其硅含量。

加入掩蔽剂-酒石酸或草酸可以防止水样中磷酸盐和少量铁离子的干扰。

二、试剂与仪器

1. 试剂

本方法所用试剂和水，除非另有规定，仅使用分析纯试剂和符合 GB/T 6682 一级水的规定。

① 钼酸铵 $[(NH_4)_6Mo_7O_{24} \cdot 4H_2O]$。

② 酒石酸溶液：100 g/L。

③ 钼酸铵溶液：

a. 称取 50g 钼酸铵溶于约 500mL 水中。

b. 量取 42mL 硫酸在不断搅拌下加入 300mL 水中，并冷却到室温。

c. 将 a 配制的溶液加入 b 配制的溶液中，然后用水稀释至 1L。

④ 1-氨基-2-萘酚-4-磺酸溶液：1.5g/L。

称取 1.5g 1-氨基 2-萘酚-4-磺酸，用 200mL 含有 7g 亚硫酸钠的水溶解。把溶液加到含有 90g 亚硫酸氢钠的 600mL 水中，用水稀释至 1000mL，混匀。若有浑浊，则需过滤。放入暗色的塑料瓶中，贮存于冰箱中。当溶液颜色变暗或有沉淀生成时失效。

2. 仪器

硅酸根分析仪是为测定硅而专门设计的光电比色计。为提高仪器的灵敏度和准确度，采用特制长比色皿（光程长为 150mm），利用示差比色法原理进行测量。

示差比色法是用已知浓度的标准溶液代替空白溶液，并调节透光率为 100% 或 0%，然后再用一般方法测定样品透过率的一种比色方法。对于过稀的溶液，可用浓度最高的标准溶液代替挡光板并调节透光率为 0%，然后再测定其他标准溶液或水样的透光率；对于过浓的溶液，可用浓度最小的一个标准溶液代替空白溶液并调节透光率为 100%，然后再测定其他标准溶液或水样的透光率。对于浓度过大或过小的有色溶液，采用示差比色法，可以提高分析的准确度。

三、分析步骤

移取 100mL 水样注入塑料杯中，加入 3mL 钼酸铵溶液，混匀后放置 5min；加 3mL 酒石酸溶液，混匀后放置 1min；加 2mL 1-氨基-2-萘酚-4-磺酸溶液，混匀后放置 8min。按仪器说明书要求，调整好仪器的上、下标，将显色液注满比色皿，开启读数开关，仪表指示值即为水样的含硅量。同时做空白试验。

四、结果计算

硅含量（SiO_2）以质量浓度 ρ_2 计，以 µg/L 表示，按式（1-11）计算：

$$\rho_2 = (c_2 - c_1)100/V \tag{1-11}$$

式中，c_2 为水样测定时仪表读数，$\mu g/L$；c_1 为空白试验时仪表读数，$\mu g/L$；100 为水样稀释后的体积的数值；V 为被测水样的体积的数值。

五、允许差

取平行测定结果的算术平均值为测定结果。平行测定结果的绝对差值不大于 0.1mg/L。

六、任务执行

1. 准备

（1）以小组为单位，综合分析考虑实验室条件、实验方法、安全环保的可行性，明确分配任务。由组长填写完成任务分配表（详见附录）。

（2）查阅参考文献资料，完成实施前的任务问题。

① 工业循环冷却水中硅含量测定的方法有哪些？说明其原理。

② 工业循环冷却水测定硅含量的目的？

③ 水样测定过程中，加入试剂的顺序能否任意改变？说明其原因。

④ 分析检测过程中有哪些注意事项？

⑤ 水温对测定结果有哪些影响？

2. 实施

（1）制订分析检验方案　以小组为单位，综合分析考虑实验室条件、实验方法、安全环保的可行性，制订相应的检测方案，并列出所需仪器和药品（详见附录）。

① 实验所需药品。

② 实验所需仪器。

③ 检测步骤：

a. 实验用溶液配制；

b. 仪器安装调试、并校准；

c. 取水样，加药品；

d. 水样中硅含量的测定，同时做空白试验。

（2）审核分析检验方案　各组将制订好的计划检测方案交指导教师审核，在教师指导下修改完善，批准后再实施。

（3）分析检验项目的实施

① 各组根据实验室现有条件选择所用仪器，填写仪器使用情况登记表，各自洗净、备用。

② 领取所需的化学药品和标准缓冲溶液，装入试剂瓶，贴好标签，备用。

③ 学生各组独立完成检验项目，填写好原始数据记录表及检验报告单。

④ 对分析检验结果进行描述总结。

样品名称		测定人		
检测编号		校核人		
检测依据		检测日期		
室温/℃		湿度		
记录项目		1		2
取样量 V/mL				
空白试验时仪表读数 c_1/(μg/L)				
水样测定时仪表读数 c_2/(μg/L)				
计算公式				
硅含量 ρ_2/(μg/L)				
平均值/(μg/L)				
标准规定平行测定结果的绝对差值		本次测定结果是否符合要求		

定量分析结果：水样中硅的含量为 _____。

（4）数据处理　将硅含量测定结果填至下表中，并进行相关计算。

硅含量测定分析结果报告单

来样单位			
采样日期		分析日期	
批号		批量	
执行标准			
检测项目	企业指标值		实测结果
硅含量/(μg/L)			
检验结论			

七、总结与反馈

1. 总结反思

分组讨论检测过程中的操作要点和注意的细节，并做汇报。

2. 考核细则（见附录）

素养拓展

酸碱指示剂的发明——科学家从细微处发现真理

今天，我们要想知道一种溶液的酸碱性很容易，只要用酸碱指示剂一测就明白了。但你知道吗？酸碱指示剂是英国著名的化学家和物理学家玻意耳偶然发现的。17世纪的一天早晨，一位花匠走进玻意耳的书房，将一篮非常好看的深紫色的紫罗兰摆在书房里。美丽的花朵和扑鼻的清香让玻意耳心旷神怡，他随手从花篮中拿了一束花就向实验室走去。实验室里，玻意耳的助手正在倒盐酸。玻意耳把紫罗兰放在桌子上，腾出手来给助手帮忙。淡黄色的液体冒着白色烟雾，一些酸液溅到紫罗兰上，使它也冒起烟来。"多可惜啊，别把这么好的花毁了，得赶快清洗一下。"玻意耳一边说，一边把紫罗兰放在烧杯里冲洗了一下。过了一会儿，奇怪的事情发生了：紫罗兰居然变红了。紫罗兰为什么会变红呢？难道盐酸能使紫罗兰改变颜色？玻意耳思考着。他对各种奇怪的现象，总喜欢刨根问底，不弄个水落石出决不罢休。为了弄清楚这个奇怪的现象，他和助手们开始做实验。他们一起取来好几种酸的稀溶液，然后把紫罗兰花瓣分别放在这些溶液中。过了些时候，同样的奇迹发生了：这些深紫色的花瓣都开始逐渐变色，先呈淡红色，不久就完全变成了红色。

玻意耳由此推断，不仅盐酸，各种酸都能使紫罗兰变色。他进一步想到，碱是不是也会使紫罗兰变色？其他花草遇到酸、碱是不是也会变色呢？他带着助手们继续做实验。通过大量的实验，他发现了一种有趣的植物——石蕊，它遇酸变红，遇碱变蓝。玻意耳心想：倘若把它制成一种试剂，不就可以迅速地测定溶液的酸碱性吗？于是，他把石蕊加工成酸碱指示剂，用来检测溶液的酸碱性。这种指示剂效果非常好，受到了化学工作者的普遍欢迎。

从细微处刨根问底，就能发现科学的真理，我们做事情一定要注重细微变化，要刨根问底，一探究竟，就会发现奇迹、发现真理。科学家的这种执着探索的精神是值得我们去学习的。

【测试题】

一、填空题

1. 天然水中的杂质主要分为两大类，即_____和_____。

2. 含_____、_____较多的水称为硬水。

3. 水质指标主要包括_____、_____和_____。

4. 常用的水样保存方法有_____、_____和_____。

5. 电导率的国际制单位是_____，在水质分析中常用_____表示。

6. 一般情况下，溶液的电导率是指_____时的电导率。

7. 常用测定水的硬度的方法有_____和_____。

8. 原子吸收分光光度法测定水的硬度时，火焰条件直接影响测定的灵敏度，必须选择合适的_____和_____。

9. 碱度分为_____和_____。

10. 水中能放出质子的物质主要有_____、_____、_____和_____等。

11. 根据酸碱质子理论，酸碱中和反应、盐的水解等，其实质是一种_____的转移过程。

12. 酸碱指示剂一般是指_____或_____。

13. 测定水的 pH 值的主要仪器有_____、_____、_____和_____。

二、选择题

1. 下列溶于水中的（　　），量多会使水显酸性，并导致金属设备腐蚀。

A. O_2 B. NH_3 C. CO_2 D. Cl_2

2. 采样量根据测定项目的多少而定，一般采集（　　）L 为宜。

A. 2~3   B. 1~2   C. 2   D. 3

3. 在采集江、河、水库等地面水样时，可将采样器浸于水中液面下（　　）cm 处，然后打开瓶塞，使水进入瓶中。

A. 20~30   B. 10~20   C. 30~40   D. 20~35

4. 全碱度是以（　　）为指示剂，用酸标准滴定溶液滴定后计算所得的含量。

A. 酚酞　　　　　B. 甲基橙　　　　　C. 甲基红　　　　　D. 铬黑

5. 各种缓冲溶液具有不同的缓冲能力，其大小可用（　　）来衡量。

A. H^+ 浓度　　　B. OH^- 浓度　　　C. 缓冲容量　　　D. 酸碱度

三、判断题

1. 把水及其所含的杂质共同表现的综合性质称为水质。　　　　　　　　（　　）

2. 水中溶解的氧气会引起金属的化学腐蚀，但不会导致更大的电化学腐蚀等危害。

（　　）

3. 软水是指含较少或者不含钙、镁离子的水。　　　　　　　　　　　（　　）

4. 不同用途对水质有不同的要求。工业用水主要考虑是否影响产品质量或易于损害容器及管道，其水质标准中多数无微生物限制。　　　　　　　　　　　　　（　　）

5. 单层采样器适用于采集水流较平稳的深层水样。　　　　　　　　　（　　）

6. 双层采样器适用于采集溶解性气体水样。　　　　　　　　　　　　（　　）

7. 工业废水的采样时间应尽可能选择在开工率、运转时间及设备等为正常状况时。（　　）

8. 对于不能尽快分析的水样，应舍去。待可以分析时，再采集新的试样。　（　　）

9. 电导率常用于间接测定水中离子的总浓度或含盐量。　　　　　　　（　　）

10. 测定一系列待测溶液的电导率时，应按浓度由大到小的顺序测定。　（　　）

11. 工业用水的 pH 必须保持在 7.0～8.5，以防金属设备和管道被腐蚀。（　　）

12. 根据酸碱质子理论，酸碱可以是阳离子、阴离子，也可以是中性分子。（　　）

13. 缓冲溶液的缓冲容量越大，其缓冲能力越强。　　　　　　　　　　（　　）

四、思考题

1. 分析水中主要溶解有哪些气体？分别简述这些气体对水质的影响。

2. 硬水如何分类？其所含的成分主要是什么？

3. 水中的 Fe^{3+}、Fe^{2+}、Cu^{2+} 对水质的影响是怎样的？

4. 何谓水质分析？水质分析应如何进行？

5. 何谓水质标准？

6. 描述电导率的测定原理。

7. 分析酸碱的强弱的决定因素。

8. 何谓混合指示剂？试简述。

学习任务二　工业过氧化氢分析

学习目标

任务说明

通过双氧水情境分析，能合理地对双氧水的成分进行测定和分析，并能将分析结果与国标进行对比分析，最后判断产品质量等级。

知识目标

1. 掌握原双氧水含量分析的方法与原理。
2. 能熟练测定双氧水的质量指标。
3. 掌握双氧水测定中仪器的使用与维护。

技能目标

1. 能正确应用工业双氧水测定的方法与原理。
2. 能正确使用定性分析仪器对双氧水成分进行分析测定。
3. 能对分析结果进行评估，并能提出合理化的优化建议。

素养目标

1. 培养学生严谨、细致、认真的工作态度，团结协作的工作精神。
2. 培养学生环保意识、安全意识、经济意识。
3. 培养学生爱国之心、奉献精神、创新意识。

【任务准备】

一、工业过氧化氢概述

1. 性质

工业过氧化氢，俗称双氧水，它是一种无色透明的液体，高浓度时具有轻微的刺激性气味。相对密度 1.4067（25℃），熔点 -0.41℃，沸点 150.2℃。具有较强的氧化能力，但遇到更强的氧化剂如高锰酸钾等，则呈还原性，可参加分解、加成、取代、还原、氧化等反应。过氧化氢是较不稳定的物质，当接触光、热、粗糙表面时，会分解为水及氧气，并放出大量的热。在阳光直射的情况下，可导致剧烈分解甚至爆炸。在有酸存在的情况下较稳定，浓品（40％）具有腐蚀性，对皮肤有漂白及灼伤作用。

2. 用途

双氧水是一种重要的化工产品，被广泛应用于国民经济中。该产品主要用于织物、纸浆、草藤制品的漂白剂，用于有机合成及高分子合成的氧化剂，在电镀工业、电子工业用作清洗剂，还能用于生产各种过氧化物。在化工、纺织、三废处理、食品加工、医药工业、建材、军工工业等行业被广泛应用。

常用的生产双氧水的方法有电解法、蒽醌法、异丙醇法、氧阴极还原法和氢氧直接化合法等。蒽醌法是生产过氧化氢的主要方法。国内99％以上的过氧化氢装置采用该工艺。

3. 生产工艺简介

蒽醌法生产双氧水的工艺过程如下。

（1）工作液的氢化　蒽醌法生产双氧水是以2-乙基蒽醌为载体，以重芳烃及磷酸三辛酯为混合溶剂，配制成具有一定组成的溶液，称为工作液。在催化剂存在下，在压力0.25～0.35MPa、温度70～88℃条件下，工作液中的蒽醌与氢气进行氢化反应，得到相应的氢蒽醌溶液（简称氢化液）。

（2）氢化液的氧化　氢化液与空气在压力为0.25～0.35MPa、温度为45～65℃条件下进行氧化，氢蒽醌重新恢复成原来的蒽醌。

（3）氧化液中过氧化氢的萃取　利用工作液或过氧化氢与水的相对密度差，使纯水与氧化液成逆流萃取操作，经过一次次重新凝聚与重新分散的过程，使水相中的过氧化氢浓度逐渐增高，最后达到27.5％以上。

（4）过氧化氢的净化　将萃取所得的粗双氧水与重芳烃进行逆流萃取操作，以除去粗双氧水中的有机物。

（5）工作液的后处理　将经过萃取操作后的氧化液即萃余液与碳酸钾溶液进行逆流操作，以中和氧化时产生的酸性氧化物，除去工作液中多余的水分，分解一部分多余的过氧化氢。

（6）工艺流程　蒽醌法生产双氧水的工艺流程如图2-1所示。

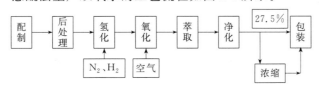

图 2-1　蒽醌法生产双氧水的工艺流程图

控制点分析项目：氢化效率、氧化效率、氧化液酸度、工作液碱度、萃余液双氧水含量、萃取液双氧水含量、萃取液酸度、后处理工作液碱度、工作液组分、蒽醌含量、双氧水成品分析。

二、工业过氧化氢质量指标

工业过氧化氢的质量指标符合《工业过氧化氢》（GB 1616—2014），见表2-1。

表 2-1　工业过氧化氢的质量指标

项目	指标					
	27.5％		35％	50％	60％	70％
	优等品	合格品				
过氧化氢的质量分数/％ ≥	27.5	27.5	35.0	50.0	60.0	70.0

项目	指标					
	27.5%		35%	50%	60%	70%
	优等品	合格品				
游离酸(以 H_2SO_4 计)的质量分数/% ≤	0.040	0.050	0.040	0.040	0.040	0.050
不挥发物的质量分数/% ≤	0.06	0.10	0.08	0.08	0.06	0.06
稳定度/% ≥	97.0	90.0	97.0	97.0	97.0	97.0
总碳(以碳计)的质量分数/% ≤	0.030	0.040	0.025	0.035	0.045	0.050
硝酸盐(以 NO_3^- 计)的质量分数/% ≤	0.020	0.020	0.020	0.025	0.028	0.030

注：过氧化氢的质量分数、游离酸的质量分数、不挥发物的质量分数、稳定度为强制性要求。

【任务实施】

工作任务

学习情境	任务目标	学习任务	任务实施方法
双氧水分析与检测	1. 掌握强腐蚀性液体物质的取样方法 2. 了解双氧水中可能存在的物质 3. 查找相关材料制定分析检测指标 4. 能正确操作、维护使用仪器设备 5. 能准确配制标准溶液 6. 能准确处理分析检测结果 7. 根据国标分析双氧水不合格的原因,并能提出合理化的改进建议 8. 能明了工业双氧水的生产方法	1. 掌握过氧化氢含量的测定原理与操作方法 2. 掌握过氧化氢中游离酸含量测定原理与操作方法	任务驱动、引导实施、小组讨论、多媒体教学演示、讲解分析、总结、边学边做

 任务 1　过氧化氢含量的测定

任务描述

　　双氧水是过氧化氢的水溶液。过氧化氢含量的测定是双氧水品质检测重要的一项项目,具体的分析检测方法如下。

一、方法概要

　　在酸性介质中,过氧化氢与高锰酸钾发生氧化-还原反应。根据高锰酸钾标准滴定溶液的消耗量,计算过氧化氢的含量。反应式为:

$$2KMnO_4 + 3H_2SO_4 + 5H_2O_2 \longrightarrow K_2SO_4 + 2MnSO_4 + 5O_2 \uparrow + 8H_2O$$

二、试剂与仪器

1. 试剂

① $KMnO_4$ 标准滴定溶液：$c_{\frac{1}{5}KMnO_4}$ 0.1mol/L，称取 3.3g 高锰酸钾，溶于 1050mL 水中，缓慢煮沸 15min，冷却后储于棕色瓶中于暗处密闭放置 1~2 周，用微孔玻璃滤埚除去沉淀物，摇匀后用基准物 $Na_2C_2O_4$ 标定。

② H_2SO_4 溶液（1+15）：量取 30mL 硫酸缓慢加入盛有 450mL 蒸馏水的烧杯中，边加入边搅拌，配好的溶液盛于试剂瓶中备用。

③ 试样：27.5％的成品双氧水若干。

2. 仪器

实验室常用玻璃仪器，分析天平，滴瓶（10mL 或 25mL），棕色滴定管 50mL。

三、分析步骤

1. 高锰酸钾标准滴定溶液的配制与标定

准确称取 0.13~0.16g 基准物质 $Na_2C_2O_4$ 置于 250mL 锥形瓶中，加 40mL 水，10mL 3mol/L H_2SO_4，加热至 70~80℃（即开始冒蒸汽时的温度），趁热用 $KMnO_4$ 溶液进行滴定。滴定的溶液显微红色，0.5min 不褪色即为终点。注意终点时溶液的温度应保持在 60℃以上。平行标定 3 份，计算 $KMnO_4$ 溶液的浓度。

2. 称量

用滴瓶以减量法称量试样 0.15~0.20g，精确到 0.0002g。

3. 滴定

置于一盛有 100mL 的硫酸溶液的锥形瓶中，用高锰酸钾标准溶液滴定，溶液呈粉红色，并在 30s 内不消失即为终点。平行测定 3 次，取平均值。

四、数据处理

以质量分数表示的过氧化氢（以 H_2O_2 计）含量 w 按下式计算：

$$w = \frac{cV \times 0.01701}{m} \times 100$$

式中　w—— H_2O_2 的含量，％；

V——滴定中消耗的高锰酸钾标准滴定溶液的体积，mL；

c——高锰酸钾标准滴定溶液的浓度，mol/L；

m——过氧化氢试样的质量，g；

0.01701——1.00mL 高锰酸钾溶液（$c_{\frac{1}{5}KMnO_4} = 1.000mol/L$）相当于过氧化氢的质量。

五、允许差

取平行测定结果的算术平均值为测定结果。平行测定结果的绝对差值不大于 0.1mg/L。

六、任务执行

1. 准备

（1）以小组为单位，综合分析考虑实验室条件、实验方法、安全环保的可行性，明确分配任务。由组长填写完成任务分配表（详见附录）。

（2）查阅参考文献资料，完成实施前的任务问题。

① 在酸性介质中，过氧化氢与高锰酸钾发生氧化还原反应的离子方程式是什么？

② 配制好的高锰酸钾溶液，煮沸冷却后要储于棕色试剂瓶及暗处的原因是什么？

③ 开始滴定时滴加速度特别慢，当第 1 滴 $KMnO_4$ 颜色消失后，再滴定时可快速进行。这样操作的原因是什么？

④ 如何判断滴定终点？判断的依据是什么？试分析。

⑤ 过氧化氢的含量如何计算？

2. 实施

（1）制订分析检验方案　以小组为单位，综合分析考虑实验室条件、实验方法、安全环保的可行性，制订相应的检测方案，并列出所需仪器和药品（详见附录）。

① 实验所需药品。

② 实验所需仪器。

③ 检测步骤：

a. 实验用溶液配制；

b. 仪器安装调试，并校准；

c. 取试样；

d. 试样中过氧化氢含量的测定。

（2）审核分析检验方案　各组将制订好的计划检测方案交指导教师审核，在教师指导下修改完善，批准后再实施。

（3）分析检验项目的实施

① 各组根据实验室现有条件选择所用仪器，填写仪器使用情况登记表，各自洗净、备用。

② 领取所需的化学药品和标准缓冲溶液，装入试剂瓶，贴好标签，备用。

③ 学生各组独立完成检验项目，填写好原始数据记录表及检验报告单。

④ 对分析检验结果进行描述总结。

试样中过氧化氢含量测定原始数据记录表

样品名称		测定人			
检测编号		校核人			
检测依据		检测日期			
室温/℃		湿度			
记录项目		1	2		3
取样量 m/g					
计算公式					
过氧化氢含量 w/%					
平均值/%					
标准规定平行测定结果的绝对差值		本次测定结果是否符合要求			

定量分析结果：试样中过氧化氢的含量为_____。

（4）数据处理　将过氧化氢含量测定结果填至下表中，并进行相关计算。

过氧化氢含量测定分析结果报告单

来样单位			
采样日期		分析日期	
批号		批量	
执行标准			
检测项目	企业指标值		实测结果
过氧化氢含量/%			
检验结论			

七、总结与反馈

1. 总结反思

分组讨论检测过程中的操作要点和要注意的细节，并做汇报。

2. 考核细则　（见附录）

任务 2　双氧水中游离酸含量的测定

任务描述

　　过氧化氢中的游离酸主要是工艺中氧化单元为了减少过氧化氢的分解损失，向氧化塔中加入呈酸性的稳定剂，如磷酸等游离酸之后随氧化液进入萃取单元，和过氧化氢一起进入萃取液（纯水），使过氧化氢产品呈酸性。而双氧水在实际生产过程中，为了增加双氧水的稳定性，又需要控制一定的酸度。因此，双氧水中游离酸含量的测定是一项重要的检测项目。具体检测方法如下。

一、方法概要

　　双氧水在生产过程中，必须控制一定的酸度，以增加双氧水的稳定性，避免双氧水发生分解，造成危险。游离酸的测定采用酸碱滴定法。以甲基红-亚甲基蓝为指示剂，用氢氧化钠标准滴定溶液与试样中的游离酸发生中和反应，从而测定试样中的游离酸含量。

二、试剂与仪器

1. 试剂

　　固体 NaOH（分析纯）或 50% 的 NaOH 溶液，0.2% 亚甲基蓝水溶液，0.2% 甲基红溶液。

2. 仪器

　　台秤，分析天平，量筒（10mL）1 支，碱式滴定管（50mL）1 支，锥形瓶（250mL）2个，锥形瓶（500mL）2 个，带玻璃塞和胶塞的 500mL 试剂瓶各 1 个，容量瓶（250mL）1 个。

三、分析步骤

称取约 30g 试样，精确到 0.01g，用 100mL 不含二氧化碳的中性水将试样全部移入 250mL 的锥形瓶中，加入 2~3 滴甲基红-亚甲基蓝混合指示剂，用氢氧化钠标准溶液滴定至溶液由紫红色变为暗蓝色，即为终点。平行测定三次，求平均值。

四、数据处理

以质量分数表示的游离酸（以 H_2SO_4 计）的含量 w 可按下式计算：

$$w = \frac{cV \times 0.04904}{m} \times 100 \tag{2-2}$$

式中　w——H_2SO_4 的含量，%；

c——氢氧化钠标准滴定溶液的浓度，mol/L；

V——滴定中消耗的氢氧化钠标准滴定溶液的体积，mL；

m——过氧化氢试样的质量，g；

0.04904——1.00mL 氢氧化钠标准滴定溶液相当于硫酸的质量，g。

五、允许差

取平行测定结果的算术平均值为测定结果。平行测定结果的绝对差值不大于 0.1mg/L。

六、任务执行

1. 准备

（1）以小组为单位，综合分析考虑实验室条件、实验方法、安全环保的可行性，明确分配任务。由组长填写完成任务分配表（详见附录）。

（2）查阅参考文献资料，完成实施前的任务问题。

① 双氧水在生产过程中，为什么必须要严格控制一定的酸度？

② 双氧水中游离酸测定的原理是什么？

③ 如何判断滴定终点？判断的依据是什么？试分析。

④ 双氧水中游离酸的含量如何计算？

2. 实施

（1）制订分析检验方案　以小组为单位，综合分析考虑实验室条件、实验方法、安全环保的可行性，制订相应的检测方案，并列出所需仪器和药品（详见附录）。

① 实验所需药品。

② 实验所需仪器。

③ 检测步骤：

a. 实验用溶液配制；

b. 仪器安装调试，并校准；

c. 取试样；

d. 双氧水中游离酸含量的测定。

（2）审核分析检验方案　各组将制订好的计划检测方案交指导教师审核，在教师指导下修改完善，批准后再实施。

（3）分析检验项目的实施

① 各组根据实验室现有条件选择所用仪器，填写仪器使用情况登记表，各自洗净、备用。

② 领取所需的化学药品和标准缓冲溶液，装入试剂瓶，贴好标签，备用。

③ 学生各组独立完成检验项目，填写好原始数据记录表及检验报告单。

④ 对分析检验结果进行描述总结。

双氧水中游离酸含量测定原始数据记录表

样品名称		测定人			
检测编号		校核人			
检测依据		检测日期			
室温/℃		湿度			
记录项目		1	2		3
取样量 m/g					
计算公式					
游离酸含量 w/%					
平均值/%					
标准规定平行测定结果的绝对差值		本次测定结果是否符合要求			

定量分析结果：双氧水中游离酸的含量为_____。

（4）数据处理　将双氧水中游离酸含量测定结果填至下表中，并进行相关计算。

双氧水中游离酸含量测定分析结果报告单

来样单位			
采样日期		分析日期	
批号		批量	
执行标准			
检测项目	企业指标值		实测结果
游离酸含量			
检验结论			

七、总结与反馈

1. 总结反思

分组讨论检测过程中的操作要点和要注意的细节，并做汇报。

2. 考核细则（见附录）

素养拓展

氧化还原反应与得失电子——懂得放手，才会抬高自己的"价位"

在氧化还原反应过程，氧化剂得到电子使化合价降低（得到电子，化合价降低），而还原剂失去电子使化合价升高（失去电子，化合价升高）。

同理，对待得失，恰似氧化还原反应得失电子，有些东西，你得到了会使你的"价位"降低，如果你学会放手，反而能使你的"价位"升高。因此，有时候要学会适当放手。

【测试题】

一、填空题

1. 工业过氧化氢，俗称_____，化学式为_____。

2. 过氧化氢本身具有较强的氧化能力，但当遇到更强的氧化剂如高锰酸钾等时，则表现出_____，可参加分解、加成、取代、还原、氧化等反应。

3. 过氧化氢生产方法主要有_____、_____、_____、_____和_____法。

4. 氧化还原滴定法是以_____为基础的滴定分析法。

5. 氧化还原滴定法习惯上根据所选择的标准溶液的不同，分为_____、_____和_____。

6. 氧化还原电对的电极电位可用_____公式计算求得。

7. 在氧化还原滴定分析中，要求氧化还原反应进行得越完全越好，而反应的完全程度是以它的_____大小来衡量。

8. 利用生成物本身作催化剂的反应称为_____。

9. 由于一个氧化还原反应的发生促进另一氧化还原反应进行，称为_____。

10. 在酸性溶液中，$KMnO_4$ 氧化 Cl^- 的反应速率极慢，当溶液中同时存在 Fe^{2+} 时，$KMnO_4$ 氧化 Fe^{2+} 的反应将加速 $KMnO_4$ 氧化 Cl^- 的反应。则 Fe^{2+} 称为_____，MnO_4^- 称为_____，Cl^- 称为_____。

11. 若用曲线形式表示标准溶液用量和电位变化的关系，得到的是_____。

12. 在氧化还原滴定中，除了用电位法确定其终点外，通常用_____来指示滴定终点。

13. 氧化还原滴定中常用的指示剂有三类，分别是_____、_____和_____。

14. 标定后的 $KMnO_4$ 溶液储放时应注意避光避热，若发现有_____沉淀析出，应过滤和重新标定。

二、选择题

1. 在氧化还原反应中，氧化剂和还原剂的强弱，可以用有关电对的（   ）来衡量。
   A. 电极电位　　　　　B. 电势　　　　　　C. 电量　　　　　　D. 无法确定

2. $E^{\ominus}_{Ox/Red}$ 标准电极电位仅随（   ）变化。
   A. 氧化性　　　　　　B. 还原性　　　　　C. 温度　　　　　　D. 压力

3. 氧化还原反应的平衡常数 K 值的大小是直接由氧化剂和还原剂两电对的条件电极电位（   ）来决定的。
   A. 之差　　　　　　　B. 之和　　　　　　C. 之积　　　　　　D. 商

4. 氧化还原反应过程复杂，许多反应并非一步完成，因此整个反应的速率由最（   ）的一步决定。
   A. 快　　　　　　　　B. 慢　　　　　　　C. 中间　　　　　　D. 无法确定

5. 下列（   ）因素不能影响氧化还原反应速率。

A. 温度　　　　　　　B. 浓度　　　　　　　C. 催化剂　　　　　　D. 质量

6.（　　）是碘法的专属指示剂。

A. 自身指示剂　　　B. 氧化还原指示剂　C. 淀粉　　　　　　D. 酚酞指示剂

三、判断题

1. 过氧化氢是较不稳定的物质，但在有酸存在的情况下较稳定。（　　）

2. 双氧水在生产过程中，必须控制一定的酸度，以增加双氧水的稳定性，避免双氧水发生分解，造成危险。（　　）

3. 氧化还原反应是在溶液中氧化剂与还原剂之间的电子转移，反应机理比较复杂，除主反应外，经常可能发生各种副反应，使反应物之间不是定量进行，而且反应速率一般较慢。（　　）

4. 电对的电位越高，其还原态还原能力越强。（　　）

5. 在处理有关氧化还原反应的电位计算时，应尽量采用条件电极电位。（　　）

6. 氧化剂和还原剂两电对的条件电极电位差值越大，K 值也就越大，反应就进行得越完全。（　　）

7. 氧化还原反应的平衡常数，只能说明该反应的可能性和反应完全的程度，而不能表明反应速率的快慢。（　　）

8. 一般情况下，增加反应物质的浓度可以加快反应速率。（　　）

9. 诱导反应与催化反应不同，催化反应中，催化剂参加反应后恢复到原来的状态；而诱导反应中，诱导体参加反应后变成其他物质，受诱体也参加反应。（　　）

10. 在选择指示剂时，应使氧化还原指示剂的条件电极电位尽量与反应的化学计量点的电位相一致，以减小滴定终点的误差。（　　）

四、思考题

1. 应用于氧化还原滴定的反应，应具备什么主要条件？

2. 何谓条件电极电位？它与标准电极电位的关系是什么？为什么要引入条件电极电位的概念？

3. 如何判断一个氧化还原反应能否进行完全？

4. 影响氧化还原反应速率的主要因素有哪些？可采取哪些措施加速反应的完成？

5. 氧化还原滴定过程中电极电位的突跃范围如何估计？化学计量点的位置与氧化剂和还原剂的电子转移数有什么关系？

6. 氧化还原滴定中，可用哪些方法检测终点？氧化还原指示剂的变色原理和选择原则与酸碱指示剂有何异同？

7. 在氧化还原滴定之前，为什么要进行预处理？预处理对所用的氧化剂或还原剂有哪些要求？

8. 常用的氧化还原滴定法有哪些？各种方法的原理及特点是什么？

五、计算题

1. 在 100mL 溶液中：

（1）含有 $KMnO_4$ 1.158g；

（2）含有 $K_2Cr_2O_7$ 0.490g。

问：在酸性条件下作氧化剂时，$KMnO_4$ 或 $K_2Cr_2O_7$ 的浓度分别是多少（mol/L）？

2. 在钙盐溶液中，将钙沉淀为 $CaC_2O_4 \cdot H_2O$，经过滤、洗涤后，溶于稀 H_2SO_4 溶液中，用 0.004000mol/L $KMnO_4$ 溶液滴定生成的 $H_2C_2O_4$。计算 $KMnO_4$ 溶液对 CaO、$CaCO_3$ 的滴定度 $T_{CaO/KMnO_4}$、$T_{CaCO_3/KMnO_4}$ 各为多少？

3. 称取含有 MnO_2 的试样 1.000g，在酸性溶液中加入 $Na_2C_2O_4$ 0.4020g，其反应为

$$MnO_2 + C_2O_4^{2-} + 4H^+ \rightleftharpoons Mn^{2+} + 2CO_2\uparrow + 2H_2O$$

过量的 $Na_2C_2O_4$ 用 0.02000mol/L $KMnO_4$ 标准溶液进行滴定，到达终点时消耗 20.00mL，计算试样中 MnO_2 的质量分数。

4. 称取铁矿石试样 0.2000g，用 0.008400mol/L $K_2Cr_2O_7$ 标准溶液滴定，到达终点时消耗 $K_2Cr_2O_7$ 溶液 26.78mL，计算 Fe_2O_3 的质量分数。

5. 称取 KIO_3 0.3567g 溶于水并稀释至 100mL，移取所得溶液 25.00mL，加入 H_2SO_4 和 KI 溶液，以淀粉为指示剂，用 $Na_2S_2O_3$ 溶液滴定析出的 I_2，至终点时消耗 $Na_2S_2O_3$ 溶液 24.98mL，求 $Na_2S_2O_3$ 溶液的浓度。

学习任务三　工业盐酸分析

学习目标

任务说明

　　工业盐酸是指工业生产所得浓度为 30% 或 36% 的盐酸，其主要成分是氯化氢，化学式为 HCl，分子量为 36.46，工业盐酸含有铁、氯等杂质，因混有 Fe^{3+} 而略带微黄色。工业盐酸有强烈的腐蚀性，能腐蚀金属，对动植物纤维和人体肌肤均有腐蚀作用。

　　本任务主要对工业盐酸中的总酸度、铁含量、灼烧残渣含量和游离氯的含量进行测定。

知识目标

1. 了解工业盐酸质量指标、采样及检验规则。
2. 掌握工业盐酸总酸度、铁含量、灼烧残渣和游离氯的测定方法、原理。
3. 掌握分光光度法的测定原理。

技能目标

1. 能正确熟练地使用与维护工业盐酸分析检测仪器。
2. 能熟练正确地分析测定工业盐酸中总酸度、铁含量、灼烧残渣和游离氯的含量。
3. 具有准确处理分析检测结果的能力。

素养目标

1. 培养学生严谨、细致、认真的工作态度，团结协作的工作精神。
2. 培养学生环保意识、安全意识、经济意识。
3. 培养学生爱国之心、奉献精神、创新意识。

【任务准备】

一、盐酸质量指标

　　盐酸的副产酸、合成酸、高纯酸和食品添加剂盐酸的浓度基本上相同，其主要成分都是氯化氢，主要区别在于生产工艺流程、质量标准和用途有所不同。

1. 副产盐酸的质量标准

副产盐酸外观为无色或浅黄色透明液体。HG/T 3783—2021《副产盐酸》中规定了副产盐酸的质量指标应符合表 3-1 给出的指标要求。

表 3-1　副产盐酸质量指标

项目	指标		
	Ⅰ	Ⅱ	Ⅲ
总酸度(HCl)质量分数/%	≥31.0	≥20.0	≥10.0
重金属(以 Pb 计)质量分数/%	≤0.005		
浊度/NTU	≤10		
其他杂质	按用户要求		

2. 工业用合成盐酸的质量标准

工业用合成盐酸外观为无色或浅黄色透明液体。GB 320—2006《工业用合成盐酸》中规定了工业用合成盐酸的质量指标应符合表 3-2 给出的指标要求。

表 3-2　工业用合成盐酸质量指标　　　　　　　　单位:%

项目		优等品	一等品	合格品
总酸度(以 HCl 计)的质量分数	≥	31.0		
铁(以 Fe 计)质量分数	≤	0.002	0.008	0.01
灼烧残渣的质量分数	≤	0.05	0.10	0.15
游离氯(以 Cl 计)的质量分数	≤	0.004	0.008	0.01
砷(As)的质量分数	≤	0.0001		
硫酸盐(以 SO_4^{2-} 计)的质量分数	≤	0.005	0.03	—

注:砷指标强制。

3. 高纯盐酸的质量标准

高纯盐酸外观为无色透明液体。HG/T 2778—2020 高纯盐酸中规定了高纯盐酸的质量指标应符合表 3-3 给出的指标要求。

表 3-3　高纯盐酸质量指标

项目		指标
总酸度(以 HCl 计)/%	≥	31.0
钙(以 Ca 计)/(mg/L)	≤	0.5
镁(以 Mg 计)/(mg/L)	≤	0.1
铁(以 Fe 计)/(mg/L)	≤	1.5
蒸发残渣/(mg/L)	≤	25
游离氯/(mg/L)	≤	0.0025

4. 食品添加剂盐酸的质量指标

食品添加剂盐酸是外观为无色或浅黄色液体。GB 1886.9—2016《食品安全国家标准 食品添加剂　盐酸》中规定了食品添加剂盐酸质量指标应符合表 3-4 给出的指标要求。

表 3-4　食品添加剂盐酸质量指标

项目		指标
总酸度(以 HCl 计)的质量分数/%	≥	31.0
铁(以 Fe 计)的质量分数/%	≤	0.0005
硫酸盐(以 SO_4^{2-} 计)的质量分数/%	≤	0.007

项目		指标
游离氯(以 Cl⁻ 计)质量分数/%	≤	0.003
还原物(以 SO_3 计)的质量分数/%	≤	0.007
不挥发物的质量分数/%	≤	0.05
重金属(以 Pb 计)的质量分数/(mg/kg)	≤	5
砷(As)/(mg/kg)	≤	1.0

二、工业用合成盐酸的采样及检验规则

根据 GB 320—2006《工业用合成盐酸》中规定，工业用合成盐酸的采样和检验规则如下。

1. 采样

① 产品按批检验。生产企业以每一成品槽或每一生产周期生产的工业用合成盐酸为一批。用户以每次收到的同一批次的工业用合成盐酸为一批。

② 工业用合成盐酸从槽车或贮槽中采样时，宜用 GB/T 6680 中规定的适宜的耐酸采样器自上、中、下三处采取等量的有代表性样品。

生产企业可将槽车或贮槽内的工业用合成盐酸混匀后于采样口采取有代表性样品，进行检测。

③ 工业用合成盐酸从塑料桶或陶瓷坛中采样时，按 GB/T 6678 中规定的采样单元数随机抽样，拆开包装，宜采用 GB/T 6680 中规定的适宜的耐酸采样器自上、中、下三处采取等量的有代表性样品。

④ 将采取的样品混匀，装于清洁、干燥的塑料瓶或具磨口塞的玻璃瓶中，密封。样品量不少于 500mL。样品瓶上应贴上标签并注明：生产企业名称、产品名称、批号或生产日期、采样日期及采样人等。

2. 分析要求

GB 320—2006 中工业用合成盐酸规定的检验项目有：总酸度的测定、铁含量的测定、灼烧残渣的测定、游离氯含量的测定、砷含量的测定和硫酸盐含量的测定。以上项目全部为型式检验项目，其中总酸度、铁为出厂检验项目，其余为型式检验项目中的抽检项目。如有下述情况如停产后复产、生产工艺有较大改变（如材料、工艺条件等）、合同规定等，应进行型式检验。在正常生产情况下，每月至少进行一次型式检验。在测定过程中质量指标合格的判断均采用 GB/T 1250 中"修约值比较法"。

出厂的工业用合成盐酸应由生产企业的质量监督检验部门进行检验，并附有质量证明书，内容包括：生产企业名称、产品名称、质量指标、等级、批号或生产日期、执行标准号。未满足本标准要求的工业用合成盐酸不得声明符合本标准。用户有权按本标准规定对收到的工业用合成盐酸进行检验，验证其质量是否符合本标准要求。如果检验结果有一项指标不符合本标准要求，应重新加倍在包装单元中采取有代表性的样品进行复检。复检结果中仍有一项指标不符合本标准要求，则该批产品为不合格品。

三、工业用合成盐酸的标志、包装、运输和贮存及安全事项

1. 标志、包装、运输和贮存

（1）标志 出厂的工业用合成盐酸外包装上应有明显牢固的标志，内容包括：生产企业

名称、地址、产品名称、商标、执行标准号、生产许可证编号及 GB 190 中规定的"腐蚀品"标志。塑料桶或陶瓷坛包装的工业用合成盐酸外包装上除上述规定外还应有：批号或生产日期、净质量及 GB/T 191 中规定的"向上"标志。

（2）包装　工业用合成盐酸用塑料桶或陶瓷坛包装时，其注料口应盖好。陶瓷坛密封，装入木箱中，箱口应高于注料口至少 20mm。

工业用合成盐酸用专用槽车或贮槽包装，应加密封盖。

（3）运输　工业用合成盐酸运输时，应防止碰撞而泄漏。不应与碱性物品混运。

（4）贮存　工业用合成盐酸不应与碱性物品混贮。

2. 安全事项

工业用合成盐酸产品具有强腐蚀性，使用者有责任采取适当的安全和健康措施，接触人员应佩戴防护眼镜、耐酸手套等防护用品。

【任务实施】

工作任务

学习情境	任务目标	学习任务	任务实施方法
工业盐酸品质分析与检测	1. 掌握工业盐酸成分的分析检测方法及原理 2. 查找相关材料制定分析检测指标 3. 能正确操作、维护使用仪器设备 4. 能准确处理分析检测结果 5. 根据国标分析工业盐酸的品质，并能提出合理化的改进建议	1. 明确工业盐酸的质量指标 2. 掌握工业盐酸成分的测定方法原理与操作方法 3. 正确操作使用的仪器	任务驱动、引导实施、小组讨论、多媒体教学演示、讲解分析、总结、边学边做

 ## 任务 1　工业盐酸总酸度的测定

任务描述

滴定法测定工业用合成盐酸的总酸度。根据 GB 320—2006《工业用合成盐酸》中的规定，工业用合成盐酸总酸度的测定方法如下。

1. 标定氢氧化钠标准滴定溶液的基准物质

标定碱液的基准物质很多，如草酸（$H_2C_2O_4 \cdot H_2O$，分子量为 126.07）、苯甲酸（C_6H_5COOH，分子量为 122.12）、邻苯二甲酸氢钾（$HOOCC_6H_4COOK$，分子量为 204.44）等。其中最常用的是邻苯二甲酸氢钾。

（1）邻苯二甲酸氢钾　邻苯二甲酸氢钾易精制，没有结晶水，无吸水性，易保存，摩尔质量大，是标定碱溶液较好的基准物质，使用前应在 $100\sim125℃$ 干燥，干燥温度不宜过高，否则会引起脱水而成为邻苯二甲酸酐。

邻苯二甲酸氢钾与 NaOH 反应的生成物为强碱弱酸盐，呈弱碱性，计量点时 pH＝9.1，因此酚酞是这一滴定的适宜指示剂。其化学反应式为：

$$\underset{\text{COOK}}{\overset{\text{COOH}}{\bigcirc}} + \text{NaOH} == \underset{\text{COOK}}{\overset{\text{COONa}}{\bigcirc}} + H_2O$$

（2）草酸　草酸易制得纯品，稳定条件较好，但其溶液不够稳定，能自行分解，见光也易分解，所以，在制得溶液后，应立即用 NaOH 溶液滴定。由于草酸的摩尔质量较小，因此为了减小称量误差，标定时宜采用"称大样法"标定。草酸是二元酸，由于两个解离常数值接近（$K_{a_1}=5.6\times10^{-2}$，$K_{a_2}=5.4\times10^{-5}$），用 NaOH 溶液滴定时，不能分步滴定，只能一步滴定。计量点时溶液偏碱性，pH 约为 8.5，突跃范围 pH＝7.7～10.0，因此可选用酚酞作指示剂，其化学反应式为：

$$H_2C_2O_4 + 2NaOH == Na_2C_2O_4 + 2H_2O$$

此外，苯甲酸、氨基磺酸和 $KHC_2O_4 \cdot H_2C_2O_4 \cdot 2H_2O$ 也可以用作碱标准溶液标定的基准物。

2. 氢氧化钠标准滴定溶液的制备

按照 GB/T 601—2016《化学试剂　标准滴定溶液的制备》规定氢氧化钠标准滴定溶液的制备的方法如下。

（1）溶液配制　称取 110g 氢氧化钠，溶于 100mL 无二氧化碳的水中，摇匀，注入聚乙烯容器中，密闭放置至溶液清亮。根据氢氧化钠标准滴定溶液表的规定，用塑料管量取上层清液，用无二氧化碳的水稀释至 1000mL，摇匀。

氢氧化钠标准滴定溶液的规定

氢氧化钠标准滴定溶液的浓度[$c(\text{NaOH})$]/(mol/L)	氢氧化钠溶液的体积 V/mL
1	54
0.5	27
0.1	5.4

（2）溶液标定　根据下表的规定称取于 105～110℃电烘箱中干燥至恒重的工作基准试剂邻苯二甲酸氢钾，加无二氧化碳的水溶解，加 2 滴酚酞指示液（10g/L），用配制好的氢氧化钠溶液滴定至溶液呈粉红色，并保持 30s。同时做空白试验。

氢氧化钠标准滴定溶液的滴定

氢氧化钠标准滴定溶液的浓度[$c(\text{NaOH})$]/(mol/L)	工作基准试剂邻苯二甲酸氢钾的质量/(m/g)	无二氧化碳水的体积 V/mL
1	7.5	80
0.5	3.6	80
0.1	0.75	50

氢氧化钠标准滴定溶液的浓度 [$c(\text{NaOH})$]，以 mol/L 表示，按式（3-1）计算：

$$c(\text{NaOH}) = \frac{m \times 1000}{(V_1 - V_2)M} \tag{3-1}$$

式中，m 为邻苯二甲酸氢钾的准确质量，g；V_1 为氢氧化钠溶液的体积，mL；V_2 为空白试验氢氧化钠溶液的体积，mL；M 为邻苯二甲酸氢钾的摩尔质量，g/mol [$M(\mathrm{KHC_8H_4O_4})=204.22\mathrm{g/mol}$]。

一、方法概要

试料溶液以溴甲酚绿为指示液，用氢氧化钠标准滴定溶液滴定至溶液由黄色变为蓝色终点。反应式为：

$$\mathrm{H^+ + OH^- \Longrightarrow H_2O}$$

二、试剂与仪器

1. 试剂

① 氢氧化钠标准滴定溶液：$c(\mathrm{NaOH})=1\mathrm{mol/L}$。

② 溴甲酚绿指示液：1g/L。

2. 仪器

① 锥形瓶，100mL（具磨口塞）。

② 滴定管，50mL，有 0.1mL 分度值。

三、分析步骤

1. 试料

量取约 3mL 实验室样品，置于内装约 15mL 水并已称量（精确到 0.0001g）的锥形瓶中，混匀并称量（精确到 0.0001g）。

2. 测定

向试料中加 2～3 滴溴甲酚绿指示液，用氢氧化钠标准滴定溶液滴定至溶液由黄色变为蓝色。

四、结果计算

总酸度以氯化氢（HCl）的质量分数 w 计，以％表示，按式（3-2）计算：

$$w = \frac{(V/1000)cM}{m} \times 100 = \frac{VcM}{10m_0} \tag{3-2}$$

式中，V 为氢氧化钠标准滴定溶液的体积，mL；c 为氢氧化钠标准滴定溶液的准确浓度，mol/L；m 为试料的质量，g；M 为氯化氢的摩尔质量，$M=36.461\mathrm{g/mol}$。

五、允许差

平行测定结果之差的绝对值不大于 0.2％。

取平行测定结果的算术平均值为报告结果。

六、任务执行

1. 准备

（1）以小组为单位，综合分析考虑实验室条件、检测方法、安全环保的可行性，明确分配任务。由组长填写完成任务分配表（详见附录）。

（2）查阅参考文献资料，完成实施前的任务问题。

① 查阅相关文献资料，初步了解工业盐酸的形状。

② 工业盐酸中总酸度的测定方法有哪些？并说明原理。

③ 分析检测过程中有哪些注意事项？

④ 如何确定工业盐酸被检样的取样量？

⑤ 选用的指示剂是什么？如何判断滴定终点？其依据是什么？说明原因。

⑥ 分析检测过程的数据应如何正确记录？

⑦ 工业盐酸的总酸度应如何计算？

2. 实施

（1）制订分析检测方案　以小组为单位，综合分析考虑实验室条件、分析检测方法、安全环保的可行性，制订相应的检测方案，并列出所需仪器和药品（详见附录）。

① 检测所需药品。

② 检测所需仪器。

③ 检测步骤：

a. 标定基准物质；

b. 制备标准滴定溶液；

c. 取试样；

d. 试样中总酸度含量的测定。

（2）审核分析检测方案　各组将制订好的计划检测方案交指导教师审核，在教师指导下修改完善，批准后再实施。

（3）分析检测项目的实施

① 各组根据实验室现有条件选择所用仪器，填写仪器使用情况登记表，各自洗净、备用。

② 领取所需的化学药品和标准滴定溶液，装入试剂瓶，贴好标签，备用。

③ 学生各组独立完成检测项目，填写好原始数据记录表及检验报告单。氢氧化钠标准滴定溶液标定原始记录表参考附录。

④ 对分析检测结果进行描述总结。

工业盐酸总酸度原始数据记录表

样品名称		测定人	
检测依据		校核人	
标准溶液及其浓度		检测日期	
水温/℃		指示剂	
温度校正系数			

	记录	1	2	3	备用
试剂瓶	$m_{倾样前}/g$				
	$m_{倾样后}/g$				
	$m_{待测物}/g$				
滴定管	滴定管初读数/mL				
	滴定管终读数/mL				
	滴定消耗溶液体积/mL				
体积校正	温度校正值/mL				
	体积校正值/mL				
	实际体积/mL				
计算结果	计算公式				
	$w/\%$				
	平均值				
	绝对差值/%				
标准规定平行测定结果的绝对差值		≤0.2%		本次测定结果是否符合要求	

定量分析结果：工业盐酸中总酸度的含量为_____。

（4）数据处理　将总酸度含量测定结果填至下表中，并进行相关计算。

工业盐酸中总酸度含量测定分析结果报告单

来样单位				
采样日期			分析日期	
批号			批量	
执行标准				
检测项目		企业指标值		实测结果
总酸度含量				
检测结论				

七、总结与反馈

1. 总结反思

分组讨论检测过程中的操作要点和要注意的细节，并做汇报。

2. 考核细则　（见附录）

任务 2　工业盐酸中铁含量的测定

任务描述

工业生产的盐酸中铁离子的含量通常被作为盐酸质量检测中的重要检测项目，工业盐酸中铁离子的含量多少可以用邻菲啰啉分光光度法测定。

分光光度法是利用被测物质对光辐射具有选择性吸收的特性而建立的定性或定量分析方法。该方法灵敏度高、准确性好。被测物质的最低检测浓度可达 $10^{-6} \sim 10^{-5} mol/L$，其测量相对误差一般为 2%～5%，若使用精度好的仪器，其测量相对误差可降到 1%～2%，故很适合于微量或痕量组分的测定。此外，该方法还具有操作简便快速、仪器价格不贵等优点，是目前医药、卫生、环保、化工等行业常用的分析方法之一。根据 GB 320—2006《工业用合成盐酸》中规定，其具体检测方法如下。

一、方法概要

用盐酸羟胺将试料中 Fe^{3+} 还原成 Fe^{2+}，在 pH 为 4.5 缓冲溶液体系中，Fe^{2+} 与邻菲啰啉反应生成红色络合物，用分光光度计测定吸光度。反应为：

$$4Fe^{3+} + 2NH_2OH \longrightarrow 4Fe^{2+} + N_2O\uparrow + 4H^+ + H_2O$$

$$Fe^{2+} + 3C_{12}H_8N_2 \longrightarrow [Fe(C_{12}H_8N_2)_3]^{2+}$$

二、试剂与仪器

1. 试剂

① 盐酸溶液：1+10。

② 氨水溶液：1+1。

③ 盐酸羟胺溶液：100g/L。

称取 10.0g 盐酸羟胺，溶于水，用水稀释至 100mL。

④ 乙酸-乙酸钠缓冲溶液：pH 值为 4.5。

⑤ 铁标准溶液：0.1g/L。

⑥ 铁标准溶液：0.01g/L。

准确量取 0.1g/L 铁标准溶液，用水稀释 10 倍。该溶液使用前配制。

⑦ 邻菲啰啉溶液：2g/L。

该溶液应避光保存，仅使用无色溶液。

2. 仪器

一般的实验室仪器和分光光度计。

三、分析步骤

1. 标准曲线绘制

① 按表量取 0.01g/L 铁标准溶液分别置于 6 个 50mL 容量瓶中。

铁标准溶液

0.01g/L 铁标准溶液体积/mL	对应的铁质量/μg
0	0
2.0	20
4.0	40
6.0	60
8.0	80
10.0	100

② 向每个容量瓶中加入 10mL 盐酸溶液，加水至约 20mL，用氨水调至溶液 pH 值为 2～3，然后加入 1mL 盐酸羟胺溶液、5mL 乙酸-乙酸钠缓冲溶液和 2mL 邻菲啰啉溶液，用水稀释至刻度，摇匀。静置 15min。

③ 用适宜的比色皿，在波长 510nm 处，用空白溶液调整分光光度计零点，测定溶液吸

收度。

④ 以铁含量（μg）为横坐标、与其对应的吸光度为纵坐标绘制标准曲线。

2. 试样溶液制备

量取约 8.6mL 实验室样品，称量（精确到 0.01g），置于内装约 50mL 水的 100mL 容量瓶中，用水稀释至刻度，摇匀。

3. 试料

量取 10.00mL 试样溶液置于 50mL 容量瓶中。

4. 空白试验

不加试料，加 10mL 盐酸溶液，采用与测定试料完全相同的分析步骤、试剂和用量进行空白试验。

5. 测定

① 向试料中加水至约 20mL，用氨水调至溶液 pH 为 2～3，然后加 1mL 盐酸羟胺溶液、5mL 乙酸-乙酸钠缓冲溶液和 2mL 邻菲啰啉溶液，用水稀释至刻度，摇匀。静置 15min。

② 用适宜的比色皿，在波长 510nm 处，用空白溶液调整分光光度计零点，测定溶液吸光度。

四、结果计算

铁含量以铁（Fe）的质量分数 w 计，以％表示，按式（3-3）计算：

$$w = \frac{m_1 \times 10^{-6}}{m \times 10/100} \times 100 = \frac{m_1 \times 10^{-3}}{m} \tag{3-3}$$

式中，m 为试样质量，g；m_1 为由标准曲线上查得的试料中铁质量，μg。

五、允许差

平行测定结果之差的绝对值不大于 0.00050％。

取平行测定结果的算术平均值为报告结果。

六、任务执行

1. 准备

（1）以小组为单位，综合分析考虑实验室条件、实验方法、安全环保的可行性，明确分配任务。由组长填写完成任务分配表（详见附录）。

（2）查阅参考文献资料，完成实施前的工作任务。

① 测定过程中有哪些安全注意事项？

② 工业盐酸中铁含量测定的方法是什么？说明其测定原理。

③ 测定中用到的仪器有哪些？分别应如何操作？

④ 测定中用到的标准溶液是什么？如何配制？

⑤ 工业盐酸中的铁含量应如何计算？

2. 实施

（1）制订分析检验方案　以小组为单位，综合分析考虑实验室条件、实验方法、安全环保的可行性，制订相应的检测方案，并列出所需仪器和药品（详见附录）。

① 实验所需药品。

② 实验所需仪器。

③ 检测步骤：

a. 铁标准溶液最大波长的确定；

b. 标准工作曲线的绘制（不同浓度标准溶液的配制、不同浓度标准溶液吸光度的测定）；

c. 样品中铁含量的测定（试样溶液的制备、空白试验、试样吸光度的测定）。

（2）审核分析检验方案　各组将制订好的计划检测方案交指导教师审核，在教师指导下修改完善，批准后再实施。

（3）分析检验项目的实施

① 各组根据实验室现有条件选择所用仪器，填写仪器使用情况登记表，各自洗净、备用。

② 领取所需的化学药品，分工配制溶液，装入试剂瓶，贴好标签，备用。

③ 学生各组独立完成检验项目，填写好原始数据记录表及检验报告单。

④ 对分析检验结果进行描述总结。

不同波长条件下铁标准溶液的吸光度值

样品名称			测定人	
样品编号			校核人	
检测依据			检测日期	
λ/nm				
A				
λ/nm				
A				

铁标准溶液的最大吸收波长为＿＿＿＿＿＿。

标准溶液的配制

标准贮备溶液浓度：＿＿＿＿＿＿；标准溶液浓度＿＿＿＿＿＿。

稀释次数	吸取体积/mL	稀释后体积/mL	稀释倍数
1			
2			
3			
4			
5			

铁含量标准曲线的绘制

测量波长：_____；标准溶液浓度_____；

吸收池配套性检查：$A_1 = 0.000$；$A_2 = $_____。

最大吸收波长条件下不同浓度铁标准溶液的吸光度值

样品名称		测定人	
样品编号		校核人	
检测依据		检测日期	
溶液代号	吸取标准溶液体积/mL	$\rho/(\mu g/mL)$	
1			
2			
3			
4			
5			

铁含量的测定

样品名称		测定人	
样品编号		校核人	
检测依据		检测日期	
室温/℃		湿度	
盐酸溶液序号		1	2
盐酸质量/g			
吸光度 A			
对应标准曲线查得的质量/μg			
样品中铁含量/%			
算术平均值			
平行测定结果之差的绝对值	不大于 0.00050%	本次测定结果是否符合要求	

定量分析结果：盐酸中铁的含量为_____。

（4）数据处理　将铁含量测定结果填至下表中，并进行相关计算。

铁含量测定分析结果报告单

来样单位			
采样日期		分析日期	
批号		批量	
执行标准			
检测项目	企业指标值		实测结果
铁含量			
检验结论			

七、总结与反馈

1. 总结反思

分组讨论检测过程中的操作要点和要注意的细节，并做汇报。

2. 考核细则　（见附录）

任务3 工业盐酸中灼烧残渣含量的测定

任务描述

工业盐酸中灼烧残渣的含量常作为盐酸质量检测中的重要检测项目，根据 GB 320—2006《工业用合成盐酸》中规定，工业用合成盐酸中灼烧残渣含量的测定采用蒸发的方法进行测定，方法如下。

一、方法概要

蒸发一份称好的试料，用硫酸处理，使盐类转变为硫酸盐，在 (800±50)℃下灼烧后称量。

二、试剂及仪器

1. 试剂

使用分析纯试剂、工业盐酸样品、硫酸 (<0.001%)。

2. 仪器

一般的实验室仪器和以下仪器。

① 瓷坩埚，100mL。

② 高温炉，可控温度 (800±50)℃。

三、分析步骤

1. 试料

将瓷坩埚在 (800±505)℃下灼烧 15min，冷却，置于干燥器内冷却至室温，称量（精确到 0.0001g）。用此瓷坩埚称取约 50g 实验室样品（精确到 0.01g）。

2. 测定

小心加热盛有试料的瓷坩埚（在沙浴上），蒸发掉大部分试料（最后体积 5~10mL），冷却至室温，加 1mL 硫酸加热至干，然后将瓷坩埚放入高温炉中，炉温控制 (800±50)℃，灼烧 15min。取出瓷坩埚，冷却，置于干燥器内冷却至室温，称量（精确到 0.0001g）。

四、结果计算

灼烧残渣以残渣的质量分数 w 计，以%表示，按式 (3-4) 计算：

$$w = \frac{m_1}{m} \times 100 \tag{3-4}$$

式中，m 为试料的质量，g；m_1 为灼烧残渣的质量，g。

五、允许差

平行测定结果的绝对值之差不大于 0.005%。

取平行测定结果的算术平均值为报告结果。

六、任务执行

1. 准备

（1）以小组为单位，综合分析考虑实验室条件、实验方法、安全环保的可行性，明确分配任务。由组长填写完成任务分配表（详见附录）。

（2）查阅参考文献资料，完成实施前的任务问题。

① 测定过程中有哪些安全注意事项？

② 实验中用到的仪器是什么？如何操作？

③ 灼烧残渣测定应注意什么？

④ 灼烧残渣测定选用的什么方法？原理是什么？

⑤ 蒸发皿移入高温炉前，为什么要置于沙浴上蒸干？

⑥ 列出工业盐酸中灼烧残渣含量的计算公式。

2. 实施

（1）制订分析检验方案　以小组为单位，综合分析考虑实验室条件、实验方法、安全环保的可行性，制订相应的检测方案，并列出所需仪器和药品（详见附录）。

① 实验所需药品。

② 实验所需仪器。

③ 检测步骤：

a. 坩埚称取实验样品；

b. 加热蒸发，再加入硫酸处理；

c. 冷却，干燥，称量。

（2）审核分析检验方案　各组将制订好的计划检测方案交指导教师审核，在教师指导下修改完善，批准后再实施。

（3）分析检验项目的实施

① 各组根据实验室现有条件选择所用仪器，填写仪器使用情况登记表，各自洗净、备用。

② 学生各组独立完成检验项目，填写好原始数据记录表及检验报告单。

③ 对分析检验结果进行描述总结。

灼烧残渣的含量测定原始数据记录表

样品名称		测定人	
检测编号		校核人	
检测依据		检测日期	
室温/℃		湿度	
记录项目		1	2
第一次恒重空坩埚的质量/g			
第二次恒重空坩埚的质量/g			
空坩埚的质量/g			
加入样品的质量/g			
第一次坩埚与沉淀恒重质量/g			
第二次坩埚与沉淀恒重质量/g			
坩埚与沉淀恒重质量/g			
$w/\%$			
$\overline{w}/\%$			
绝对差值/%			
标准规定平行测定结果的绝对差值	不大于 0.005%	本次测定结果是否符合要求	

定量分析结果：试样中残渣的含量为_____。

（4）数据处理　将残渣含量的测定结果填至下表中，并进行相关计算。

残渣含量测定分析结果报告单

来样单位				
采样日期		分析日期		
批号		批量		
执行标准				
检测项目	企业指标值		实测结果	
残渣的含量				
检验结论				

七、总结与反馈

1. 总结反思

分组讨论检测过程中的操作要点和要注意的细节，并做汇报。

2. 考核细则　（见附录）

任务4　工业盐酸中游离氯含量的测定

任务描述

　　游离氯全称游离性余氯，又称游离有效氯、游离余氯或游离有效余氯。其为以次氯酸、次氯酸根离子或溶解的单质氯形式存在的氯。

　　工业盐酸中游离氯含量的测定常作为工业盐酸质量检测中的重要检测项目，根据 GB 320—2006《工业用合成盐酸》中规定，工业用合成盐酸中游离氯含量的测定方法如下。

一、方法概要

　　试料溶液加入碘化钾溶液，析出碘，以淀粉为指示液，用硫代硫酸钠标准滴定溶液滴定游离出来的碘。反应式如下：

$$2I^- - 2e^- \longrightarrow I_2 \downarrow$$
$$I_2 + 2S_2O_3^{2-} \longrightarrow S_4O_6^{2-} + 2I^-$$

二、试剂与仪器

1. 试剂

① 碘化钾溶液：150g/L。

称取 15.0g 碘化钾，溶于水，用水稀释至 100mL。

② 硫代硫酸钠标准滴定溶液：$c(Na_2S_2O_3) = 0.1mol/L$。

③ 淀粉指示液：10g/L。

说明：本溶液只能保留两周。

2. 仪器

一般的实验室仪器和以下仪器。

① 锥形瓶，500mL（具磨口塞）。

② 微量滴定管。

三、分析步骤

1. 试料

量取实验室样品约 50mL，置于内装约 100mL 水并已称量（精确到 0.01g）的锥形瓶中，冷却至室温，称量（精确到 0.01g）。

2. 测定

向试料中加 10mL 碘化钾溶液，塞紧瓶塞摇动，在暗处静置 2min。加 1mL 淀粉指示液，用硫代硫酸钠标准滴定溶液滴定至溶液蓝色消失。

四、结果计算

游离氯以氯（Cl）的质量分数 w 计，以％表示，按式（3-5）计算。

$$w = \frac{V/1000cM}{m} \times 100 = \frac{VcM}{10m} \tag{3-5}$$

式中，V 为硫代硫酸钠标准滴定溶液的体积，mL；c 为硫代硫酸钠标准滴定溶液的准确浓度，mol/L；m 为试料的质量，g；M 为氯的摩尔质量，$M=35.453$g/mol。

五、允许差

平行测定结果之差的绝对值不大于 0.001％。

取平行测定结果的算术平均值为报告结果。

六、任务执行

1. 准备

（1）以小组为单位，综合分析考虑实验室条件、实验方法、安全环保的可行性，明确分配任务。由组长填写完成任务分配表（详见附录）。

（2）查阅参考文献资料，完成实施前的任务问题。

① 测定过程中有哪些安全注意事项？

② 本次测定采用的是哪一种滴定分析方法，其原理是什么？

③ 本分析检测项目中用到了什么指示剂，使用该指示剂应注意哪些事项？

④ 实验中用到的标准溶液是什么？配制标准溶液时应注意哪些问题？

⑤ 游离氯的含量如何计算？

2. 实施

（1）制订分析检验方案 以小组为单位，综合分析考虑实验室条件、实验方法、安全环保的可行性，制订相应的检测方案，并列出所需仪器和药品（详见附录）。

① 实验所需药品。

② 实验所需仪器。

③ 检测步骤：

a. 标准溶液的配制；

b. 标准溶液的标定步骤；

c. 试样溶液的配制；

d. 试样溶液测定步骤。

（2）审核分析检验方案　各组将制订好的计划检测方案交指导教师审核，在教师指导下修改完善，批准后再实施。

（3）分析检验项目的实施

① 各组根据实验室现有条件选择所用仪器，填写仪器使用情况登记表，各自洗净、备用。

② 按照领料单领取所需的化学药品和标准滴定溶液，分工配制指示剂和一般溶液，装入试剂瓶，贴好标签，备用。

③ 学生各自独立完成检验项目，填写原始记录及检验报告单。

④ 对分析检验结果进行描述总结。

工业盐酸中测定游离氯含量原始数据记录表

溶液名称			测定人				
检测依据			校核人				
标准溶液及其浓度			检测日期				
水温/℃			指示剂				
温度校正系数							
记录项目			1	2	3	备用	
称量	锥形瓶＋水的质量/g						
	加盐酸后锥形瓶＋水＋盐酸的质量/g						
	实际加入盐酸质量/g						
滴定管	滴定管初读数/mL						
	滴定管终读数/mL						
	滴定消耗溶液体积/mL						
体积校正	温度校正值/℃						
	体积校正值/mL						
	实际体积/mL						
结果计算	计算公式						
	w/%						
	平均值						
	绝对差值/%						
标准规定平行测定结果之差的绝对值		不大于0.001%		本次测定结果是否符合要求			

定量分析结果：试样中游离氯的含量为_____。

（4）数据处理　将游离氯的含量测定结果填至下表中，并进行相关计算。

工业盐酸中游离氯含量测定分析结果报告单

来样单位				
采样日期		分析日期		
批号		批量		
执行标准				
检测项目		企业指标值	实测结果	
游离氯的含量				
检验结论				

七、总结与反馈

1. 总结反思

分组讨论检测过程中的操作要点和要注意的细节，并做汇报。

2. 考核细则（见附录）

【测试题】

一、填空题

1. 工业盐酸的主要成分是_____，因含有_____而略带微黄色。

2. 工业用合成盐酸的总酸度用_____测定。

3. 标定氢氧化钠标准滴定溶液的基准物质，常用的有_____和_____。

4. 工业盐酸中铁含量多少通常采用_____方法测定。

5. 游离氯的全称是_____，又称_____、_____或_____。

6. 硫代硫酸钠的分子式是_____。

7. 工业盐酸出厂需要检验的项目是_____和_____。

二、选择题

1. 邻苯二甲酸氢钾与 NaOH 反应的生成物为强碱弱酸盐，呈弱碱性，因此（　　）是这一滴定的适宜指示剂。

A. 甲基橙　　　　　B. 酚酞　　　　　C. 石蕊试液　　　　D. 甲基红

2. 分光光度法灵敏度高、准确性好。被测物质的最低检测浓度可达（　　）mol/L。

A. $10^{-6} \sim 10^{-5}$ B. $10^{-5} \sim 10^{-4}$ C. $10^{-4} \sim 10^{-3}$ D. $10^{-6} \sim 10^{-4}$

3. 工业盐酸铁含量的测定中，用盐酸羟胺可将试料中 Fe^{3+} 还原成（　　）。

A. Fe   B. Fe^{2+} C. 化合态的铁   D. 无法确定

4. 分光光度法除了使用实验室常用的仪器外，还必须用（　　）。

A. 分光光度计   B. 扫描仪   C. 红外线仪   D. 无法确定

5. 测定工业盐酸中的（　　）时，常向试料溶液中加入碘化钾溶液，析出碘后，以淀粉作为指示液，并用硫代硫酸钠标准滴定溶液滴定。

A. Cl^- 含量   B. 铁含量   C. 总酸度   D. 砷含量

三、判断题

1. 工业用合成盐酸运输时，应防止碰撞而泄漏，不应与碱性物品混运。   （　　）

2. 工业盐酸与实验室盐酸相比，工业盐酸颜色偏黄。   （　　）

3. 盐酸的副产酸、合成酸、高纯酸和食品添加剂盐酸的浓度不相同。   （　　）

4. 工业用合成盐酸从槽车或贮槽中采样时，宜用适宜的耐酸采样器自上、中、下三处采取等量的有代表性样品。   （　　）

5. 如果检验结果有一项指标不符合标准要求，应重新加倍在包装单元中采取有代表性的样品进行复检。   （　　）

6. 邻苯二甲酸氢钾是标定碱溶液较好的基准物质，使用前应在 $100 \sim 125 ℃$ 干燥，干燥温度不宜过高，否则会引起脱水而成为邻苯二甲酸酐。   （　　）

7. 草酸溶液不够稳定，能自行分解，见光也易分解，所以，在制得溶液后，应立即用 NaOH 溶液滴定。   （　　）

四、思考题

1. 描述工业盐酸中总酸度测定的原理。

2. 简述分光光度法的原理及发生的主要反应。

3. 工业盐酸中灼烧残渣含量用什么方法测定？简述其原理。

4. 灼烧残渣测定应注意哪些事项？

5. 蒸发皿移入高温炉前，要置于沙浴上蒸干的原因是什么？

6. 工业盐酸中游离氯含量的测定方法和原理是什么？

7. 工业盐酸中游离氯含量测定中，用到的标准溶液是什么？配制标准溶液时应注意哪些问题？

8. 计算游离氯的含量时，关联的参数有哪些？

9. 工业用合成盐酸的质量指标，主要通过哪几个指标来衡量？

10. 工业盐酸总酸度测定时选用的指示剂是什么？如何判断滴定终点？其依据是什么？说明原因。

学习任务四 工业硫酸分析

学习目标

任务说明

硫酸广泛用于各个工业部门，主要有化肥工业、冶金工业、石油工业、机械工业、医药工业、军事工业、原子能工业和航天工业等。还用于生产染料、农药、化学纤维、塑料、涂料，以及各种基本有机和无机化工产品。生产硫酸的原料有硫黄、硫铁矿、有色金属冶炼烟气、石膏、硫化氢、二氧化硫和废硫酸等。其中硫黄、硫铁矿和冶炼烟气是三种主要原料。硫酸生产原料和生产工艺的不同，就决定了硫酸成分的复杂性。因此，对于用于不同工业的硫酸，其对硫酸中各成分的含量要求不同。围绕着这点，本任务主要对工业硫酸的硫酸、灰分、铁、砷、铅、汞等含量及透明度和色度进行测定。

知识目标

1. 了解工业硫酸的质量指标、采样及检验规则。
2. 掌握工业硫酸中硫酸、灰分、铁、砷、铅、汞等含量的测定方法和原理。
3. 掌握原子荧光光度法的测定原理。

技能目标

1. 能正确熟练地使用与维护工业硫酸分析检测仪器。
2. 能熟练正确地分析测定工业硫酸中硫酸、灰分、铁、砷、铅、汞等含量。
3. 具有准确处理分析检测结果的能力。

素养目标

1. 培养学生严谨、细致、认真的工作态度，团结协作的工作精神。
2. 培养学生环保意识、安全意识、经济意识。
3. 培养学生爱国之心、奉献精神、创新意识。

【任务准备】

一、工业硫酸概述

硫酸，分子式：H_2SO_4，分子量：98.07。

1. 物化性质

纯品为无色、无臭、透明的油状液体，呈强酸性，市售的工业硫酸为无色至微黄色，甚至红棕色。相对密度：98％硫酸为 1.8365（20℃），93％硫酸为 1.8276（20℃）。熔点为 10.35℃。沸点为 338℃。有很强的吸水能力，与水可以按不同比例混合，并放出大量的热。

2. 产品用途

主要用于制造硫酸铵、过磷酸钙等化学肥料，制作化学肥料的硫酸占硫酸总消耗量的 65％以上；其次用于制磷酸、氢氟酸、铬酸酐、硼酸等无机酸及硫酸铝、硫酸锌、硫酸铜、硫酸镍、硫酸亚铁等硫酸盐产品；也用于生产磷酸三钠、磷酸氢二钠等无机盐产品。

二、工业硫酸质量指标

工业硫酸分为浓硫酸和发烟硫酸两类。

依据 GB 534—2014，浓硫酸和发烟硫酸的技术要求见表 4-1。

表 4-1　浓硫酸和发烟硫酸的技术要求

项目	指标					
	浓硫酸			发烟硫酸		
	优等品	一等品	合格品	优等品	一等品	合格品
硫酸（H_2SO_4）的质量分数/％ ≥	92.5 或 98.0	92.5 或 98.0	92.5 或 98.0	—	—	—
游离二氧化硫（SO_2）的质量分数/％ ≥	—	—	—	20.0 或 25.0	20.0 或 25.0	20.0 或 25.0 或 65.0
灰分的质量分数/％ ≤	0.02	0.03	0.10	0.02	0.03	0.10
铁（Fe）的质量分数/％ ≤	0.005	0.010		0.005	0.010	0.030
砷（As）的质量分数/％ ≤	0.0001	0.001	0.01	0.0001	0.0001	
汞（Hg）的质量分数/％ ≤	0.001	0.01	—	—	—	—
铅（Pb）的质量分数/％ ≤	0.005	0.02	—	0.005	—	—
透明度/mm ≥	80	50	—	—	—	—
色度	不深于标准色度	不深于标准色度	—	—	—	—

注：指标中的"—"表示该类别产品的技术要求中没有此项。

【任务实施】

工作任务

学习情境	任务目标	学习任务	任务实施方法
工业硫酸品质分析与检测	1. 掌握工业硫酸成分的分析检测方法及原理 2. 查找相关材料制定分析检测指标 3. 能正确操作、维护使用仪器设备 4. 能准确处理分析检测结果 5. 根据国标分析工业硫酸的品质，并能提出合理化的改进建议	1. 明确工业硫酸的质量指标 2. 了解工业硫酸成分的测定方法原理与操作方法 3. 正确操作使用的仪器	任务驱动、引导实施、小组讨论、多媒体教学演示、讲解分析、总结、边学边做

 ## 任务1　浓硫酸中硫酸质量分数的测定

任务描述

硫酸具有极高的腐蚀性，特别是高浓度硫酸。高浓度的硫酸不光为强酸性，也具有强烈去水及氧化性质。因此工作者在操作时一定要注意不要撒到皮肤上。本任务是通过滴定法来测定出浓硫酸中硫酸的质量分数。

一、方法概要

以甲基红-亚甲基蓝为指示剂，用氢氧化钠标准滴定溶液中和滴定，测得硫酸的质量分数。

二、试剂与仪器

1. 试剂

① 氢氧化钠标准滴定溶液：0.5mol/L。称取110g氢氧化钠，溶于100mL无二氧化碳的水中，摇匀，注入聚乙烯容器中，密闭放置至溶液清亮。用塑料管量取27mL上层清液，用无二氧化碳的水稀释至1000mL，摇匀。再进行标定。

② 甲基红-亚甲基蓝混合指示剂。

溶液Ⅰ：取0.1g亚甲基蓝，溶于乙醇（95%），用乙醇（95%）稀释至100mL。

溶液Ⅱ：取0.1g甲基红，溶于乙醇（95%），用乙醇（95%）稀释至100mL。

取50mL溶液Ⅰ、100mL溶液Ⅱ，混匀。

2. 仪器

碱式滴定管：50mL，分度值为0.1mL；带磨口的称量瓶；量筒；锥形瓶（250mL）；容量瓶。

三、分析步骤

用已称量的带磨口盖的小称量瓶称取约0.7g试样，精确到0.0001g，将称量瓶和试料一起小心移入盛有 50mL 水的 250mL 锥形瓶中，冷却至室温。向试液中加入 2～3 滴甲基红-亚甲基蓝混合指示剂，用氢氧化钠标准滴定溶液滴定至溶液呈灰绿色，此即为终点。

四、结果计算

浓硫酸中硫酸（H_2SO_4）的质量分数 w_1 以％表示，按式(4-1) 计算：

$$w_1 = \frac{cVM}{2000m} \times 100 \tag{4-1}$$

式中　c——氢氧化钠标准滴定溶液的浓度，mol/L；

　　　V——滴定时耗用氢氧化钠标准滴定溶液的体积，mL；

　　　M——硫酸的摩尔质量，$M = 98.08g/mol$；

　　　m——试料的质量，g。

五、允许差

取平行测定结果的算术平均值为最终测定结果。平行测定结果的绝对差值应不大于 0.20％。

六、任务执行

1. 准备

（1）以小组为单位，综合分析考虑实验室条件、检测方法、安全环保的可行性，明确分配任务。由组长填写完成任务分配表（详见附录）。

（2）查阅参考文献资料，完成实施前的任务问题。

① 查阅相关文献资料，初步了解工业硫酸的性状。

② 工业硫酸中硫酸质量分数测定的方法是什么？并说明原理。

③ 分析测定过程中有哪些注意事项？

④ 选用的指示剂是什么？如何判断滴定终点？其依据是什么？说明原因。

⑤ 分析检测过程的数据应如何正确记录？

⑥ 工业硫酸中的硫酸质量分数应如何计算？

2. 实施

（1）制订分析检测方案　以小组为单位，综合分析考虑实验室条件、分析检测方法、安全环保的可行性，制订相应的检测方案，并列出所需仪器和药品（详见附录）。

① 检测所需药品。

② 检测所需仪器。

③ 检测步骤：

a. 制备标准滴定溶液。

b. 取试样。

c. 试样中硫酸质量分数的测定。

（2）审核分析检测方案　各组将制订好的计划检测方案交指导教师审核，在教师指导下修改完善，批准后再实施。

（3）分析检测项目的实施

① 各组根据实验室现有条件选择所用仪器，填写仪器使用情况登记表，各自洗净、备用。

② 领取所需的化学药品和标准滴定溶液，装入试剂瓶，贴好标签，备用。

③ 学生各组独立完成检测项目，填写好原始数据记录表及检验报告单。氢氧化钠标准滴定溶液标定原始记录表见参考附录。

④ 对分析检测结果进行描述总结。

浓硫酸中硫酸质量分数测定原始数据记录表

样品名称		测定人	
检测依据		校核人	
标准溶液及其浓度		检测日期	
水温/℃		指示剂	
温度校正系数			

	记录	1	2	3	备用
试剂瓶	$m_{领样前}$/g				
	$m_{领样后}$/g				
	$m_{待测物}$/g				
滴定管	滴定管初读数/mL				
	滴定管终读数/mL				
	滴定消耗溶液体积/mL				
体积校正	温度校正值/mL				
	体积校正值/mL				
	实际体积/mL				
计算结果	计算公式				
	w/%				
	平均值				
	绝对差值/%				
标准规定平行测定结果的绝对差值		≤0.20%	本次测定结果是否符合要求		

定量分析结果：浓硫酸中硫酸的质量分数为_____。

（4）数据处理　将硫酸的质量分数测定结果填至下表中，并进行相关计算。

浓硫酸中硫酸的质量分数测定分析结果报告单

来样单位			
采样日期		分析日期	
批号		批量	
执行标准			
检测项目	企业指标值		实测结果
硫酸含量			
检测结论			

七、总结与反馈

1. 总结反思

分组讨论检测过程中的操作要点和要注意的细节，并做汇报。

2. 考核细则（见附录）

任务 2　浓硫酸中灰分质量分数的测定

任务描述

本任务测定方法参照 GB/T 534—2014《工业硫酸》。适用于工业用硫酸。

一、方法概要

试料蒸发至干，灼烧，冷却后称量。

二、试剂与仪器

1. 试剂

硫酸试样。

2. 仪器

① 石英皿（或铂皿）：容量 60～100mL。

② 高温电炉：可控制温度 800℃±50℃。

三、分析步骤

称取 25～50g 试样，置于已于 800℃±50℃ 灼烧至恒量的石英皿中，精确到 0.01g，在沙浴或可调温电炉上小心加热蒸发至干，移入高温电炉内，在 800℃±50℃ 下灼烧 15min。取出石英皿，稍冷后置于干燥器中，冷却至室温后称量，精确到 0.0001g。

四、结果计算

灰分的质量分数 w_2 以％表示，按式(4-2) 计算：

$$w_2 = \frac{m_2 - m_1}{m} \times 100 \qquad (4\text{-}2)$$

式中　m_2——石英皿和灰分的质量，g；

　　　m_1——石英皿的质量，g；

　　　m——试料的质量，g。

五、允许差

取平行测定结果的算术平均值为最终测定结果。平行测定结果的相对偏差应不大于 15％。

六、任务执行

1. 准备

（1）以小组为单位，综合分析考虑实验室条件、检测方法、安全环保的可行性，明确分配任务。由组长填写完成任务分配表（详见附录）。

（2）查阅参考文献资料，完成实施前的任务问题。

① 查阅相关文献资料，初步了解灰分对硫酸品质的影响。

② 工业硫酸中灰分的量应采用什么方法测定？并说明原理。

③ 分析测定过程中有哪些注意事项？

④ 分析检测过程的数据应如何正确记录？

⑤ 工业硫酸中的灰分质量分数应如何计算？

2. 实施

（1）制订分析检测方案　以小组为单位，综合分析考虑实验室条件、分析检测方法、安全环保的可行性，制订相应的检测方案，并列出所需仪器和药品（详见附录）。

① 检测所需药品。

② 检测所需仪器。

③ 检测步骤：

a. 取试样称重；

b. 试样中灰分质量分数的测定。

（2）审核分析检测方案　各组将制订好的计划检测方案交指导教师审核，在教师指导下修改完善，批准后再实施。

（3）分析检测项目的实施

① 各组根据实验室现有条件选择所用仪器，填写仪器使用情况登记表，各自洗净、备用。

② 领取所需的化学药品，装入试剂瓶，贴好标签，备用。

③ 学生各组独立完成检测项目，填写好原始数据记录表及检验报告单。

④ 对分析检测结果进行描述总结。

工业硫酸中灰分质量分数测定原始数据记录表

样品名称				测定人		
检测依据				校核人		
标准溶液及其浓度				检测日期		
水温/℃				指示剂		
温度校正系数						
记录		1	2	3		备用
石英皿	$m_{领样前}$/g					
	$m_{领样后}$/g					
	$m_{待测物}$/g					
计算结果	计算公式					
	w/%					
	平均值					
	绝对差值/%					
标准规定平行测定结果的相对偏差		≤0.15%		本次测定结果是否符合要求		

定量分析结果：工业硫酸中灰分的质量分数为＿＿＿＿＿＿＿＿＿。

（4）数据处理　将灰分的质量分数测定结果填至下表中，并进行相关计算。

来样单位			
采样日期		分析日期	
批号		批量	
执行标准			
检测项目	企业指标值		实测结果
灰分含量			
检测结论			

七、总结与反馈

1. 总结反思

分组讨论检测过程中的操作要点和要注意的细节，并做汇报。

2. 考核细则（见附录）

 ## 任务3　工业硫酸中铁质量分数的测定

任务描述

工业硫酸中铁的含量通常被作为硫酸质量检测中的一项重要检测项目，工业硫酸中铁离子的含量多少可以用邻菲啰啉分光光度法测定。

一、方法概要

试料蒸干后，残渣溶解于盐酸中，用盐酸羟胺还原溶液中的铁，在 pH 值为 2~9 的条件下，二价铁离子与邻菲啰啉反应生成橙色络合物，对此络合物作吸光度测定。

二、试剂与仪器

1. 试剂

① 硫酸溶液：1+3。

② 盐酸溶液：1+10。

③ 盐酸羟胺溶液：10g/L。

④ 乙酸-乙酸钠缓冲溶液：pH≈4.5。称取 164g 乙酸钠（$CH_3COONa \cdot 3H_2O$），溶于水，加 84mL 冰乙酸（冰醋酸），稀释至 1000mL。

⑤ 邻菲啰啉盐酸溶液：1g/L。称取 0.1g 邻菲啰啉溶于少量水中，加入 0.5mL 盐酸溶液，溶解后用水稀释至 100mL，避光保存。

⑥ 铁标准溶液：0.10mg/mL。称取 0.864g 十二水硫酸铁铵，溶于水，加 10mL 硫酸溶液，移入 1000mL 容量瓶中，稀释至刻度。

⑦ 铁标准溶液：10μg/mL。量取 10.00mL 铁标准溶液（0.10mg/mL）置于 100mL 容量瓶中，用水稀释至刻度，摇匀。此溶液使用时现配。

2. 仪器

一般实验室仪器和分光光度计。

三、分析步骤

1. 工作曲线的绘制

取 5 只 50mL 容量瓶，分别加入铁标准溶液（10μg/mL）0.00mL、2.50mL、5.00mL、7.50mL、10.00mL。对每只容量瓶中的溶液做下述处理：加水至约 25mL，加入 2.5mL 盐酸羟胺溶液和 5mL 乙酸-乙酸钠缓冲溶液，5min 后加 5mL 邻菲啰啉盐酸溶液，用水稀释至刻度，摇匀，放置 15～30min，显色。在 510nm 波长处，用 1cm 比色皿，以不加铁标准溶液的空白溶液作参比，用分光光度计测定上述溶液的吸光度。

以上述溶液中铁的质量（单位为 g）为横坐标，对应的吸光度值为纵坐标，绘制工作曲线或根据所得吸光度值计算出线性回归方程

2. 测定

称取 10～20g 试样，精确到 0.01g，置于 50mL 烧杯中，在沙浴（或可调温电炉）上蒸发至干，冷却，加 2mL 盐酸溶液（1+10）和 25mL 水，加热使盐类溶解，移入 100mL 容量瓶中，用水稀释至刻度，摇匀。

用移液管量取一定体积的试液置于 50mL 容量瓶中，使其相应的铁质量在 10～100μg，加水稀释至约 25mL。加入 2.5mL 盐酸羟胺溶液和 5mL 乙酸-乙酸钠缓冲溶液，5min 后加 5mL 邻菲啰啉盐酸溶液，用水稀释至刻度，摇匀，放置 15～30min，显色。在 510nm 波长处，用 1cm 比色皿，以不加铁标准溶液的空白溶液作参比，用分光光度计测定试液的吸光度。

根据试液的吸光度值从工作曲线上查得相应的铁的质量或用线性回归方程计算出铁的质量。

四、结果计算

铁（Fe）的质量分数 w_3 以％表示按式(4-3) 计算：

$$w_3 = \frac{m_1 \times 10^{-6}}{m} \times 100 \tag{4-3}$$

式中　m_1——从工作曲线上查得的或用线性回归方程计算出的铁的质量，g；

　　　m——试料的质量，g。

五、允许差

取平行测定结果的算术平均值为最终测定结果。

铁的质量分数>0.005％时，平行测定结果的相对偏差应不大于 10％；铁的质量分数≤0.005％时，平行测定结果的相对偏差应不大于 20％。

六、任务执行

1. 准备

（1）以小组为单位，综合分析考虑实验室条件、实验方法、安全环保的可行性，明确分

配任务。由组长填写完成任务分配表（详见附录）。

（2）查阅参考文献资料，完成实施前的工作任务。

① 测定过程中有哪些安全注意事项？

② 工业硫酸中铁含量测定的方法是什么？说明其测定原理。

③ 测定中用到的仪器有哪些？分别应如何操作？

④ 测定中用到的标准溶液是什么？如何配制？

⑤ 工业硫酸中的铁含量应如何计算？

2. 实施

（1）制订分析检验方案　以小组为单位，综合分析考虑实验室条件、实验方法、安全环保的可行性，制订相应的检测方案，并列出所需仪器和药品（详见附录）。

① 实验所需药品。

② 实验所需仪器。

③ 检测步骤：

a. 铁标准溶液最大波长的确定；

b. 标准工作曲线的绘制（不同浓度标准溶液的配制、不同浓度标准溶液吸光度的测定）；

c. 样品中铁含量的测定（试样溶液的制备、空白试验、试样吸光度的测定）。

（2）审核分析检验方案　各组将制订好的计划检测方案交指导教师审核，在教师指导下修改完善，批准后再实施。

（3）分析检验项目的实施

① 各组根据实验室现有条件选择所用仪器，填写仪器使用情况登记表，各自洗净、备用。

② 领取所需的化学药品，分工配制溶液，装入试剂瓶，贴好标签，备用。

③ 学生各组独立完成检验项目，填写好原始数据记录表及检验报告单。

④ 对分析检验结果进行描述总结。

不同波长条件下铁标准溶液的吸光度值

样品名称		测定人	
样品编号		校核人	
检测依据		检测日期	
λ/nm			
A			
λ/nm			
A			

铁标准溶液的最大吸收波长为＿＿＿＿＿＿＿＿＿。

标准溶液的配制

标准贮备溶液浓度：＿＿＿＿＿＿；标准溶液浓度＿＿＿＿＿＿。

稀释次数	吸取体积/mL	稀释后体积/mL	稀释倍数
1			
2			
3			
4			
5			

铁含量标准曲线的绘制

测量波长：_____；标准溶液浓度_____；

吸收池配套性检查：$A_1＝0.000$；$A_2＝$_____。

最大吸收波长条件下不同浓度铁标准溶液的吸光度值

样品名称		测定人	
样品编号		校核人	
检测依据		检测日期	
溶液代号	吸取标准溶液体积/mL	$\rho/(\mu g/mL)$	
1			
2			
3			
4			
5			

铁含量的测定

样品名称		测定人	
样品编号		校核人	
检测依据		检测日期	
室温/℃		湿度	
硫酸溶液序号		1	2
硫酸质量/g			
吸光度 A			
对应标准曲线查得的质量/μg			
样品中铁含量/%			
算术平均值			
平行测定结果相对偏差	≤0.10	本次测定结果是否符合要求	

定量分析结果：工业硫酸中铁的含量为_____。

（4）数据处理　将铁含量测定结果填至下表中，并进行相关计算。

铁含量测定分析结果报告单

来样单位			
采样日期		分析日期	
批号		批量	
执行标准			
检测项目	企业指标值		实测结果
铁含量			
检验结论			

七、总结与反馈

1. 总结反思

分组讨论检测过程中的操作要点和要注意的细节，并做汇报。

2. 考核细则（见附录）

任务 4　工业硫酸中砷质量分数的测定

任务描述

砷是工业硫酸中的杂质元素，其含量的高低直接影响到成品酸的质量，使产品酸在工业上的应用范围受到限制。本任务采用荧光光度法（仲裁法）对工业硫酸中的砷的含量进行测定，具体操作如下。

一、方法概要

在硫脲-抗坏血酸存在下，试液中的五价砷预还原为三价砷。在酸性介质中，硼氢化钾将砷还原生成砷化氢，由氢气作载气将其导入原子化器中分解为原子态砷。以空心阴极灯作激发光源，基态砷原子被激发至高能态，在去活化回到基态时，发射出特征波长的荧光，其荧光强度在一定范围内与被测溶液中的砷浓度成正比，与标准系列比较可测出样品中含砷量。

二、试剂与仪器

1. 试剂

① 浓盐酸：优级纯。

② 盐酸溶液：5+95。使用优级纯盐酸配制。

③ 硼氢化钾溶液：15g/L。称取 0.5g 氢氧化钾置于 150mL 烧杯中，加入约 50mL 水使其完全溶解。向其中加入称好的 1.5g 硼氢化钾，用水稀释至 100mL，摇匀。此溶液应避光保存，现用现配。

④ 硫脲-抗坏血酸溶液：50g/L。分别称取 5g 硫脲和抗坏血酸，用水微热溶解并稀释至 100mL。

⑤ 砷标准溶液：0.1mg/mL。称取 0.132g 于硫酸干燥器中干燥至恒重的三氧化二砷，温热溶于 1.2mL 氢氧化钠溶液（100g/L），移入 1000mL 容量瓶中，稀释至刻度。

⑥ 砷标准溶液：1μg/mL。量取 1.00mL 砷标准溶液（0.1mg/mL）置于 100mL 容量瓶中，用水稀释至刻度，摇匀。此溶液使用时现配。

⑦ 砷标准溶液：0.1μg/mL。量取 10.00mL 砷标准溶液（1μg/mL）置于 100mL 容量瓶中，加入 20mL 硫脲-抗坏血酸溶液和 5mL 浓盐酸，用水稀释至刻度，摇匀。此溶液使用时现配。

⑧ 氩气：纯度达到 99.99% 以上。

2. 仪器

一般实验室仪器及原子荧光光度计（附有砷空心阴极灯）。

三、分析步骤

1. 工作曲线的绘制

根据试样中含砷量的多少，选作下列两曲线之一：含砷量 0~0.5μg，或含砷量 0~5μg。

取 5 只 50mL 容量瓶，按下表分别加入砷标准溶液（1μg/mL 或 0.1μg/mL），再依次加入 2.5mL 浓盐酸、10mL 硫脲-抗坏血酸溶液，用水稀释至刻度，摇匀。

加入砷标准溶液的体积及相应的砷浓度

标准曲线的含砷量/μg	砷标准溶液的浓度/(g/mL)	砷标准溶液的体积/mL	相应的砷浓度/(μg/L)
0~0.5	0.1	0.50	1
		1.00	2
		2.00	4
		4.00	8
		5.00	10
0~5	1	0.50	10
		1.00	20
		2.00	40
		4.00	80
		5.00	100

将原子荧光光度计调至最佳工作条件，用盐酸溶液作载流液、硼氢化钾溶液作还原剂，以载流溶液为空白溶液，测定溶液的荧光强度。（注：仪器的最佳工作条件因仪器型号或其他因素不同而有差异，因此未作具体规定。）

以上述溶液中砷的浓度（单位为 μg/L）为横坐标，对应的荧光强度值为纵坐标，绘制工作曲线或根据所得吸光度值计算出线性回归方程。

2. 测定

若试样为浓硫酸，称取 2~5g 试样，精确到 0.01g，小心缓慢地移入盛有少量水的 50mL 烧杯中，冷却后转移至 50mL 容量瓶中，加入 10mL 硫脲-抗坏血酸溶液，用水稀释至刻度，摇匀，放置 30min 以上。

如果试样中的砷含量较高，可将试液用盐酸溶液做适当稀释后进行测定。

在与标准溶液系列相同的测定条件下，用原子荧光光度计测定试液的荧光强度。

根据试液和空白试验溶液的荧光强度值从工作曲线上查出或用线性回归方程计算出砷的浓度。

四、结果计算

砷的质量分数 w_4 以%表示，按式(4-4) 计算：

$$w_4 = \frac{(\rho_1 - \rho_0)V \times 10^{-9}}{m} \times 100 \tag{4-4}$$

式中　ρ_1——试液中砷的浓度，μg/L；

　　　ρ_0——空白试验溶液中砷的浓度，μg/L；

　　　V——被测溶液的体积，mL；

　　　m——试料的质量，g。

五、允许差

取平行测定结果的算术平均值为最终测定结果。

砷的质量分数＞0.00005%时，平行测定结果的相对偏差应不大于20%；砷的质量分数≤0.00005％时，平行测定结果的相对偏差应不大于30％。

六、任务执行

1. 准备

（1）以小组为单位，综合分析考虑实验室条件、实验方法、安全环保的可行性，明确分配任务。由组长填写完成任务分配表（详见附录）。

（2）查阅参考文献资料，完成实施前的工作任务。

① 测定过程中有哪些安全注意事项？

② 工业硫酸中砷含量测定的方法是什么？说明其测定原理。

③ 测定中用到的仪器有哪些？分别应如何操作？

④ 测定中用到的标准溶液是什么？如何配制？

⑤ 工业硫酸中的砷含量应如何计算？

2. 实施

（1）制订分析检验方案　以小组为单位，综合分析考虑实验室条件、实验方法、安全环保的可行性，制订相应的检测方案，并列出所需仪器和药品（详见附录）。

① 实验所需药品。

② 实验所需仪器。

③ 检测步骤：

a. 砷标准溶液荧光强度的确定；

b. 标准工作曲线的绘制（不同浓度标准溶液的配制、不同浓度标准溶液荧光强度的测定）；

c. 样品中砷含量的测定（试样溶液的制备、空白试验、试样荧光强度的测定）。

（2）审核分析检验方案　各组将制订好的计划检测方案交指导教师审核，在教师指导下修改完善，批准后再实施。

（3）分析检验项目的实施

① 各组根据实验室现有条件选择所用仪器，填写仪器使用情况登记表，各自洗净、备用。

② 领取所需的化学药品，分工配制溶液，装入试剂瓶，贴好标签，备用。

③ 学生各组独立完成检验项目，填写好原始数据记录表及检验报告单。

④ 对分析检验结果进行描述总结。

不同浓度条件下砷标准溶液的荧光度值

样品名称			测定人	
样品编号			校核人	
检测依据			检测日期	
λ/nm					
A					
λ/nm					
A					

砷标准溶液的最大吸收波长为_____。

标准溶液的配制

标准贮备溶液浓度：＿＿＿＿＿＿＿＿＿；标准溶液浓度＿＿＿＿＿＿＿＿。

稀释次数	吸取体积/mL	稀释后体积/mL	稀释倍数
1			
2			
3			
4			
5			

砷含量标准曲线的绘制

测量波长：＿＿＿＿＿＿＿＿＿；标准溶液浓度＿＿＿＿＿＿＿＿＿；

吸收池配套性检查：$A_1 = 0.000$；$A_2 =$ ＿＿＿＿＿＿＿＿＿。

最大吸收波长条件下不同浓度砷标准溶液的吸光度值

样品名称		测定人	
样品编号		校核人	
检测依据		检测日期	
溶液代号	吸取标准溶液体积/mL	$\rho/(\mu g/mL)$	
1			
2			
3			
4			
5			

砷含量的测定

样品名称		测定人		
样品编号		校核人		
检测依据		检测日期		
室温/℃		湿度		
砷溶液序号		1	2	3
硫酸质量/g				
砷标准溶液/mL				
吸光度 A				
对应标准曲线查得的质量/μg				
样品中砷含量/%				
算术平均值				
平行测定结果相对偏差	≤0.10	本次测定结果是否符合要求		

定量分析结果：工业硫酸中砷的含量为＿＿＿＿＿＿＿＿＿。

（4）数据处理　将砷含量测定结果填至下表中，并进行相关计算。

砷含量测定分析结果报告单

来样单位			
采样日期		分析日期	
批号		批量	
执行标准			
检测项目	企业指标值		实测结果
砷含量			
检验结论			

七、总结与反馈

1. 总结反思

分组讨论检测过程中的操作要点和要注意的细节，并做汇报。

2. 考核细则（见附录）

 任务 5　工业硫酸中铅质量分数的测定

任务描述

　　铅是工业硫酸中的杂质元素，其含量的高低直接影响到成品酸的质量，使产品酸在工业上的应用范围受到限制。本任务采用原子吸收分光光度法对工业硫酸中的砷的含量进行测定，具体操作如下。

一、方法概要

　　试料蒸干后，残渣溶解于稀硝酸中，在原子吸收分光光度计上，于波长 283.3nm 处，用空气-乙炔火焰测定含铅溶液的吸光度，用标准曲线法计算测定结果。硫酸中的杂质不干扰测定。

二、试剂与仪器

1. 试剂

① 硝酸溶液：1＋2。

② 硝酸溶液：1＋9。

③ 铅标准溶液：0.1mg/mL。称取 0.160g 硝酸铅，用 10mL 硝酸溶液（1＋9）溶解，移入 1000mL 容量瓶中，稀释至刻度。

2. 仪器

一般实验室仪器及原子吸收分光光度计（附有铅空心阴极灯）。

三、分析步骤

1. 工作曲线的绘制

　　取 5 只 50mL 容量瓶，分别加入铅标准溶液 0.00mL、1.00mL、2.00mL、3.00mL、4.00mL，各加入 25mL 硝酸溶液（1＋2），用水稀释至刻度，摇匀。

　　在原子吸收分光光度计上，按仪器工作条件，用空气-乙炔火焰，以不加入铅标准溶液的空白溶液调零，于波长 283.3nm 处测定溶液的吸光度。

　　以上述溶液中铅的质量（单位为 μg）为横坐标，对应的吸光度值为纵坐标，绘制工作曲线，或根据所得吸光度值计算出线性回归方程。

2. 测定

　　用装满试样的滴瓶，以差减法称取 10～30g 试样，精确到 0.01g，置于 50mL 烧杯中，在沙浴（或可调温电炉）上缓慢蒸发至干，冷却，加 5mL 硝酸溶液（1＋2）和 25mL 水，加热溶解残渣，再蒸发至干，冷却，加 5mL 硝酸溶液低温加热溶解残渣，冷却后移入 10mL 容量瓶中，用水稀释至刻度，摇匀。

在原子吸收分光光度计上，按仪器工作条件，用空气-乙炔火焰，以不加入铅标准溶液的空白溶液调零，于波长 283.3m 处测定溶液的吸光度。根据试液的吸光度值从工作曲线上查出或根据线性回归方程计算出被测溶液中铅的质量。

四、结果计算

铅的质量分数 w_5 以％表示，按式（4-5）计算：

$$w_5 = \frac{m_1 \times 10^{-6}}{m} \times 100 \tag{4-5}$$

式中　m_1——从工作曲线上查得的或用线性回归方程计算出的铅的质量，g；

　　　m——试料的质量，g。

五、允许差

取平行测定结果的算术平均值为最终测定结果。

铅的质量分数＞0.005％时，平行测定结果的相对偏差应不大于 20％；铅的质量分数≤0.005％时，平行测定结果的相对偏差应不大于 25％。

六、任务执行

1. 准备

（1）以小组为单位，综合分析考虑实验室条件、实验方法、安全环保的可行性，明确分配任务。由组长填写完成任务分配表（详见附录）。

（2）查阅参考文献资料，完成实施前的工作任务。

① 测定过程中有哪些安全注意事项？

② 工业硫酸中铅含量测定的方法是什么？说明其测定原理。

③ 测定中用到的仪器有哪些？分别应如何操作？

④ 测定中用到的标准溶液是什么？如何配制？

⑤ 工业硫酸中的铅含量应如何计算？

2. 实施

（1）制订分析检验方案　以小组为单位，综合分析考虑实验室条件、实验方法、安全环保的可行性，制订相应的检测方案，并列出所需仪器和药品（详见附录）。

① 实验所需药品。

② 实验所需仪器。

③ 检测步骤：

a. 铅标准溶液最大波长的确定；

b. 标准工作曲线的绘制；

c. 样品中铅含量的测定（试样溶液的制备、空白试验、试样吸光度的测定）。

（2）审核分析检验方案　各组将制订好的计划检测方案交指导教师审核，在教师指导下修改完善，批准后再实施。

（3）分析检验项目的实施

① 各组根据实验室现有条件选择所用仪器，填写仪器使用情况登记表，各自洗净、备用。

② 领取所需的化学药品，分工配制溶液，装入试剂瓶，贴好标签，备用。

③ 学生各组独立完成检验项目，填写好原始数据记录表及检验报告单。

④ 对分析检验结果进行描述总结。

不同波长条件下铅标准溶液的吸光度值

样品名称			测定人	
样品编号			校核人	
检测依据			检测日期	
λ/nm				
A				
λ/nm				
A				

铅标准溶液的最大吸收波长为＿＿＿＿＿＿＿＿＿。

标准溶液的配制

标准贮备溶液浓度：＿＿＿＿＿＿；标准溶液浓度＿＿＿＿＿＿。

稀释次数	吸取体积/mL	稀释后体积/mL	稀释倍数
1			
2			
3			
4			
5			

铅含量标准曲线的绘制

测量波长：＿＿＿＿＿＿＿＿＿；标准溶液浓度＿＿＿＿＿＿＿＿＿；

吸收池配套性检查：$A_1=0.000$；$A_2=$＿＿＿＿＿＿＿＿＿。

最大吸收波长条件下不同浓度铅标准溶液的吸光度值

样品名称			测定人	
样品编号			校核人	
检测依据			检测日期	
溶液代号	吸取标准溶液体积/mL	$\rho/(\mu g/mL)$		
1				
2				
3				
4				
5				

铅含量的测定

样品名称			测定人	
样品编号			校核人	
检测依据			检测日期	
室温/℃			湿度	

铅溶液序号		1	2
硝酸铅质量/g			
吸光度 A			
对应标准曲线查得的质量/μg			
样品中铅含量/%			
算术平均值			
平行测定结果相对偏差	$w_{Pb} > 0.005\%, \leqslant 20\%$	本次测定结果是否符合要求	
	$w_{Pb} \leqslant 0.005\%, \leqslant 25\%$		

定量分析结果：工业硫酸中铅的含量为 _____。

（4）数据处理　将铅含量测定结果填至下表中，并进行相关计算。

铅含量测定分析结果报告单

来样单位			
采样日期		分析日期	
批号		批量	
执行标准			
检测项目	企业指标值		实测结果
铅含量			
检验结论			

七、总结与反馈

1. 总结反思

分组讨论检测过程中的操作要点和要注意的细节，并做汇报。

2. 考核细则（见附录）

任务6　工业硫酸中汞质量分数的测定

任务描述

汞是工业硫酸中的杂质元素，其含量的高低直接影响到成品酸的质量，使产品酸在工业上的应用范围受到限制。本任务采用双硫腙分光光度法（仲裁法）对工业硫酸中的汞的含量进行测定，具体操作如下。

一、方法概要

试料中的汞，用高锰酸钾氧化成二价汞离子。用盐酸羟胺还原过量的氧化剂，加入盐酸羟胺和乙二胺四乙酸二钠消除铜和铁的干扰。在 pH 值为 0～2 范围内，双硫腙与汞离子反应生成橙色螯合物，用三氯甲烷溶液萃取后，在 490nm 处测定萃取溶液的吸光度。

二、试剂与仪器

1. 试剂

① 硫酸溶液：1+3。

② 乙酸溶液：360g/L。

③ 乙二胺四乙酸二钠溶液：7.45g/L。

④ 高锰酸钾溶液：40g/L。

⑤ 盐酸羟胺溶液：100g/L。

⑥ 双硫腙三氯甲烷溶液：150mg/L。用三氯甲烷配制该溶液，并贮存于密封、干燥的棕色瓶中，保存于25℃以下的避光处，两周内有效。

⑦ 双硫腙三氯甲烷溶液：3mg/L。量取5.00mL双硫腙三氯甲烷溶液（150mg/L）置于干燥的250mL容量瓶中，用三氯甲烷稀释至刻度，摇匀。该溶液使用时现配，置于避光、阴凉处。

⑧ 汞标准溶液：1mg/mL。称取1.354g氯化汞，溶解于25mL浓盐酸中，然后转移至1000mL容量瓶中，用水稀释至刻度，摇匀。该溶液置于阴凉处，两个月内有效。

⑨ 汞标准溶液：20μg/mL。量取5.00mL汞标准溶液（1mg/mL）置于250mL容量瓶中，加入5mL浓盐酸，用水稀释至刻度，摇匀。此溶液使用时现配。

⑩ 汞标准溶液：1μg/mL。量取5.00mL汞标准溶液（20μg/mL）置于100mL容量瓶中，加入2.5mL浓盐酸，用水稀释至刻度，摇匀。此溶液使用时现配。

2. 仪器

一般实验室仪器及分光光度计（具有3cm比色皿）。

三、分析步骤

1. 工作曲线的绘制

取6个500mL分液漏斗，用棉花或滤纸擦干其颈部，并塞入一小团脱脂棉，向漏斗中分别加入汞标准溶液（1μg/mL）0.00mL、2.00mL、4.00mL、6.00mL、8.00mL，然后对每一分液漏斗中的溶液作下述处理：加入20mL硫酸溶液，用水稀释至约200mL，依次加入1mL盐酸羟胺溶液、10mL乙酸溶液、10mL乙二胺四乙酸二钠溶液和20.0mL双硫腙三氯甲烷溶液，剧烈振荡1min，静置10min，使两相分层。放出部分有机相，置于3cm的比色皿中，在分光光度计490nm波长处，以不加汞标准溶液的空白溶液作参比，测定溶液的吸光度。

以上述溶液中汞的质量（单位为μg）为横坐标，对应的吸光度值为纵坐标，绘制工作曲线或根据所得吸光度值计算出线性回归方程。

2. 测定

称取约10g试样，精确到0.01g，小心缓慢地移入盛有15mL水的100mL烧杯中，冷却至室温。滴加高锰酸钾溶液使溶液呈紫红色。盖上表面皿，在60℃水浴中放置30min。冷却至室温，逐滴加入盐酸羟胺溶液使紫红色褪尽。

将试液移入颈部已预先擦干、并塞入一小团脱脂棉的500mL分液漏斗中，加水至约200mL，依次加入1mL盐酸羟胺溶液、10mL乙酸溶液、10mL乙二胺四乙酸二钠溶液和20.0mL双硫腙三氯甲烷溶液，剧烈振荡1min，静置10min，使两相分层。放出部分有机相，置于3cm的比色皿中，在分光光度计490nm波长处，以不加汞标准溶液的空白溶液作参比，测定溶液的吸光度。

根据试液的吸光度值从工作曲线上查得相应的汞的质量或用线性回归方程计算出汞的质量。

若试样中的汞含量大于 $10\mu g$，应适当减少取样量，将试液移入 $500mL$ 分液漏斗，添加硫酸溶液使硫酸总量约为 $10g$ 后再按上述步骤进行测定。

四、结果计算

汞的质量分数 w_6 以％表示，按式(4-6) 计算：

$$w_6 = \frac{m_1 \times 10^{-6}}{m} \times 100 \tag{4-6}$$

式中　m_1——从工作曲线上查得的或用线性回归方程计算出的汞的质量，g；

　　　　m——试料的质量，g。

五、允许差

取平行测定结果的算术平均值为最终测定结果。

汞的质量分数＞0.005％时，平行测定结果的相对偏差应不大于20％；汞的质量分数≤0.005％时，平行测定结果的相对偏差应不大于25％。

六、任务执行

1. 准备

(1) 以小组为单位，综合分析考虑实验室条件、实验方法、安全环保的可行性，明确分配任务。由组长填写完成任务分配表（详见附录）。

(2) 查阅参考文献资料，完成实施前的工作任务。

① 测定过程中有哪些安全注意事项？

② 工业盐酸中汞含量测定的方法是什么？说明其测定原理。

③ 测定中用到的仪器有哪些？分别应如何操作？

④ 测定中用到的标准溶液是什么？如何配制？

⑤ 工业硫酸中的汞含量应如何计算？

2. 实施

(1) 制订分析检验方案　以小组为单位，综合分析考虑实验室条件、实验方法、安全环保的可行性，制订相应的检测方案，并列出所需仪器和药品（详见附录）。

① 实验所需药品。

② 实验所需仪器。

③ 检测步骤：

a. 汞标准溶液最大波长的确定；

b. 标准工作曲线的绘制（不同浓度标准溶液的配制、不同浓度标准溶液吸光度的测定）；

c. 样品中汞含量的测定（试样溶液的制备、空白试验、试样吸光度的测定）。

(2) 审核分析检验方案　各组将制订好的计划检测方案交指导教师审核，在教师指导下修改完善，批准后再实施。

（3）分析检验项目的实施

① 各组根据实验室现有条件选择所用仪器，填写仪器使用情况登记表，各自洗净、备用。

② 领取所需的化学药品，分工配制溶液，装入试剂瓶，贴好标签，备用。

③ 学生各组独立完成检验项目，填写好原始数据记录表及检验报告单。

④ 对分析检验结果进行描述总结。

不同波长条件下汞标准溶液的吸光度值

样品名称			测定人	
样品编号			校核人	
检测依据			检测日期	
λ/nm				
A				
λ/nm				
A				

汞标准溶液的最大吸收波长为 _____。

标准溶液的配制

标准贮备溶液浓度： _____ ；标准溶液浓度 _____。

稀释次数	吸取体积/mL	稀释后体积/mL	稀释倍数
1			
2			
3			
4			
5			

汞含量标准曲线的绘制

测量波长： _____ ；标准溶液浓度 _____ ；

吸收池配套性检查：$A_1 = 0.000$；$A_2 =$ _____。

最大吸收波长条件下不同浓度汞标准溶液的吸光度值

样品名称			测定人	
样品编号			校核人	
检测依据			检测日期	
溶液代号	吸取标准溶液体积/mL		$\rho/(\mu g/mL)$	
1				
2				
3				
4				
5				

汞含量的测定

样品名称		测定人		
样品编号		校核人		
检测依据		检测日期		
室温/℃		湿度		
汞标准溶液序号		1	2	3
氯化汞质量/g				
吸光度 A				
对应标准曲线查得的质量/μg				

样品中汞含量/%					
算术平均值					
平行测定结果的相对偏差	$w_{Hg}>0.005\%,\leqslant 20\%$	本次测定结果是否符合要求			
	$w_{Hg}\leqslant 0.005\%,\leqslant 25\%$				

定量分析结果：工业硫酸中汞的含量为 _____ 。

（4）数据处理　将汞含量测定结果填至下表中，并进行相关计算。

汞含量测定分析结果报告单

来样单位			
采样日期		分析日期	
批号		批量	
执行标准			
检测项目	企业指标值		实测结果
汞含量			
检验结论			

七、总结与反馈

1. 总结反思

分组讨论检测过程中的操作要点和要注意的细节，并做汇报。

2. 考核细则（见附录）

素养拓展

因毒药出名——砷

2004 年 7 月，英国食品标准局（FAS）向国民发出不要食用羊栖菜的劝告。因为根据 FAS 的调查，羊栖菜中含有很多可以诱发癌症的无机砷。

对此，日本厚生劳动省启动了问答环节。

问：如果食用羊栖菜，会不会导致患病风险？

以下是回答摘要：

日本人每日羊栖菜的摄入量大致为 0.9g。

WHO（世界卫生组织）于 1988 年制定的无机砷最高安全摄入量按体重计算，每周为 $15\mu g/kg$（μg 即微克，$1\mu g=10^{-6}g$）。比如体重为 50kg 的人，一天可摄入 $107\mu g$。

把 FAS 调查的干羊栖菜放回水中后，无机砷浓度最高是 22.7mg/kg。假设吃掉这些羊栖菜，只要你不连续每天吃 4.7g 以上，就不会超过 WHO 定下的安全指标。

截至现在，没有出现过食用含砷海藻导致的中毒情况。

羊栖菜中富含食物纤维，含有许多矿物质。

根据以上理由，只要不极端地过量食用羊栖菜，均衡饮食，就不会有导致疾病的风险。

因此，要科学辩证地认识问题，要遵循科学规律。

【测试题】

一、填空题

1. 工业硫酸分为_____和_____两类。
2. 工业硫酸的技术指标，主要从_____、_____、_____、_____、_____、_____、_____和_____衡量。
3. 浓硫酸中硫酸质量分数选用_____标准滴定溶液进行中和滴定。
4. 将原子荧光光度计调至最佳工作条件时，用_____溶液作载流液、_____溶液作还原剂。
5. 工业硫酸中汞含量的测定，主要采用_____分光光度法。

二、选择题

1. 测定浓硫酸中的硫酸质量分数时，选用的指示剂是（   ）。

A. 酚酞　　　　　　B. 甲基橙　　　　　　C. 甲基红-亚甲基蓝　　D. 甲基红

2. 工业硫酸中灰分含量的测定采用（   ）。

A. 重量法　　　　　B. 滴定法　　　　　　C. 分光光度法　　　　D. 荧光光度法

3. 邻菲啰啉分光光度法测定工业硫酸中的铁含量时，选用的缓冲溶液是（   ）。

A. 盐酸羟胺溶液　　B. 乙酸-乙酸钠溶液　C. 邻菲啰啉盐酸溶液　D. 冰乙酸

4. 在原子吸收分光光度计上，于波长283.3nm处，用（   ）火焰测定含铅溶液的吸光度，用标准曲线法计算测定结果。

A. 空气-乙炔　　　　B. 乙炔　　　　　　　C. 空气中氧气　　　　D. 无法确定

5. 工业硫酸中的汞，用（   ）氧化成二价汞离子。

A. 双氧水　　　　　　B. 高锰酸钾　　　　　C. 臭氧　　　　　　　D. 二氧化锰

三、判断题

1. 硫酸有很强的吸水性，与水可以按不同比例混合，并放出大量的热量。　　（   ）
2. 如果试样中的砷含量较高，可将试液用盐酸溶液做适当稀释后进行测定。　（   ）
3. 在pH值为0～2范围内，双硫腙与汞离子反应生成橙色的络合物。　　　（   ）
4. 仪器的最佳工作条件会因仪器型号或其他因素不同而有差异，因此对于仪器的最佳工作状态未作具体的规定。　　　　　　　　　　　　　　　　　　　（   ）
5. 试液的荧光强度，通常选用原子荧光光度计来测定。　　　　　　　　　（   ）

四、思考题

1. 市售的工业硫酸略显微黄色的原因是什么？
2. 描述邻菲啰啉分光光度法测定工业硫酸中铁含量的方法原理。
3. 何谓荧光光度法？
4. 描述荧光光度法测定工业硫酸中砷含量的方法原理。
5. 结合工业硫酸的性质，在操作硫酸时，有哪些安全注意事项？试描述。

学习任务五　工业氢氧化钠分析

学习目标

任务说明

工业氢氧化钠，化学式 NaOH，也称苛性钠、烧碱、固碱、火碱、苛性苏打。工业氢氧化钠具有强碱性，腐蚀性极强，可作酸中和剂、配合掩蔽剂、沉淀剂、沉淀掩蔽剂、显色剂等，用途非常广泛。因此，工作人员在检测的过程应做好防护，若不慎触及皮肤和眼睛，应立即用大量清水冲洗干净。工作环境应具有良好的通风条件。氢氧化钠易溶于水，水溶液有滑腻感，溶于水时产生很高的热量，操作时要戴防护目镜及橡胶手套，特别注意不要溅到皮肤上或眼睛里。

本任务针对采集的片状氢氧化钠样品，要求对片状氢氧化钠进行品质检验，检验的项目主要有氢氧化钠、碳酸钠、氯化钠和铁含量的测定。要求确定检验方法，开具产品检验报告单。

知识目标

1. 了解工业氢氧化钠的质量指标、采样及检验规则。
2. 掌握工业氢氧化钠中氢氧化钠、碳酸钠、氯化钠和铁含量的测定方法、原理。
3. 掌握分光光度法的测定原理。
4. 掌握工业氢氧化钠分析仪器的使用与维护。

技能目标

1. 能正确熟练地使用与维护工业氢氧化钠分析检测仪器。
2. 能熟练正确地分析测定工业氢氧化钠中氢氧化钠、碳酸钠、氯化钠和铁的含量。
3. 具有准确处理分析检测结果的能力。
4. 能准确检测分析出工业氢氧化钠的品质，并能提出合理化的优化建议。

素养目标

1. 培养学生严谨、细致、认真的工作态度，团结协作的工作精神。
2. 培养学生环保意识、安全意识、经济意识。
3. 培养学生爱国之心、奉献精神、创新意识。

【任务准备】

一、工业用氢氧化钠的质量要求和分析方法

根据 GB/T 209—2018《工业用氢氧化钠》中规定，工业用氢氧化钠的质量要求和试验方法如下。

1. 常见不同生产工艺和存在状态下的氢氧化钠符号

IL—液体工业用氢氧化钠；

IS—固体工业用氢氧化钠。

2. 要求

① 外观：固体（包括片状、粒状、块状等）氢氧化钠主体为白色，有光泽，允许微带颜色。液体氢氧化钠为无色透明、稠状液体。

② 工业用氢氧化钠应符合表 5-1 给出的规定。

表 5-1　工业用氢氧化钠指标　　　　　　　　单位：%（质量分数）

项目		型号规格				
		IS		IL		
		I	II	I	II	III
		指标				
氢氧化钠	≥	98.0	70.0	50.0	45.0	30.0
碳酸钠	≤	0.8	0.5	0.5	0.4	0.2
氯化钠	≤	0.05	0.05	0.05	0.03	0.008
三氧化二铁	≤	0.008	0.008	0.005	0.003	0.001

3. 分析方法

（1）外观　自然光下目视观察。

（2）氢氧化钠含量的测定　按 GB/T 4348.1 规定的方法。也可进行下述一种或两种改变，其他操作相同。

① 在试样溶液的制备中，试样质量浓度与 GB/T 4348.1 一致的前提下，可减少称样量，精准至 0.0001g。

② 在氢氧化钠含量测定中，可采用电位滴定法滴定，电位滴定按 GB/T 9725 规定方法执行。

（3）碳酸钠含量的测定　按 GB/T 4348.1 或 GB/T 7698 规定的方法。其中 GB/T 7698 为仲裁法。

（4）氯化钠含量的测定　氯化钠含量的测定依据其含量不同按 GB/T 4348.2 或 GB/T 11213.2 规定的方法。其中氯化钠质量分数≤0.02%时，GB/T 11213.2 为仲裁法；氯化钠质量分数>0.02%时，GB/T 4348.2 为仲裁法。

（5）三氧化二铁含量的测定　按 GB/T 4348.3 中规定的方法进行。

4. 检验规则

① 产品质量指标按 GB/T 8170 中的"修约值比较法"进行判定。

② 本标准规定的检验不全部为型式检验项目，其中氢氧化钠含量、氯化钠含量为型式检验项目中的出厂检验项目，其余为型式检验项目中抽检项目。如有停产后复产、生产工艺

有较大改变（如材料、工艺条件等）、合同规定等情况，应进行型式检验。在正常生产情况下，每月至少进行一次型式检验。

③ 出厂的氢氧化钠产品应由生产企业的质量监督检验部门进行检验，并附有质量说明书，内容包括生产企业名称、产品质量、规格型号、质量指标、批号或生产日期、执行标准号。

④ 检验结果如有一项指标不符合本标准要求，应重新加倍在包装单元中采取有代表性的样品进行复检。复检结果中有一项指标不符合本标准要求，则该批产品为不合格。

二、氢氧化钠产品的采样、标志、包装、运输、贮存和安全

1. 采样

① 产品按批检验。铁桶包装的固体氢氧化钠产品以每锅包装量为一批；袋装的片状、粒状、块状等固体氢氧化钠产品以每天或每一生产周期生产量为一批；液体氢氧化钠产品以贮槽或槽车为一批。用户以每次收到的氢氧化钠产品为一批。

② 铁桶包装的固体氢氧化钠产品按单批总桶数的 5% 随机抽样，小批量时不应少于 3 桶。顺桶竖接口处剖开桶皮，将氢氧化钠劈开，自上、中、下三处迅速采取有代表性的样品。将采取的样品分装于两个清洁、干燥、具塞的广口瓶、聚乙烯瓶或自封袋中，密封。每份样品量不少于 500g。

生产企业可在包装前取熔融氢氧化钠为实验室样品，进行检验。

③ 袋装的固体氢氧化钠产品按 GB/T 6678 规定的采样单元数随机采样。拆开包装，按 GB/T 6679 的规定迅速采取有代表性的样品。将采取的样品混匀，分装于两个清洁、干燥、具塞的广口瓶、聚乙烯瓶或自封袋中，密封。每份样品量不少于 500g。

生产企业可在包装线上采取有代表性的样品为实验室样品，进行检验。

④ 液体氢氧化钠产品按 GB/T 6680 的规定自槽车或贮槽的上、中、下三处采取等量有代表性的样品。将采取的样品混匀，分装于两个清洁、干燥、具塞的广口瓶、聚乙烯瓶中，密封。每份样品量不少于 500mL。

生产企业可在充分混匀的成品贮槽取样口采取有代表性的样品为实验室样品，进行检验。

⑤ 采取的样品，一份用于检验，一份用于备检。样品容器上应贴上标签，并注明生产企业名称、产品名称、规格型号、批号或生产日期、取样日期、取样人、采样量等。

2. 标志、包装、运输和贮存和安全

（1）标志　出厂的氢氧化钠产品的外包装上应有明显牢固的标志，内容包括生产企业名称、地址、产品名称、商标、执行标准号、型号规格、批号或生产日期、净质量和生产许可证编号及 GB/T 190 中规定的"腐蚀性物品"标志。固体氢氧化钠产品还应有 GB/T191 中规定的"怕雨"标志。

（2）包装

① 铁桶包装的固体氢氧化钠产品按 GB/T 15915 规定执行。每桶净质量为（200±2）kg。

② 袋装的片状、粒状、块状等固体氢氧化钠产品，内袋宜用聚乙烯、聚丙烯薄膜袋，外袋宜用聚乙烯、聚丙烯编织袋（或覆膜袋）或牛皮纸袋。每袋净质量为（25.0±0.25）kg。也可按相关规定采用其他包装形式。包装袋及封口应保证产品在正常贮运中不污染、

不泄漏、不破损。

③ 液体氢氧化钠产品用专用槽车或贮槽装运，包装容器不得污染产品。

（3）运输　运输过程中防止撞击。袋装氢氧化钠产品避免包装损坏、受潮、污染。不可与酸性物品混装运输。

（4）贮存　固体（包括片状、粒状和块状等）氢氧化钠产品应贮存于干燥、清洁的仓库内。液体氢氧化钠产品应用贮槽贮存。防止碰撞及与酸性物品接触。

3. 安全

氢氧化钠产品具有强腐蚀性，使用者有责任采取适当的安全和健康措施，接触人员应佩戴防护眼镜和胶皮手套等劳动保护用具。

三、型式检验项目

型式检验也称例行检验，是对产品质量进行全面考核，即对产品标准中规定的技术要求全部进行检验（必要时，还可增加检验项目）。

型式检验，即依据产品标准，由质量技术监督部门或检验机构对产品各项指标进行的抽样全面检验。检验项目为技术要求中规定的所有项目。

为了认证目的进行的型式检验，是对一个或多个具有生产代表性的产品样品利用检验手段进行合格评价。这时检验所需样品数量由质量技术监督部门或检验机构确定和现场抽样封样；取样地点从制造单位的最终产品中随机抽取。检验地点应在经认可的独立的检验机构进行。型式检验主要适用于对产品综合定型鉴定和评定企业所有产品质量是否全面地达到标准和设计要求的判定。

一般在下列情况之一时，应进行型式检验：新产品或者产品转厂生产的试制定型鉴定；正式生产后，如结构、材料、工艺有较大改变，可能影响产品性能时；长期停产后恢复生产时；正常生产，按周期进行型式检验；出厂检验结果与上次型式检验有较大差异时；国家质量监督机构提出进行型式检验要求时；用户提出进行型式检验的要求时。

为了批准产品的设计并查明产品是否能够满足技术规范全部要求所进行的型式检验，是新产品鉴定中必不可少的一个组成部分。只有型式检验通过以后，该产品才能正式投入生产。

可见，型式检验主要适用于产品定型鉴定和评定产品质量是否全面地达到标准和设计要求。很多产品标准中，要注明型式检验，明确型式检验的条件和规则等内容，也有些产品不必进行型式检验。

【任务实施】

工作任务

学习情境	任务目标	学习任务	任务实施方法
工业氢氧化钠品质分析与检测	1. 掌握不同状态工业氢氧化钠的取样方法 2. 掌握工业氢氧化钠成分的分析检测方法及原理 3. 能正确操作、维护使用仪器设备 4. 能准确处理分析检测结果 5. 根据国标分析工业氢氧化钠的品质，并能提出合理化的优化建议	1. 了解氢氧化钠的质量指标 2. 确定工业氢氧化钠成分的测定方法原理与操作方法 3. 正确操作使用仪器	任务驱动、引导实施、小组讨论、多媒体教学演示、讲解分析、总结、边学边做

任务 1　工业氢氧化钠中 NaOH 和 Na₂CO₃ 含量的测定

任务描述

氯化钡法可用于测定工业氢氧化钠中氢氧化钠和碳酸钠含量。根据 GB/T 4348.1—2013(《工业用氢氧化钠　氢氧化钠和碳酸钠含量的测定》) 的规定，工业氢氧化钠中氢氧化钠和碳酸钠含量测定方法如下。

一、方法概要

1. 氢氧化钠含量的测定原理

试样溶液中先加入氯化钡，将碳酸钠转化为碳酸钡沉淀，然后以酚酞为指示液，用盐酸标准滴定溶液滴定至终点。反应如下：

$$Na_2CO_3 + BaCl_2 =\!=\!= BaCO_3 \downarrow + 2NaCl$$
$$NaOH + HCl =\!=\!= NaCl + H_2O$$

2. 碳酸钠含量的测定原理

试样溶液以溴甲酚绿-甲基红混合指示液为指示液，用盐酸标准滴定溶液滴定至终点，测得氢氧化钠和碳酸钠总和，再减去氢氧化钠含量，则可测得碳酸钠含量。

二、试剂与仪器

1. 试剂

本方法所用试剂和水，在没有注明其他要求时，均指分析纯试剂和 GB/T 6682 中规定的三级水（不含二氧化碳）或相当纯度的水。

试验中所需标准溶液、制剂及制品，在没有其他规定时，均按 GB/T 601、GB/T 603 之规定制备。

① 盐酸标准滴定溶液：$c(HCl) = 1mol/L$。

② 氯化钡溶液：100g/L。使用前，以酚酞（10g/L）为指示液，用氢氧化钠标准溶液调至微红色。

③ 酚酞指示液：10g/L。

④ 溴甲酚绿-甲基红混合指示液。

2. 仪器

一般实验室仪器和以下仪器。

① 单刻度吸量管：50mL，A 类。

② 滴定管：50mL，有 0.1mL 的分度值，A 类。

③ 磁力搅拌器。

三、分析步骤

1. 试样溶液的制备

用称量瓶迅速称取固体氢氧化钠 30g±1g 或液体氢氧化钠 50g±1g（精确至 0.01g）。将已称取的样品置于已盛有约 $300mL$ 水的 $1000mL$ 容量瓶中，加水，溶解。冷却至室温，稀释至刻度，摇匀。

2. 氢氧化钠含量的测定

用单刻度吸量管移取 $50.00mL$ 试样溶液，注入 $250mL$ 三角瓶中，加入 $10mL$ 氯化钡溶液，加入 2~3 滴酚酞指示液，在磁力搅拌器搅拌下，用盐酸标准滴定溶液滴定至微红色为终点。记下滴定所消耗盐酸标准滴定溶液的体积 V_1。

3. 氢氧化钠和碳酸钠含量的测定

用单刻度吸量管吸取 $50.00mL$ 试样溶液，注入 $250mL$ 三角瓶中，加入 10 滴溴甲酚绿-甲基红混合指示液，在磁力搅拌器搅拌下，用盐酸标准滴定溶液滴定至暗红色为终点。记下滴定所消耗盐酸标准滴定溶液的体积 V_2。

四、结果计算

① 氢氧化钠含量以氢氧化钠（NaOH）质量分数 w_1 计，以％表示，按式(5-1) 计算：

$$w_1 = \frac{(V_1/100)cM_1}{m \times 50/1000} \times 100 = \frac{2V_1cM_1}{m} \tag{5-1}$$

② 碳酸钠含量以碳酸钠（Na_2CO_3）的质量分数 w_2 计，以％表示，按式(5-2) 计算：

$$w_2 = \frac{(V_2-V_1)/1000cM_2/2}{m \times 50/1000} \times 100 = \frac{(V_2-V_1)cM_2}{m} \tag{5-2}$$

式中，V_1 为测定氢氧化钠含量所消耗盐酸标准滴定溶液的体积，mL；V_2 为测定氢氧化钠和碳酸钠总量所消耗盐酸标准滴定溶液的体积，L；c 为盐酸标准滴定溶液的准确浓度，mol/L；m 为试样的质量，g；M_1 为氢氧化钠的摩尔质量，$M_1 = 40.00g/mol$；M_2 为碳酸钠的摩尔质量，$M_2 = 105.98g/mol$。

五、允许差

平行测定结果的绝对值差不超过下列数值：氢氧化钠（NaOH）为 0.1％，碳酸钠（Na_2CO_3）为 0.05％。

取平行测定结果的算术平均值为报告结果。

六、任务执行

1. 准备

（1）以小组为单位，综合分析考虑实验室条件、检测方法、安全环保的可行性，明确分配任务。由组长填写完成任务分配表（详见附录）。

（2）查阅参考文献资料，完成实施前的任务问题。

① 氯化钡法测定工业氢氧化钠中氢氧化钠和碳酸钠的原理是什么？写出反应方程式。

② 测定过程中有哪些安全注意事项？

③ 通过查阅资料，工业氢氧化钠中氢氧化钠和碳酸钠的测定还可以采用什么方法？试描述其测定原理。

④ 实验中用到的标准溶液是什么？如何配制？

⑤ 选用的指示剂是什么？如何判定滴定终点？依据是什么？

⑥ 通过查阅资料，是否还可以选择其他的指示剂？是什么？尝试描述出来。

⑦ 氢氧化钠和碳酸钠的含量计算公式的表达式是怎么样的？试着写出来，并理清楚每个参量的含义。

2. 实施

（1）制订分析检测方案　以小组为单位，综合分析考虑实验室条件、分析检测方法、安全环保的可行性，制订相应的检测方案，并列出所需仪器和药品（详见附录）。

① 检测所需药品。

② 检测所需仪器。

③ 检测步骤：

a. 标准溶液的滴定步骤；

b. 试样溶液测定步骤。

（2）审核分析检测方案　各组将制订好的计划检测方案交指导教师审核，在教师指导下修改完善，批准后再实施。

（3）分析检测项目的实施

① 各组根据实验室现有条件选择所用仪器，填写仪器使用情况登记表，各自洗净、备用。

② 领取所需的化学药品和标准滴定溶液，装入试剂瓶，贴好标签，备用。

③ 学生各组独立完成检测项目，填写好原始数据记录表及检验报告单。盐酸标准滴定溶液标定原始记录表见参考附录。

④ 对分析检测结果进行描述总结。

测定氢氧化钠含量原始数据记录表

样品名称			测定人	
检测依据			校核人	
标准溶液及其浓度			检测日期	
水温/℃			指示剂	
温度校正系数				

	记录	1	2	3	备用
试剂瓶	$m_{领样前}$/g				
	$m_{领样后}$/g				
	$m_{待测物}$/g				
滴定管	滴定管初读数/mL				
	滴定管终读数/mL				
	滴定消耗溶液体积/mL				
体积校正	温度校正值/mL				
	体积校正值/mL				
	实际体积/mL				
计算结果	计算公式				
	w_1				
	平均值				
	绝对差值/%				
标准规定平行测定结果的绝对差值		≤0.1%	本次测定结果是否符合要求		

定量分析结果：工业氢氧化钠中氢氧化钠的含量为＿＿＿＿＿＿。

样品名称				测定人		
检测依据				校核人		
标准溶液及其浓度				检测日期		
水温/℃				指示剂		
温度校正系数						
记录			1	2	3	备用
试剂瓶	$m_{倾样前}$/g					
	$m_{倾样后}$/g					
	$m_{待测物}$/g					
滴定管	滴定管初读数/mL					
	滴定管终读数/mL					
	滴定消耗溶液体积/mL					
体积校正	温度校正值/mL					
	体积校正值/mL					
	实际体积/mL					
	V_2-V_1/mL					
计算结果	计算公式					
	w_2					
	平均值					
	绝对差值/%					
标准规定平行测定结果的绝对差值		≤0.05%		本次测定结果是否符合要求		

定量分析结果：工业氢氧化钠中碳酸钠的含量为＿＿＿＿＿＿＿＿。

（4）数据处理 将氢氧化钠和碳酸钠含量测定结果填至下表中，并进行相关计算。

工业氢氧化钠中氢氧化钠和碳酸钠含量测定分析结果报告单

来样单位			
采样日期		分析日期	
批号		批量	
执行标准			
检测项目	企业指标值		实测结果
氢氧化钠含量			
碳酸铵含量			
检测结论			

七、总结与反馈

1. 总结反思

分组讨论检测过程中的操作要点和要注意的细节，并做汇报。

2. 考核细则（见附录）

任务2 工业氢氧化钠中氯化钠含量的测定

任务描述

工业氢氧化钠中氯化钠含量的测定方法主要有莫尔法、汞量法、电位滴定法和分光光度计法，本任务中采用的方法是汞量法。

GB/T 4348.2—2014《工业用氢氧化钠 氯化钠含量的测定 汞量法》规定了工业氢

一、方法概要

在 pH2~3 的溶液中，强电离的硝酸汞将氯离子转化为弱电离氯化汞，用二苯偶氮碳酰肼作指示剂，与稍过量的二价汞离子生成紫红色的络合物即为终点。

二、试剂与仪器

1. 试剂

① 一般规定：本方法所用试剂和水在没有注明其他规定时，均指分析纯试剂或以上和 GB/T 6682 中规定的三级水或相当纯度的水。实验中所需制剂及制品，在没有其他规定时，均按 GB/T 603 之规定制备。

② 硝酸溶液：1+1。NO_2^- 含量高时，对滴定终点有明显的干扰。当发现滴定终点变化不明显时，硝酸溶液应重新配制。

③ 硝酸溶液：2mol/L。

④ 氢氧化钠溶液：2mol/L。

⑤ 氯化钠标准溶液：0.05mol/L。称取 500℃ 灼烧 1h 至恒量的基准试剂氯化钠 2.9221g，加少量水溶解，移入 1000mL 容量瓶中，用水稀释至刻度，摇匀。

⑥ 硝酸汞标准滴定溶液：$c[1/2Hg(NO_3)_2]=0.05mol/L$。

⑦ 硝酸汞标准滴定溶液：$c[1/2Hg(NO_3)_2]=0.005mol/L$。用单标线吸量管移取标定后的 0.05mol/L 硝酸汞标准滴定溶液［见⑥］50mL，置于 500mL 容量瓶中，加水稀释［稀释时应补加适量的硝酸溶液（见②）以防止硝酸汞分解］至刻度，摇匀。

⑧ 溴酚蓝指示液：1g/L。

⑨ 二苯偶氮碳酰肼指示液：5g/L。

提示：硝酸汞有毒。硝酸和氢氧化钠具有腐蚀性。使用者有责任采取适当的安全和健康措施。

2. 仪器

① 一般实验室仪器。

② 单标线吸量管：50mL，A 级。

③ 微量滴定管：2mL，分度值为 0.01mL，A 级。

④ 微量滴定管：5mL，分度值为 0.02mL，A 级。

⑤ 滴定管：50mL，分度值为 0.1mL，A 级。

三、分析步骤

1. 试样溶液制备

用称量瓶迅速称取按 GB/T 29643 制备的固体氢氧化钠试样（36±1）g 或液体氢氧化钠试样（50±1）g（精确至 0.01g），将已称取的试样置于已盛有约 300mL 水的 1000mL 容量瓶中，加水溶解。冷却至室温，稀释至刻度，摇匀。

2. 测定

用单标线吸量管移取 50.00mL 试样溶液，置于 250mL 三角瓶中，加 40mL 水，缓慢地加入（1＋1）硝酸溶液（固体试样加 7mL、液体试样加 3mL），冷却至室温。加 3 滴溴酚蓝指示液，溶液呈蓝色，继续逐滴加入（1＋1）硝酸溶液，使溶液由蓝色变为黄色，逐滴加入氢氧化钠溶液，使溶液由黄色变为蓝色，逐滴加入 2mol/L 硝酸溶液，使溶液由黄色变为蓝色。加 1mL 二苯偶氮碳酰肼指示液，用硝酸汞标准溶液滴定至溶液由黄色变成紫红色为终点。

3. 空白试验

不加试样，采用与测定试样相同的分析步骤和试剂进行测定。

4. 含汞废液的处理

滴定后的含汞废液收集于约 50L 的容器中，当废液达 40L 左右时，参照如下方法处理。

（1）原理　在碱性介质中，用过量的硫化钠沉淀汞，用过氧化氢氧化过量的硫化氢，防止汞以多硫化物的形式溶解。

（2）操作处理　将废液收集于约 50L 的容器中，当废液量达 40L 左右时，依次加入 400mL40％工业氢氧化钠溶液、100g 硫化钠（$Na_2S \cdot 9H_2O$），搅匀。10min 后，慢慢加入 400mL30％过氧化氢溶液，充分混合。放置 24h 后将上部清液排入废水中，沉淀物转入另一容器中，回收。

四、结果的计算

氯化钠的含量以质量分数 w 计，以％表示，按式(5-3) 计算：

$$w = \frac{(V - V_0)/1000 \cdot cM}{m \times 50/1000} \times 100 \tag{5-3}$$

式中　V——试样测定消耗的硝酸汞标准溶液的体积，mL；

V_0——空白测定消耗的硝酸汞标准滴定溶液的体积，mL；

c——硝酸汞标准滴定溶液的准确浓度，mol/L；

m——试样的质量，g；

M——氯化钠的摩尔质量，$M = 58.433 \text{g/mol}$。

五、允许差

平行测定结果之差的绝对值不超过下列数值（氯化钠质量分数为 w）：

① $w \leqslant 0.10％$ 时 0.005％；

② $w \geqslant 0.10％$ 时 0.02％。

取平行测定结果的算术平均值为测定结果。

六、任务执行

1. 准备

（1）以小组为单位，综合分析考虑实验室条件、实验方法、安全环保的可行性，明确分配任务。由组长填写完成任务分配表（详见附录）。

（2）查阅参考文献资料，完成实施前的工作任务。

① 工业氢氧化钠中氯化钠含量测定的方法有哪些？分别描述测定原理。

② 本次测定过程中有哪些安全注意事项？

③ 本次测定，你选择的是什么方法？该方法的原理及发生的主要化学反应是什么？

④ 测定过程应控制哪些实验条件？

⑤ 测定用到的标准溶液是什么？如何配制？

⑥ 选用什么指示剂？如何判断滴定终点？依据是什么？

⑦ 氯化钠的含量应如何计算？

2. 实施

（1）制订分析检验方案　以小组为单位，综合分析考虑实验室条件、实验方法、安全环保的可行性，制订相应的检测方案，并列出所需仪器和药品（详见附录）。

① 实验所需药品。

② 实验所需仪器。

③ 检测步骤：

a. 硝酸汞标准滴定溶液的标定；

b. 试样中氯化钠含量的测定。

（2）审核分析检验方案　各组将制订好的计划检测方案交指导教师审核，在教师指导下修改完善，批准后再实施。

（3）分析检验项目的实施

① 各组根据实验室现有条件选择所用仪器，填写仪器使用情况登记表，各自洗净、备用。

② 领取所需的化学药品，分工配制溶液，装入试剂瓶，贴好标签，备用。

③ 学生各组独立完成检验项目，填写好原始数据记录表及检验报告单。

④ 对分析检验结果进行描述总结。

测定氯化钠含量原始记录表

溶液名称				测定人		
检测依据				审核人		
标准溶液及其浓度				检测日期		
水温/℃				指示剂		
温度校正系数						

	记录项目	第一份	第二份	第三份	备用
称量	$m_{领样前}$/g				
	$m_{领样后}$/g				
	$m_{待测物}$/g				
滴定管	滴定管初读数/mL				
	滴定管终读数/mL				
	实际滴定溶液体积/mL				
体积校正	温度校正值/mL				
	体积校正值/mL				
	实际体积/mL				
结果计算	计算公式				
	w/%				
	平均值				
	绝对差值/%				
平行测定结果之差的绝对值		≤0.2%		本次测定结果是否符合要求	

（4）数据处理　将氯化钠含量测定结果填至下表中，并进行相关计算。

来样单位			
采样日期		分析日期	
批号		批量	
执行标准			
检测项目	企业指标值		实测结果
氯化钠的含量			
检验结论			

七、总结与反馈

1. 总结反思

分组讨论检测过程中的操作要点和要注意的细节，并做汇报。

2. 考核细则（见附录）

任务3　工业氢氧化钠中 $NaClO_3$ 含量的测定

任务描述

工业氢氧化钠中 $NaClO_3$ 含量的测定是重要的一项检测项目，检测方法是分光光度法。

一、方法概要

在强酸介质中，氯酸盐与邻-联甲苯胺生成稳定的黄色络合物，再用分光光度计测定吸光度，从而来确定氯酸钠的含量。

二、试剂与仪器

1. 试剂

用于氯酸钠分析的容器应避免与橡胶或其他有机物接触。

盐酸（GB/T 622—2006、AR、36%～38%），邻-联甲苯胺溶液（0.1% mg/L），氢氧化钠溶液（GB/T 629—1997、200g/L），氯酸钠标准溶液（0.1mg/mL），氯酸钠标准溶液（0.01mg/mL），酚酞指示剂：1%。

2. 仪器

一般实验室仪器及试剂和分光光度计（用于氯酸钠分析的容器应避免与橡胶或其他有机物接触）。

三、分析步骤

1. 试样及其制备

称取 5～10g 试样，称准至 0.01g。置于 100mL 容量瓶中。

2. 空白试验

空白试验与试样测定同时进行，其测定手续和所用试剂与测定试样时相同，只是用试剂氢氧化钠代替试样。

3. 标准曲线按下列方法绘制

（1）标准比色液的配制　将与测定试样所含的氢氧化钠等量的氢氧化钠试剂分别置于 100mL 容量瓶中，再依次加入氯酸钠标准溶液（0.01mg/mL）0.0mL、1.0mL、2.0mL、3.0mL、4.0mL、5.0mL、6.0mL，然后依次加入 2.0mL 邻-联甲苯胺和 10mL 水，在冷水浴中用滴管一滴滴注入盐酸，边加边振荡，以酚酞为指示剂进行中和，中和完毕后，盐酸再过量 30mL，然后，将容量瓶自水浴中移出，用水稀释至刻度，摇匀，静置 10min 显色。

（2）标准比色溶液吸光度的测定　用分光光度计于波长 442nm 处，以蒸馏水调节分光光度计零点（用 1cm 吸收池），进行吸光度测定。

（3）标准曲线的绘制　从标准比色溶液的吸光度扣除试剂空白的吸光度，以 100mL 标准比色溶液中氯酸钠的质量（μg）为横坐标，以与其对应的吸光度为纵坐标，绘制标准曲线。

4. 试样吸光度的测定

将 2.0mL 邻-联甲苯胺注入已盛试样的 100mL 容量瓶中，加 10mL 水，在冷水浴中，用滴管一滴滴注入盐酸，边加边振荡，以酚酞为指示剂进行中和，中和完毕后，盐酸再过量 30mL，然后，将容量瓶自水浴中移出，用水稀释至刻度，摇匀，静置 10min 显色。用分光光度计于波长 442nm 处，以蒸馏水调节分光光度计零点（用 1cm 吸收池），进行吸光度测定。

四、数据处理

由标准曲线上查出与所测试样吸光度相对应的氯酸钠质量（g），则氯酸钠的质量分数按下式计算：

$$w = (m_1/m_0) \times 10^{-6} \times 100 = (m_1/m_0) \times 10^{-4} \qquad (5\text{-}4)$$

式中　w——烧碱试样中氯酸钠的质量分数，%；

　　　m_0——试样质量，g；

　　　m_1——由标准曲线上查出与所测试样吸光度相对应的氯酸钠质量，μg。

五、允许差

平行测定结果之差的绝对值不大于 0.00050%。

取平行测定结果的算术平均值为报告结果。

六、任务执行

1. 准备

（1）以小组为单位，综合分析考虑实验室条件、实验方法、安全环保的可行性，明确分配任务。由组长填写完成任务分配表（详见附录）。

（2）查阅参考文献资料，完成实施前的工作任务。

① 测定过程中有哪些安全注意事项？

② 工业氢氧化钠中氯酸钠含量测定的方法是什么？描述测定原理。

③ 测定中用到的仪器有哪些？分别应如何操作？

④ 测定中用到的标准溶液是什么？如何配制？

⑤ 用到的指示剂是什么？如何判断终点？判断依据是什么？

⑥ 氯酸钠的含量应如何计算？

2. 实施

（1）制订分析检验方案　以小组为单位，综合分析考虑实验室条件、实验方法、安全环保的可行性，制订相应的检测方案，并列出所需仪器和药品（详见附录）。

① 实验所需药品。

② 实验所需仪器。

③ 检测步骤：

a. 氯酸钠标准溶液最大波长的确定；

b. 标准工作曲线的绘制（不同浓度标准溶液的配制、不同浓度标准溶液吸光度的测定）；

c. 试样中氯酸钠含量的测定（试样溶液的制备、空白试验、试样吸光度的测定）。

（2）审核分析检验方案　各组将制订好的计划检测方案交指导教师审核，在教师指导下修改完善，批准后再实施。

（3）分析检验项目的实施

① 各组根据实验室现有条件选择所用仪器，填写仪器使用情况登记表，各自洗净、备用。

② 领取所需的化学药品，分工配制溶液，装入试剂瓶，贴好标签，备用。

③ 学生各组独立完成检验项目，填写好原始数据记录表及检验报告单。

④ 对分析检验结果进行描述总结。

不同波长条件下氯酸钠标准溶液的吸光度

样品名称			测定人	
样品编号			校核人	
检测依据			检测日期	
λ/nm				
A				
λ/nm				
A				

氯酸钠标准溶液的最大吸收波长为＿＿＿＿＿＿＿＿。

标准溶液的配制

标准贮备溶液浓度：＿＿＿＿＿＿＿＿；标准溶液浓度＿＿＿＿＿＿＿＿。

稀释次数	吸取体积/mL	稀释后体积/mL	稀释倍数
1			
2			
3			
4			
5			

氯酸钠含量标准曲线的绘制

测量波长：＿＿＿＿＿＿＿＿；标准溶液浓度＿＿＿＿＿＿＿＿；

吸收池配套性检查：$A_1 = 0.000$；$A_2 = $＿＿＿＿＿＿＿＿。

样品名称		测定人	
样品编号		校核人	
检测依据		检测日期	
溶液代号	吸取标准溶液体积/mL	$\rho/(\mu g/mL)$	
1			
2			
3			
4			
5			

氯酸钠含量的测定

样品名称		测定人	
样品编号		校核人	
检测依据		检测日期	
室温/℃		湿度	
氢氧化钠溶液序号		1	2
氢氧化钠质量/g			
吸光度 A			
对应标准曲线查得的质量/μg			
样品中氯酸钠含量/%			
算术平均值			
平行测定结果之差的绝对值	不大于 0.00020%	本次测定结果是否符合要求	

定量分析结果：工业氢氧化钠中氯酸钠的含量为 _____。

（4）数据处理 将氯酸钠含量测定结果填至下表中，并进行相关计算。

氯酸钠含量测定分析结果报告单

来样单位			
采样日期		分析日期	
批号		批量	
执行标准			
检测项目	企业指标值		实测结果
氯酸钠含量			
检验结论			

七、总结与反馈

1. 总结反思

分组讨论检测过程中的操作要点和要注意的细节，并做汇报。

2. 考核细则（见附录）

任务4 工业氢氧化钠中铁含量的测定

任务描述

1,10-菲啰啉分光光度法测定工业用氢氧化钠中铁的含量，根据 GB/T 4348.3—2012

《工业用氢氧化钠　铁含量的测定　1,10-菲啰啉分光光度法》中的规定，测定方法如下。

提示：

① 该方法适用于铁含量大于或等于 0.00005%（质量分数）的工业用氢氧化钠产品。

② 本试验方法中所分析的产品和使用的部分试剂具有腐蚀性，操作时应小心谨慎！如溅到皮肤上应立即用水冲洗，严重者应立即就医治疗。

一、方法概要

抗坏血酸将试样溶液中 Fe^{3+} 还原成 Fe^{2+}，在 pH 值为 4～6 时，Fe^{2+} 同 1,10-菲啰啉生成橙红色络合物。在分光光度计最大吸收波长（510nm）处测定其吸光度，反应式如下：

$$2Fe^{3+} + C_6H_8O_6 =\!=\!= 2Fe^{2+} + C_6H_6O_6 + 2H^+$$

$$Fe^{2+} + 3C_{12}H_8N_2 =\!=\!= [Fe(C_{12}H_8N_2)_3]^{2+}$$

二、试剂与仪器

本方法所用试剂和水，在没有注明其他要求时，均指分析纯试剂和 GB/T 6682 中规定的三级水。试验中所需标准溶液、制剂及制品，除本标准规定外，均按 GB/T 603 规定制备。

1. 试剂

① 盐酸。

② 氨水。

③ 盐酸溶液：1＋3。

④ 氨水溶液：1＋9。

⑤ 抗坏血酸溶液：10g/L。该溶液一周后不能使用。

⑥ 乙酸-乙酸钠缓冲溶液：pH＝4.5。

称取 164g 无水乙酸钠（CH_3COONa），用 500mL 水溶解，加 240mL 冰乙酸，用水稀释至 1000mL。

⑦ 铁标准溶液：0.200mg/mL。称取 1.727g 十二水硫酸亚铁铵 $[(NH_4)_2Fe(SO_4)_2 \cdot 12H_2O]$，准确至 0.001g，用约 200mL 水溶解，加 20mL（1＋1）硫酸溶液，冷却至室温，移入 1000mL 容量瓶中。稀释至刻度，摇匀。

⑧ 铁标准溶液：0.010mg/mL。移取 25.00mL 0.200mg/mL 铁标准溶液，置于 500mL 容量瓶中，稀释至刻度，摇匀。该溶液使用前配制。

⑨ 对硝基酚指示液：2.5g/L。称取 0.25g 对硝基酚，溶于乙醇（95%），用乙醇（95%）稀释至 100mL。

⑩ 1,10-菲啰啉溶液：1g/L。

称取 1.0g 1,10-菲啰啉一水合物或 1,10-菲啰啉盐酸一水合物，用水溶解并稀释至 1000mL。

该溶液避光保存。使用无色溶液。

2. 仪器

一般实验室仪器和分光光度计（具有 0.5cm、1.0cm、2.0cm、3.0cm 和 5.0cm 等比色皿）。

三、分析步骤

1. 标准曲线的绘制

（1）标准比色液的配制　根据试样溶液中预计的铁含量，按下表指出的范围在一系列100mL容量瓶中分别加入给定体积的0.010mg/mL铁标准溶液，加水约至60mL，再加0.2mL的盐酸溶液（1+3）和1mL抗坏血酸溶液，然后加20mL缓冲溶液和10mL的1,10-菲啰啉溶液，用水稀释至刻度，摇匀。放置10min。

不同体积铁标准溶液

试样溶液中预计的铁含量/μg			
25～250		10～100	
铁标准溶液(4.8)/mL	对应的铁含量/μg	铁标准溶液(4.8)/mL	对应的铁含量/μg
0	0	0	0
3.00	30	0.50	5
5.00	50	1.00	10
7.00	70	2.00	20
9.00	90	3.00	30
11.00	110	4.00	40
13.00	130	5.00	50
试剂空白溶液			

（2）吸光度的测定　根据下表选择适宜的比色皿，于最大吸收波长（510nm）处，以水为参比，将分光光度计的吸光度调至零，进行吸光度的测定。

不同三氧化铁的质量分数对应的比色皿规格

三氧化铁的质量分数/%	比色皿规格/cm
<0.005	5
0.005～0.01	2或3
0.01～0.015	2或1
0.015～0.03	1或0.5

（3）标准曲线绘制或一元线性回归　从标准比色溶液的吸光度中扣除空白试验吸光度，以100mL标准比色溶液中铁的质量（μg）为横坐标，与其相应的吸光度为纵坐标绘制标准曲线或回归一元线性方程。

2. 试样溶液的制备

称取相当于氢氧化钠10～15g的固体或液体试样（精确到0.01g），置于适量的烧杯中，加水溶解至120mL，加2～3滴对硝基酚指示液，用盐酸中和至无色，再过量1mL，煮沸5min，冷却至室温。移入250mL容量瓶中，用水稀释至刻度，摇匀。

3. 空白试验

不加试样溶液，加120mL水和在试样溶液制备中加入的等量的盐酸于适量的烧杯中，加2～3滴对硝基酚指示液，用氨水（1+9）中和至浅黄色，逐滴加入盐酸调至溶液为无色，再过量1mL，煮沸5min，冷却至室温。移入250mL容量瓶中，用水稀释至刻度、摇匀。

4. 显色

分别移取50.00mL试样溶液和50.00mL的空白溶液，置于100mL容量瓶中，用盐酸溶液（1+3）或氨水溶液（1+9）调整pH值约为2（用精密pH试纸检查pH值）。加1mL

抗坏血酸溶液，然后加 20mL 缓冲溶液和 10mL 的 1,10-菲啰啉溶液，用水稀释至刻度、摇匀。放置 10min。

5. 吸光度的测定

按吸光度测定方法进行。

四、结果计算

铁含量以三氧化二铁（Fe_2O_3）的质量分数（w）计，以％表示，按式（5-5）计算：

$$w = 1.4297 \times \frac{m_2 \times 10^{-6}}{m_1 \times 50/250} \times 100 = 1.4297 \times \frac{5m_2 \times 10^{-6}}{m_1} \times 100 \qquad (5-5)$$

式中，m_1 为试样的质量，g；m_2 为与扣除空白后的试样吸光度相对应的由标准曲线上查得的或一元线性回归方程计算的铁的质量，μg；1.4297 为铁与三氧化二铁的折算系数。

五、允许差

平行测定结果之差的绝对值不应超过下列数值：当 $w \leqslant 0.0020\%$ 时，0.0001％；当 $w > 0.0020\%$ 时，0.0005％。

取平行测定结果的算术平均值为报告结果。

六、任务执行

1. 准备

（1）以小组为单位，综合分析考虑实验室条件、实验方法、安全环保的可行性，明确分配任务。由组长填写完成任务分配表（详见附录）。

（2）查阅参考文献资料，完成实施前的工作任务。

① 测定过程中有哪些安全注意事项？

② 工业氢氧化钠中铁含量测定的方法是什么？描述测定原理。

③ 测定中用到的仪器有哪些？分别应如何操作？

④ 测定中用到的标准溶液是什么？如何配制？

⑤ 用到的指示剂是什么？如何判断终点？判断依据是什么？

⑥ 铁的含量应如何计算？

2. 实施

（1）制订分析检验方案　以小组为单位，综合分析考虑实验室条件、实验方法、安全环保的可行性，制订相应的检测方案，并列出所需仪器和药品（详见附录）。

① 实验所需药品。

② 实验所需仪器。

③ 检测步骤：

a. 铁标准溶液最大波长的确定；

b. 标准工作曲线的绘制（不同浓度标准溶液的配制、不同浓度标准溶液吸光度

的测定);

c. 试样中铁含量的测定 (试样溶液的制备、空白试验、试样吸光度的测定)。

(2) 审核分析检验方案 各组将制订好的计划检测方案交指导教师审核,在教师指导下修改完善,批准后再实施。

(3) 分析检验项目的实施

① 各组根据实验室现有条件选择所用仪器,填写仪器使用情况登记表,各自洗净、备用。

② 领取所需的化学药品,分工配制溶液,装入试剂瓶,贴好标签,备用。

③ 学生各组独立完成检验项目,填写好原始数据记录表及检验报告单。

④ 对分析检验结果进行描述总结。

不同波长条件下铁标准溶液的吸光度

样品名称			测定人		
样品编号			校核人		
检测依据			检测日期		
λ/nm					
A					
λ/nm					
A					

铁标准溶液的最大吸收波长为 _____。

标准溶液的配制

标准贮备溶液浓度: _____;标准溶液浓度 _____

稀释次数	吸取体积/mL	稀释后体积/mL	稀释倍数
1			
2			
3			
4			
5			

三氧化二铁含量标准曲线的绘制

测量波长: _____;标准溶液浓度 _____;

吸收池配套性检查: $A_1 = 0.000$; $A_2 =$ _____。

最大吸收波长条件下不同浓度铁标准溶液的吸光度

样品名称		测定人	
样品编号		校核人	
检测依据		检测日期	
溶液代号	吸取标准溶液体积/mL	$\rho/(\mu g/mL)$	
1			
2			
3			
4			
5			

铁含量的测定

样品名称		测定人	
样品编号		校核人	
检测依据		检测日期	
室温/℃		湿度	
氢氧化钠溶液序号		1	2
氢氧化钠质量/g			
吸光度 A			
对应标准曲线查得的质量/μg			
样品中氯酸钠含量/%			
算术平均值			
平行测定结果之差的绝对值	$w \leqslant 0.0020\%$　0.0001%	本次测定结果是否符合要求	
	$w > 0.0020\%$　0.0005%		

定量分析结果：工业氢氧化钠中铁的含量为 _____。

（4）数据处理　将铁含量测定结果填至下表中，并进行相关计算。

铁含量测定分析结果报告单

采样单位			
采样日期		分析日期	
批号		批量	
执行标准			
检测项目	企业指标值		实测结果
铁含量			
检验结论			

七、总结与反馈

1. 总结反思

分组讨论检测过程中的操作要点和要注意的细节，并做汇报。

2. 考核细则（见附录）

素养拓展

酸碱滴定——走好每一步，成功在眼前

　　酸碱中和滴定，是用已知物质的量浓度的酸（或碱）来测定未知物质的量浓度的碱（或酸）的方法。用甲基橙、甲基红、酚酞等做酸碱指示剂来判断是否完全中和，是否到达终点。酸碱滴定是无明显现象的快速化学反应，只有用酸碱指示剂来判断是否完全中和，是否到达终点。滴定的时候要有耐心，学会用手精准控制速度。在滴定中，有时候你会抱怨："什么时候才能到达终点啊?"耐不住性子，"怎么颜色还不改变?"滴定管很长，我们的人生也很长，坚持用心控制速度，精准放入每一滴，速度就在你的手中，终点就在你的眼前!

　　未来是漫长的，成功在向我们招手。只要用心走好每一步，成果就在我们的手中，成功就在我们的眼前!

【测试题】

一、填空题

1. 工业氢氧化钠主要测定的指标包括＿＿＿＿＿＿、＿＿＿＿＿＿、＿＿＿＿＿＿和 ＿＿＿＿＿＿的含量。

2. 工业用氢氧化钠的产品按＿＿＿＿＿＿检验。

3. 根据 GB 190 和 GB 191 中规定，固体氢氧化钠产品应有＿＿＿＿＿＿和＿＿＿＿＿＿ 标志。

4. 氢氧化钠产品具有强的＿＿＿＿＿＿性。

5. 常用的酸标准溶液有＿＿＿＿＿＿、＿＿＿＿＿＿和＿＿＿＿＿＿标准溶液。

6. 标定盐酸标准滴定溶液的基准物质有＿＿＿＿＿＿和＿＿＿＿＿＿。

7. 由于碳酸钠具有＿＿＿＿＿＿性，因此在使用前，要在 270～300℃的温度下干 燥 1h。

8. 工业氢氧化钠中氯化钠含量的测定方法有＿＿＿＿＿＿、＿＿＿＿＿＿、＿＿＿＿＿＿和 ＿＿＿＿＿＿。

二、选择题

1. 氯化钡法测定工业氢氧化钠中的氢氧化钠含量，选用的指示剂是（　　）。
A. 石蕊试液　　　　B. 酚酞试液　　　　C. 甲基橙　　　　D. 溴甲酚绿-甲基红

2. 工业氢氧化钠中的铁含量是以（　　）量计。
A. Fe^{3+}　　　　B. Fe^{2+}　　　　C. Fe_2O_3　　　　D. 无关

3. 当工业氢氧化钠试样中的氯离子（Cl^-）全部取代硫氰酸汞中的硫氰酸根（SCN^-）， 而被取代的硫氰酸根（SCN^-）与硝酸铁反应生成的硫氰酸铁应显（　　）。
A. 浅绿色　　　　B. 橙色　　　　C. 红色　　　　D. 黄色

三、判断题

1. 只有型式检验通过以后，该产品才能正式投入生产。　　　　　　　　　（　　）

2. 由于指示剂具有一定的变色范围，因此只有当溶液 pH 值的改变超过一定数值，也 就是说只有在酸碱滴定的化学计量点附近 pH 值发生突跃时，指示剂才能从一种颜色突然变 为另一种颜色。　　　　　　　　　　　　　　　　　　　　　　　　　　　　（　　）

3. 从质量统计得知，不论哪种方法生产的氢氧化钠产品，近几年生产工艺和装置都有 较大的改进，铁含量都相对稳定且较低。　　　　　　　　　　　　　　　　　　（　　）

四、思考题

1. 为什么固体氢氧化钠在运输和贮藏过程中应防止碰撞，并避免与酸性物质接触？
2. 何谓型式检验？
3. 磁力搅拌器在氢氧化钠和碳酸钠含量的测定过程中有什么作用？
4. 何谓混合指示剂？
5. 分光光度法测定工业氢氧化钠中的氯化钠含量，其测定原理及发生的反应是什么？
6. 何谓原子吸收光谱法？其检测特点有哪些？

学习任务六　石灰分析

学习目标

任务说明

石灰是一种以氧化钙为主要成分的气硬性无机胶凝材料。石灰是用石灰石、白云石、白垩、贝壳等碳酸钙含量高的产物，经 900～1100℃ 煅烧而成。在实际生产中，为加快分解，煅烧温度常提高到 1000～1100℃。由于石灰石原料的尺寸大或煅烧时窑中温度分布不匀等原因，石灰中常含有欠火石灰和过火石灰。欠火石灰中的碳酸钙未完全分解，使用时缺乏黏结力。过火石灰结构密实，表面常包覆一层熔融物，熟化很慢。由于生产原料中常含有碳酸镁（$MgCO_3$），因此生石灰中还含有次要成分氧化镁（MgO），根据氧化镁含量的多少，生石灰分为钙质石灰（MgO 含量≤5%）和镁质石灰（MgO 含量＞5%）。石灰中产生黏结性的成分是有效氧化钙和氧化镁，其含量是评价石灰质量的主要指标。石灰中的有效氧化钙和氧化镁的含量可以直接测定，也可以通过氧化钙与氧化镁的总量和二氧化碳的含量反映，生石灰还有未消化残渣含量的要求、粒度和游离水含量的要求。

本任务主要对冶金石灰中的氧化钙、氧化镁、灼烧减量、活性度、粒度和生过烧量进行测定。

知识目标

1. 了解石灰质量指标、采样及检验规则。

2. 掌握石灰中总氧化钙、氧化镁含量，灼烧减量，活性度，粒度，生过烧量的测定方法和原理。

3. 掌握检测用仪器和设备的使用和维护。

技能目标

1. 能正确熟练地使用与维护石灰分析检测仪器。

2. 能熟练正确地分析测定石灰中总氧化钙、氧化镁含量，灼烧减量，活性度，粒度，生过烧量的测定。

3. 能准确检测分析出石灰的品质，并能提出检测的优化建议。

素养目标

1. 培养学生严谨、细致、认真的工作态度，团结协作的工作精神。

2. 培养学生环保意识、安全意识、经济意识。

3. 培养学生爱国之心、奉献精神、创新意识。

【任务准备】

一、冶金石灰质量指标

根据 YB/T 042—2014(《冶金石灰》)规定，冶金石灰的质量指标如下。

1. 冶金石灰的质量标准

冶金石灰的理化指标应符合表 6-1 所示规定。

表 6-1　冶金石灰的理化指标

类别	品级	$w(CaO)$ /%	$w(CaO+MgO)$ /%	$w(MgO)$ /%	$w(SiO_2)$ /%	$w(S)$/%	灼烧减量 质量分数/%	活性度,4mol/mL (40 ± 1)℃,10min
普通冶金 石灰	特级	≥92.0	—	<5.0	≤1.5	≤0.020	≤2	≥360
	一级	≥90.0			≤2.5	≤0.030	≤4	≥320
	二级	≥85.0			≤3.5	≤0.05	≤7	≥260
	三级	≥80.0			≤5.0	≤0.100	≤9	≥200
镁质冶金 石灰	特级		≥93.0	≥5.0	≤1.5	≤0.025	≤2	≥360
	一级	—	≥91.0		≤2.5	≤0.050	≤4	≥280
	二级		≥86.0		≤3.5	≤0.100	≤6	≥230
	三级		≥81.0		≤5.0	≤0.200	≤8	≥200

2. 冶金石灰的产品粒度范围

冶金石灰的产品粒度应符合产品粒度范围表规定，其他粒度的要求由供需双方协商确定。一般产品粒度范围见表 6-2。

表 6-2　产品粒度范围

用途	粒度范围/mm	上限允许被动范围/%	下限允许被动范围/%	允许最大粒度/mm
电炉	20~100	≤10	≤10	120
转炉	5~80	≤10	≤10	90
烧结	≤3	≤10	—	5

二、冶金石灰的采样、制样及分析方法

1. 冶金石灰的采样和制样方法

（1）取样　在成品输送皮带上或进入成品库前的卸料槽处按 GB/T 2007.1 的规定取样。

①样品量。连续出料生产时，每 2h 采取样品约 10kg；间歇出料生产时，每出一次料采取样品约 10kg。

②取样方法。用取样机、取样铲或铁锹均匀截取整个料流；每采取 10kg 样品，其截取次数不得少于 4 次。

③样品贮存。贮存样品的容器必须密闭、防潮、并置于干燥处。

（2）制样　将所抽取的份样合成大样，然后破碎至全部通过 40mm 筛，再按 GB/T 2007.2 有关规定制备样品。

2. 冶金石灰的分析方法

冶金石灰中氧化钙、氧化镁含量的测定按 GB/T 3286.1 的规定进行。

冶金石灰中二氧化硅的测定按 GB/T 3286.2 的规定进行。

冶金石灰中硫的测定按 GB/T 3286.7 的规定进行。

冶金石灰中灼烧减量的测定按 GB/T 3286.8 的规定进行。

冶金石灰中活性度的测定按 YB/T 105 的规定进行。

冶金石灰中粒度的测定按 GB/T 2007.7 的规定进行。

【任务实施】

工作任务

学习情境	任务目标	学习任务	任务实施方法
石灰品质分析	1. 掌握石灰成分的分析检测方法及原理 2. 查找相关资料制定石灰分析检测指标 3. 能正确操作、维护使用仪器设备 4. 能准确处理分析检测结果 5. 能准确分析石灰的品质，并能提出检测的优化建议	1. 了解冶金石灰的质量指标 2. 明确石灰成分的测定方法原理与操作方法 3. 正确操作使用检测仪器	任务驱动、引导实施、小组讨论、多媒体教学演示、讲解分析、总结、边学边做

 ## 任务 1　石灰中氧化钙、氧化镁含量的测定

任务描述 I

根据 HG/T 4205—2011 的规定，工业氧化钙中氧化钙含量的测定方法如下。

一、方法概要

氧化钙与蔗糖生成溶解度较大的蔗糖钙，以酚酞为指示剂，用盐酸标准滴定溶液滴定至无色为终点。

二、试剂与仪器

1. 试剂

① 蔗糖溶液：300g/L。称取 300g 蔗糖，溶于 1000mL 水中。加 1 滴酚酞指示液，使用前用氢氧化钠溶液（4g/L）滴至溶液呈微粉红色。

② 盐酸标准滴定溶液：$c(HCl) \approx 0.5mol/L$。

③ 酚酞指示液：10g/L。

④ 无二氧化碳水。

2. 仪器

磁力搅拌器。

三、分析步骤

称取约 $0.5g$ 试样，精确至 $0.0002g$，置于 $250mL$ 具塞锥形瓶中，加入 $50mL$ 无二氧化碳水，振摇使之混匀。加入 $50mL$ 蔗糖溶液，用磁力搅拌器搅拌 $15min$ 后，加入 $2\sim3$ 滴酚酞指示液，用盐酸标准滴定溶液滴定至无色，并保持 $30s$ 不返色。

同时做空白试验，除不加试样外，其他操作及加入的试剂量与试验溶液的完全相同，并与试样同样处理。

四、结果计算

氧化钙含量以氧化钙（CaO）的质量分数 w 计，以％表示，按式(6-1) 计算：

$$w = \frac{(V_1 - V_0)cM \times 10^{-3}}{m} \times 100 \tag{6-1}$$

式中，V_1 为滴定试验溶液所消耗的盐酸标准滴定溶液体积，mL；V_0 为滴定空白试验溶液所消耗的盐酸标准溶液体积，mL；c 为盐酸标准滴定溶液的准确浓度，mol/L；m 为试料质量，g；M 为氧化钙（1/2CaO）摩尔质量，$M=28.04g/mol$。

五、允许差

取平行测定结果的算术平均值为测定结果，两次平行测定结果的绝对差值不大于 0.3%。

任务描述 Ⅱ

根据 HG／T 4205—2011 中规定，分光光度法测定工业氧化钙中氧化镁的含量的测定方法如下。

一、方法概要

试样溶解后，在盐酸介质中，用原子吸收分光光度计于波长 $285.2nm$ 处，以标准加入法测定氧化镁含量。

二、试剂与仪器

1. 试剂

① 高氯酸。

② 盐酸溶液：$1+1$。

③ 氧化镁标准溶液：$1mL$ 溶液含氧化镁（MgO）$0.1mg$。称取 $0.100g$ 于 $800℃\pm50℃$ 灼烧至质量恒定的氧化镁，加少量水润湿试样，慢慢加入 $5mL$ 盐酸溶液中，溶解后全部转移至 $1000mL$ 容量瓶中，用水稀释至刻度，摇匀。

④ 氧化镁标准溶液：$1mL$ 溶液含氧化镁（MgO）$0.01mg$。用移液管移取 $10mL$ 上述氧化镁标准溶液，置于 $100mL$ 容量瓶中，加 $2mL$ 盐酸溶液用水稀释至刻度，摇匀。此溶液现用现配。

⑤ 二级水：符合 GB/T 6682—2008 的规定。

2. 仪器

原子吸收分光光度计（附有镁空心阴极灯）。

三、分析步骤

称取 0.2g 试样，精确至 0.0002g。置于烧杯中，以少量水润湿，盖上表面皿。加入 5mL 盐酸溶液、2mL 高氯酸，低温加热，蒸发冒白烟至近干，冷却。加入 5mL 盐酸溶液，低温加热溶解盐类，冷却，必要时过滤。将试液移入 250mL 容量瓶中，用水稀释至刻度，摇匀。

用移液管分别移取 2mL 试液，置于四只 100mL 容量瓶中，再分别移入 0.00mL、2.00mL、3.00mL、5.00mL 的 0.01mg/mL 氧化镁标准溶液，各加入 2mL 盐酸溶液，用水稀释至刻度，摇匀。在原子吸收分光光度计上，使用乙炔-空气火焰，于波长 285.2nm 处，以水调节零点，测定吸光度。

以试验溶液中加入氧化镁的浓度为横坐标，对应的吸光度为纵坐标，绘制工作曲线，曲线反向延长与横坐标相交处，即为试验溶液中氧化镁的浓度。

四、结果计算

氧化镁含量以氧化镁（MgO）的质量分数 w 计，以％表示，按式(6-2) 计算：

$$w = \frac{(\rho - \rho_0) \times 0.1 \times 10^{-3}}{m \times (2/250)} \times 100 \qquad (6\text{-}2)$$

式中，ρ 为从工作曲线上查出的试验溶液中氧化镁的含量，mg/L；ρ_0 为从工作曲线上查出的空白试验溶液中氧化镁的含量，mg/L；0.1 为测定吸光度时试验溶液体积，L；m 为试料质量，g。

五、允许差

取平行测定结果的算术平均值为测定结果，两次平行测定结果的绝对差值不大于 0.05％。

六、任务执行

1. 准备

（1）以小组为单位，综合考虑安全、实验室条件和实验方法的可行性，填写工作任务分配表（参考附录）。

（2）查阅参考书，完成下列有关工作任务的问题。

① 测定过程中有哪些安全注意事项？

② 本次测定采用的是哪一种分析方法，其原理是什么？

③ 列出氧化钙、氧化镁的计算公式。

2. 实施

（1）制订分析检验方案 以小组为单位，综合考虑安全、实验室条件和实验方法的可行性，制订相应的检测方案，并列出所需仪器和药品（参考附录）。

① 实验所需药品。

② 实验所需仪器。

③ 检测步骤。

（2）审核分析检验方案 各组将制定好的计划交教师审核，在教师指导下修改不合理的地方，批准后方可实施。

（3）分析检验项目的实施

① 各组根据实验室现有条件选择所用仪器，填写仪器使用情况登记表，各自洗净、备用。

② 按照领料单领取所需的化学药品和标准滴定溶液，分工配制指示剂和一般溶液，装入试剂瓶，贴好标签，备用。

③ 学生各自独立完成检验项目，填写原始数据记录及检验报告单。

④ 结果描述。

测定氧化钙、氧化镁含量原始数据记录表

溶液名称		测定人	
检测依据		审核人	
标准溶液及其浓度		检测日期	
水温/℃		指示剂	
温度校正系数			

	记录项目	第一份	第二份	第三份	备用
称量	$m_{领样前}/g$				
	$m_{领样后}/g$				
	$m_{待测物}/g$				
滴定管体积校正	滴定管初读数/mL				
	滴定管终读数/mL				
	实际滴定溶液体积/mL				
	温度校正值/mL				
	体积校正值/mL				
	实际体积/mL				
结果计算	计算公式				
	$w/\%$				
	平均值				
	绝对差值/%				
平行测定结果之差的绝对值		≤0.3%	本次测定结果是否符合要求		

（4）数据处理 将氧化钙、氧化镁含量测定结果填至下表中，并进行相关计算。

石灰中氧化钙、氧化镁含量测定分析结果报告单

来样单位			
采样日期		分析日期	
批号		批量	
执行标准			
检测项目	企业指标值		实测结果
氧化钙的含量			
氧化镁的含量			
检验结论			

七、总结与反馈

1. 总结反思

分组讨论检测过程中的操作要点和要注意的细节，并做汇报。

2. 考核细则（见附录）

 任务2   石灰灼烧减量的测定

任务描述

根据 GB/T 3286.8—2014 中的规定，冶金石灰中灼烧减量的测定方法如下。

一、方法概要

试料置于铂坩埚内，于高温炉中逐渐升温至（1050±50）℃，灼烧至恒量，其减少的质量即为灼烧减量。

二、仪器及样品的制备

1. 仪器

一般的实验室仪器、设备。

2. 样品的制备

① 按 GB/T 2007.2 制备试样。

② 试样应加工至粒度小于 0.125mm。

③ 冶金石灰试样的制备应迅速进行，制成后试样立即置于磨口瓶或塑料袋中密封，于干燥器中保存，分析前试样不进行干燥。

三、分析步骤

1. 测定次数

对同一试样，至少独立测定 2 次。

2. 试料量

称取 1.00g 试料，精确至 0.0001g。对冶金石灰试样，应快速称取试料。

3. 测定

① 将试料平铺于经 1050℃ 灼烧并称量的铂坩埚（包括铂盖）中。

② 将铂坩埚置于炉温低于 300℃ 的高温炉中，盖上铂盖，使铂坩埚与铂盖间留一间隙，将高温炉逐渐升温。当升温至 800～900℃ 时，开启炉门 2～3 次，每次约 1min。继续升温至（1050±50）℃，并在该温度下灼烧 60min。

③ 取出铂坩埚，盖上铂盖，稍冷。将铂坩埚和铂盖置于干燥器中，冷却至室温，迅速称量。

注：灼烧物主要成分为氧化钙、氧化镁，易吸收空气中水分和二氧化碳。称量时可将砝

码预置在天平盘上，再将铂坩埚置于天平盘上，盖上铂盖，迅速称量。

④ 将铂坩埚和铂盖再次置于高温炉中，于 (1050±50)℃灼烧 15min。以下按步骤③操作，直至前后两次称量差不超过 1.0mg。如重复灼烧后称得质量增加，则以称量增加之前最后一次称得的质量计算分析结果。

四、结果计算

$$w_{LOI} = \frac{m_1 - m_2}{m} \times 100 \tag{6-3}$$

式中，w_{LOI} 为灼烧减量的质量分数，%；m_1 为灼烧前试料和铂坩埚及铂盖的质量，g；m_2 为灼烧后试料和铂坩埚及铂盖的质量，g；m 为试料量，g。

五、允许差

冶金石灰样品的实验室内精密度用允许差见下表。冶金石灰不作实验室间允许差要求。

冶金石灰灼烧减量的允许差

灼烧减量的质量分数/%	实验室内允许差/%
≤5.00	0.2
>5	0.3

六、任务执行

1. 准备

（1）以小组为单位，综合考虑安全、实验室条件和实验方法的可行性，填写工作任务分配表（参考附录）。

（2）查阅参考书，完成下列有关工作任务的问题。

① 测定过程中有哪些安全注意事项？

② 石灰中灼烧减量测定的原理是什么？

③ 列出石灰中灼烧减量的计算公式。

2. 实施

（1）制订分析检验方案　以小组为单位，综合考虑安全、实验室条件和实验方法的可行性，制订相应的检测方案，并列出所需仪器（参考附录）。

① 实验所需仪器。

② 仪器的校验。

③ 分析步骤。

（2）审核分析检验方案　各组将制订好的计划交教师审核，在教师指导下修改不合理的地方，批准后方可实施。

（3）分析检验项目的实施

① 各组根据实验室现有条件选择所用仪器，填写仪器使用情况登记表，各自洗净、备用。

② 学生各自独立完成检验项目，填写原始数据记录表及检验报告单。

③ 结果描述。

灼烧减量测定原始数据记录表

样品名称		测定人	
样品编号		校核人	
检测依据		检测日期	
室温/℃		湿度	

记录项目	第一份	第二份
第一次恒重空坩埚的质量/g		
第二次恒重空坩埚的质量/g		
空坩埚的质量/g		
样品的质量/g		
第一次坩埚与残渣恒重的质量/g		
第二次坩埚与残渣恒重的质量/g		
坩埚与残渣恒重的质量/g		
灼烧减量 w_{LOI}/%		
平均值/%		
绝对差值/%		
平行测定结果 是否符合允许差要求	本次测定结果 是否符合要求	

（4）数据处理　将灼烧减量测定结果填至下表中，并进行相关计算。

石灰灼烧减量测定分析结果报告单

来样单位			
采样日期		分析日期	
批号		批量	
执行标准			
检测项目	企业指标值	实测结果	
灼烧减量			
检测结论			

七、总结与反馈

1. 总结反思

分组讨论检测过程中的操作要点和要注意的细节，并做汇报。

2. 考核细则（见附录）

任务3　石灰活性度的测定

任务描述

　　石灰活性度的测定按 YB/T 042 的规定执行。按石灰生产厂的日产量确定批量，将批量内取得的全部副样（或份样）合并成大样。将大样破碎至全部通过 22.4mm 筛孔，再按

GB／T 2007.2手工制样方法缩分，破碎至全部通过 10mm 筛孔。机械缩分法或四分缩分保留不低于 15kg；份样缩分法缩分保留量约 3.5kg。继续将试样破碎至全部通过 5mm 筛孔，再用 1mm 筛，筛去细粉，充分混合后用份样缩分法分出约 500g，贮存于写有标签的磨口瓶中备用。破碎试样时给料量不宜过大，应徐徐给入，使机内积存料不超过定颗板高度的 1／2；同时注意破碎机出料口尺寸不得调整，以免使破碎后的试样细粉过多。石灰活性度检验方法根据 YB／T 105—2014 中规定的测定方法如下。

一、方法概要

将一定量的试样水化，同时用一定浓度的盐酸，将石灰水化过程中产生的氢氧化钙中和。从加入石灰试样开始至试验结束，始终要在一定搅拌速度的状态下进行，并须随时保持水化中和过程中的等量点。准确记录恰好 10min 时盐酸的消耗量。以 10min 消耗盐酸的体积（mL）表示石灰的活性度。

二、试剂与仪器

1. 试剂

① 盐酸（4mol/L）。

② 酚酞指示剂（5g/L）：称取 0.5g 酚酞加入 50mL 乙醇溶解，加水稀释至 100mL。

2. 仪器

① 颚式破碎机 60mm×100mm。

② 分样筛 1mm 和 5mm 的圆孔筛。

③ 磨口瓶 500mL。

④ 扁棕刷 20mm。

⑤ 天平：最大称量大于 100g；感量不大于 0.1g。

⑥ 试样铲：长和宽不少于 30mm，帮高不低于 10mm。

⑦ 表面皿：直径 120mm。

⑧ 干燥器：直径 250mm。

⑨ 搅拌仪：功率不小于 100W；转速 250～300r/min；叶片厚度约 0.5mm，长 80mm，宽 25mm，叶片垂直通过并固定在直径约 6mm 的搅拌杆下端。叶片为"一"字形，距杯底 15mm，叶片两端与水平呈 90°角。

⑩ 烧杯：3000mL。

⑪ 量筒：2000mL。

⑫ 滴定管：500mL，最小刻度不大于 1mL。

⑬ 温度计：最高温度 100℃；刻度不大于 1℃。

⑭ 滴瓶：50mL。

⑮ 秒表（或定时钟）。

三、分析步骤

① 准确称取粒度为 1～5mm 的试样 50.0g，放于表面皿或其他不影响检验结果的容器

里，置于干燥器中备用。

② 量取稍高于 40℃ 的水 2000mL 于 3000mL 的烧杯中。开动搅拌仪，用温度计测量水温。

③ 待水温降到（40±1)℃时，加酚酞指示剂溶液 8～10 滴。将试样一次倒入水中消化，同时开始计算时间。

④ 当消化开始呈红色时，用 4mol/L 盐酸滴定，滴定并保持溶液到红色刚刚消失，待又出现红色时则继续滴入 4mol/L 盐酸。整个过程中都要保持溶液滴定至红色刚刚消失。记录恰好到第 10min 时消耗的 4mol/L 盐酸的体积。如果需要也可记录任何时间内消耗的盐酸体积。

四、允许差

活性度检验做平行试验，以两次测定结果的平均值报出。如果两个结果超出检验允许误差，试验作废，重新进行试验。试验结果按 GB/T 8170 规定修约至整数位。

同一试验室检验活性度的允许误差为试验结果的 4%。

五、任务执行

1. 准备

（1）以小组为单位，综合考虑安全、实验室条件和实验方法的可行性，填写工作任务分配表（参考附录）。

（2）查阅参考书，完成下列有关工作任务的问题。

① 石灰活性度的测定原理是什么？

② 颚式破碎机使用的注意事项是什么？

2. 实施

（1）制订分析检验方案　以小组为单位，综合考虑安全、实验室条件和实验方法的可行性，制订相应的检测方案，并列出所需仪器和药品（参考附录）。

① 实验所需药品。

② 实验所需仪器。

③ 检测步骤。

（2）审核分析检验方案　各组将制订好的计划交教师审核，在教师指导下修改不合理的地方，批准后方可实施。

（3）分析检验项目的实施

① 各组根据实验室现有条件选择所用仪器，填写仪器使用情况登记表，各自洗净、备用。

② 按照领料单领取所需的化学药品和标准滴定溶液，分工配制指示剂和一般溶液，装入试剂瓶，贴好标签，备用。

③ 学生各自独立完成检验项目，填写原始数据记录表及检验报告单。

④ 结果描述。

石灰活性度测量原始数据记录表

样品名称			测定人	
检测依据			审核人	
标准溶液及其浓度			检测日期	
水温/℃			指示剂	

记录项目			第一份	第二份	备用
$m_{(样品)}$/g					
搅拌时间/min					
滴定管	滴定管初读数/mL				
	滴定管终读数/mL				
	滴定管消耗溶液体积/mL				
	平均值				
	绝对差值/%				
标准规定平行测定结果绝对差值			≤4%	本次测定偏差	
本次测定偏差是否符合要求					

（4）数据处理　将石灰活性度含量测定结果填至下表中，并进行相关计算。

石灰活性度含量测定分析结果报告单

来样单位			
采样日期		分析日期	
批号		批量	
执行标准			
检测项目	企业指标值		实测结果
石灰活性度含量			
检测结论			

六、总结与反馈

1. 总结反思

分组讨论检测过程中的操作要点和要注意的细节，并做汇报。

2. 考核细则（见附录）

任务4　石灰粒度的测定

任务描述

　　根据 YB／T 105—2014 中规定的冶金石灰粒度的测定方法如下。

一、方法概要

　　试样按规定的筛网和操作方法进行粒度分级。检验结果采用各粒级质量的百分率表示。按 YB/T 042 的规定执行。石灰最大粒度大于 40mm 时，应适当增加取样份数或份样质量。

二、仪器

方孔筛：筛孔规格尺寸与尺寸偏差符合国家标准 GB/T 6003.2 规定。筛面尺寸约为 800mm×600mm；筛框帮高度约为 120mm；筛帮两端装有手柄。

盛样容器：用金属或其他不吸收水分的材料制造。

衡器：感量不大于 10g。

试样铲、盘、毛刷和笤帚等。

三、分析步骤

① 试样由大孔至小孔进行筛分，筛子距地面、钢板或接受盘高度不超过 200mm。

② 最大粒度大于 50mm 的试样，每次筛分给料量不大于 20kg。最大粒度小于或等于 50mm 的试样，每次筛分给料量不大于 10kg。

③ 给料时将试样均匀散布在系列筛中孔径最大的筛子上，将明显大于筛孔孔径的石灰块拣出放于一个备用的试样盘中。

④ 沿水平方向摇动筛子，摇动频率每分钟约为 30 次，摇动距离不超过 200mm，不能产生冲击力，以使石灰块能在筛面上滚动为准。

⑤ 筛上物合并于拣出的石灰块中。筛下石灰用同样方法，继续在选用的系列筛中较小一级的筛子上筛分。以下类推，直至筛分完毕。

⑥ 筛分终点按 GB/T 2007.7 的有关规定执行。

⑦ 把筛分石灰各级产物仔细称量并记录。

四、结果计算

将每级石灰样质量相加，总质量与原试样质量之差应在原试样质量的 1.5% 以内，否则试验作废。损失石灰计算在最小的一个级别内。

每个筛级试样的质量分数按式(6-4)计算：

$$w = (m_s/m_t) \times 100 \tag{6-4}$$

式中，w 为粒级质量分数，%；m_s 为该粒级质量，kg；m_t 为试样总质量，kg。

粒度检验报告计算到小数点后一位。小数点后第 2 位按 GB/T 8170 的规定进行修约。

五、任务执行

1. 准备

(1) 以小组为单位，综合考虑安全、实验室条件和实验方法的可行性，填写工作任务分配表（参考附录）。

(2) 查阅参考书，完成下列有关工作任务的问题。

① 筛分实验选用的是方孔筛还是圆孔筛？为什么？

② 每个筛级试样质量分数计算公式是什么？

2. 实施

(1) 制订分析检验方案

以小组为单位，综合考虑安全、实验室条件和实验方法的可行性，制订相应的检测方案，并列出所需仪器（参考附录）。

① 实验所需仪器。

② 检测步骤。

（2）审核分析检验方案　各组将制订好的计划交教师审核，在教师指导下修改不合理的地方，批准后方可实施。

（3）分析检验项目的实施

① 各组根据实验室现有条件选择所用仪器，填写仪器使用情况登记表，各自备用。

② 学生各自独立完成检验项目，填写原始数据记录及检验报告单。

③ 结果描述。

石灰粒度测定原始数据记录表

样品名称		测定人	
样品编号		校核人	
检测依据		检测日期	
筛孔尺寸/mm	质量/kg	质量分数/%	
总质量/kg			

（4）数据处理　将粒度测定结果填至下表中，并进行相关计算。

石灰粒度含量测定分析结果报告单

来样单位			
采样日期		分析日期	
批号		批量	
执行标准			
检测项目	企业指标值		实测结果
粒度含量			
检测结论			

六、总结与反馈

1. 总结反思

分组讨论检测过程中的操作要点和要注意的细节，并做汇报。

2. 考核细则（见附录）

 任务 5　石灰生过烧量的测定

任务描述

　　生烧简单来说就是石灰石在窑内没有完全分解，就从窑内卸了出来，因此，在石灰石粒度悬殊的情况下大块石灰石中心来不及分解，就会含有大量的生烧石灰。过烧指石灰石在窑内停留时间过长或温度过高，石灰石的结晶单元就逐渐排列得整齐起来，原来疏松多孔的石灰就变成坚硬的石灰，体积比原来缩小 43% 左右。

一、方法概要

煅烧适当的石灰，遇水迅速反应生成氢氧化钙，未消化的部分则为未煅烧完全的生灰或煅烧过度的老灰。

二、试剂与仪器

1. 试剂

1mol/L 的盐酸。

2. 仪器

① 方孔冲孔筛：粒径为 2mm、6mm 和 13mm 的筛子。

② 台秤、托盘、小桶。

③ 电热鼓风干燥箱。

三、分析步骤

从采取的破碎至 13mm 试样中缩分出有代表性样品 3kg 左右，破碎至 6mm 以下粒度，四分法缩取试样 1kg，放入小桶中，加入约 3000mL 20℃ 左右的水，不断搅动 1h 后，用 5mm 钢板筛过滤并用水冲洗，充分洗去灰浆，将未消化的颗粒放入磁盘中，置于 105～110℃ 电热鼓风干燥箱中干燥 60min，至恒重。冷却至室温后用 2mm 网筛筛去粉末，称量。

筛上物用 1mol/L 的盐酸检验，与盐酸发生反应产生气泡的为生烧，否则为过烧。

四、结果计算

生过烧率 w 以质量分数计，以％表示，按式(6-5) 计算：

$$w = m_1/m \times 100 \tag{6-5}$$

式中，m_1 为筛上物质量，g；m 为试样质量，g。

五、任务执行

1. 准备

（1）以小组为单位，综合考虑安全、实验室条件和实验方法的可行性，填写工作任务分配表（参考附录）。

（2）查阅参考书，完成下列有关工作任务的问题。

① 什么是生过烧？

② 石灰中生过烧量测定的原理是什么？

③ 列出石灰中生过烧率的计算公式。

2. 实施

（1）制订分析检验方案　以小组为单位，综合考虑安全、实验室条件和实验方法的可行性，制订相应的检测方案，并列出所需仪器和药品（参考附录）。

① 实验所需药品。

② 实验所需仪器。

③ 检测步骤。

（2）审核分析检验方案　各组将制订好的计划交教师审核，在教师指导下修改不合理的地方，批准后方可实施。

（3）分析检验项目的实施

① 各组根据实验室现有条件选择所用仪器，填写仪器使用情况登记表，各自洗净、备用。

② 按照领料单领取所需的化学药品和标准滴定溶液，分工配制指示剂和一般溶液，装入试剂瓶，贴好标签，备用。

③ 学生各自独立完成检验项目，填写原始记录及检验报告单。

④ 结果描述。

生过烧测定原始记录表

样品名称		测定人	
样品编号		校核人	
检测依据		检测日期	
室温/℃		湿度	
记录项目	第一份		第二份
空托盘的质量/g			
样品质量/g			
第一次托盘与筛上物恒重质量/g			
第二次托盘与筛上物恒重质量/g			
托盘与筛上物恒重质量/g			
生烧,过烧判断			
生过烧/%			
平均值/%			

（4）数据处理　将生过烧量测定结果填至下表中，并进行相关计算。

石灰生过烧量测定分析结果报告单

来样单位			
采样日期		分析日期	
批号		批量	
执行标准			
检测项目	企业指标值		实测结果
生过烧量			
检测结论			

六、总结与反馈

1. 总结反思

分组讨论检测过程中的操作要点和要注意的细节，并做汇报。

2. 考核细则（见附录）

【测试题】

一、填空题

1. 根据原料将冶金石灰分为_____与_____。

2. 石灰中氧化钙、氧化镁含量测定方法有_____、_____。

3. 使用分光光度法测定氧化镁含量所用盐酸溶液为_____。

4. 石灰活性度的测定中，以 10min 消耗盐酸的体积表示石灰的_____。

5. 筛上物与盐酸发生反应产生气泡的为_____，否则为_____。

二、选择题

1. 我国石灰活性度的测定采用（　　　）。

A. 盐酸滴定法　　　B. 温升法　　　　　C. pH 法　　　　　　D. 煅烧法

2. 在进行测定石灰块中活性度含量时，可能要用（　　　）试剂。

A. 盐酸　　　　　　B. 硝酸　　　　　　C. 硫酸　　　　　　D. 酚酞

3. 原材料控制指标中要求石灰生过烧（　　　）。

A. ≤10%　　　　　B. ≤5%　　　　　　C. ≤13%　　　　　D. ≤20%

4. 试样在 1000℃灼烧后所失去的重量就是灼烧减量。灼烧减量主要包括（　　　）。

A. 二氧化碳　　　B. 化合水　　　　C. 少量硫、氟、氯和有机质　　　D. 以上三种

5. 将石灰石、石灰试样放置于样品舟内，在高温炉内逐渐加热至（　　　）℃灼烧至恒重，其失重量即为灼烧减量。

A. 800±20　　　　B. 1000±20　　　　C. 900±20　　　　D. 1100±20

三、判断题

1. 石灰是一种以氧化钙为主要成分的气硬性无机胶凝材料。　　　　　　　　（　　　）

2. 生石灰粒度越细越好。　　　　　　　　　　　　　　　　　　　　　　（　　　）

3. 活性石灰的晶粒度小且比表面积小。　　　　　　　　　　　　　　　　（　　　）

4. 石灰生烧率高，说明石灰没有烧透，$CaCO_3$ 含量高，加入转炉后将延长化渣时间，而石灰过烧则说明石灰中 $CaCO_3$ 含量低。　　　　　　　　　　　　　　　　（　　　）

5. 当生石灰中过烧含量增加时，往往会导致烧结矿碱度降低。　　　　　　（　　　）

6. 测定石灰活性度的方法是测定在 40℃ 下，用 4mol/L 盐酸滴定 50g 石灰 10min 内消耗盐酸的体积。						（　）

7. 石灰的最主要技术指标是活性氧化钙和氧化镁含量。						（　）

四、思考题

1. 描述石灰成分的分析检测方法及原理。

2. 列出氧化钙和氧化镁含量的计算公式。

3. 简述蔗糖法与分光光度法的原理。

4. 简述什么是生过烧，石灰中生过烧测定的原理是什么。并列出石灰中生过烧率的计算公式。

5. 石灰活性度的测定原理是什么？

6. 颚式破碎机使用的注意事项是什么？

7. 石灰中灼烧减量测定的原理是什么？写出石灰中灼烧减量的计算公式。

8. 筛分实验选用的是方孔筛还是圆孔筛？为什么？每个筛级试样质量的百分率计算公式是什么？

学习任务七　工业碳酸钠分析

学习目标

任务说明

通过工业碳酸钠情境分析，能合理地对工业碳酸钠的各成分进行测定和分析，并能将分析结果与国标进行对比分析，最后判断产品质量等级。

知识目标

1. 掌握工业碳酸钠分析测定的方法与原理。
2. 了解工业碳酸钠的质量指标。
3. 掌握工业碳酸钠分析仪器的使用与维护。

技能目标

1. 具有对工业碳酸钠质量指标分析和检测的能力。
2. 具有正确操作、使用维护仪器设备的能力。
3. 能分析出工业碳酸钠不合格的原因，并能提出合理化的优化建议。

素养目标

1. 培养学生严谨、细致、认真的工作态度，团结协作的工作精神。
2. 培养学生环保意识、安全意识、经济意识。
3. 培养学生爱国之心、奉献精神、创新意识。

【任务准备】

一、工业碳酸钠概述

碳酸钠分子式：Na_2CO_3，分子量：105.99。

1. 物化性质

外观为白色粉末或细粒结晶，味涩。相对密度 d^{20} 为 2.532，熔点 851℃，比热容 1.042J/(g·℃)（20℃）。易溶于水，在 35.4℃时其溶解度最大，每 100g 水中可溶解 49.7g 碳酸钠（0℃时为 7.0g，100℃为 45.5g）。微溶于无水乙醇，不溶于丙醇。

2. 产品用途

绝大部分用于工业，一小部分为民用。在工业用纯碱中，主要是轻工、建材、化学工业，约占2/3；另一部分是冶金、纺织、石油、国防、医药及其他工业。玻璃工业是纯碱的最大消费部门，每吨玻璃消耗纯碱0.2t。

二、工业碳酸钠质量指标

工业碳酸钠根据用途分为两类：Ⅰ类为特种工业用重质碳酸钠。适用于制造显像管玻壳、光学玻璃等。Ⅱ类为一般工业用碳酸钠。包括轻质碳酸钠和重质碳酸钠。

外观：轻质碳酸钠为白色结晶粉末，重质碳酸钠为白色细小颗粒。

工业碳酸钠应符合表7-1所示的技术要求。

表 7-1　工业碳酸钠的技术要求

指标项目	Ⅰ类	Ⅱ类		
	优等品	优等品	一等品	合格品
总碱量(以干基的 Na_2CO_3 计)/%	≥99.4	≥99.2	≥98.8	≥98.0
总碱量(以湿基的 Na_2CO_3 计)[①]/%	≥98.1	≥97.9	≥97.5	≥96.7
氯化钠(以干基的 NaCl 计)/%	≤0.30	≤0.70	≤0.90	≤1.20
铁(Fe)(干基计)/%	≤0.003	≤0.0035	≤0.006	≤0.010
硫酸盐(以干基的 SO_4^{2-} 计)/%	≤0.03	≤0.03[②]		
水不溶物/%	≤0.02	≤0.03	≤0.10	≤0.15
堆积密度[③]/(g/mL)	≥0.85	≥0.90	≥0.90	≥0.90
粒度(180μm),筛余物/%	≥75.0	≥70.0	≥65.0	≥60.0
粒度(1.18mm),筛余物/%	≤2.0			

① 包装时含量，交货时产品中总碱量乘以交货产品的质量再除以交货清单上产品的质量之值不得低于此数值。

② 氨碱产品控制指标。

③ 重质碳酸钠控制指标。

【任务实施】

工作任务

学习情境	任务目标	学习任务	任务实施方法
纯碱分析与检测	1. 查找相关材料制定纯碱分析检测指标 2. 能正确操作、维护使用仪器设备 3. 能准确处理分析检测结果 4. 根据国标分析纯碱不合格的原因并能提出合理化的优化建议	1. 纯碱中碳酸氢钠的定性分析 2. 纯碱总碱度、氯化钠等含量的测定分析 3. 纯碱分析结果的表示和国标对比分析	任务驱动、引导实施、小组讨论、多媒体教学演示、讲解分析、总结、边学边做

任务 1　工业碳酸钠中总碱量的测定

任务描述

　　总碱量代表工业碳酸钠的主含量，是纯碱质量的关键指标。由于纯碱易潮解，因此国标中均把总碱量分为干基总碱量和湿基总碱量，湿基总碱量主要为生产厂家包装控制指标。具体测定方法如下。

一、方法概要

　　以溴甲酚绿-甲基红混合液为指示剂，用盐酸标准滴定溶液滴定总碱量。

二、试剂与仪器

1. 试剂

　　① 盐酸标准滴定溶液：约 1mol/L。量取 90mL 盐酸，注入 1000mL 水中，摇匀。再进行标定。

　　② 溴甲酚绿-甲基红混合指示液。

　　溶液Ⅰ：称取 0.1g 溴甲酚绿，溶于乙醇（95%），用乙醇（95%）稀释至 100mL。

　　溶液Ⅱ：称取 0.2g 甲基红，溶于乙醇（95%），用乙醇（95%）稀释至 100mL。

　　取 30mL 溶液Ⅰ，10mL 溶液Ⅱ，混匀。

2. 仪器

　　一般实验室仪器及碱式滴定管：50mL，分度值为 0.1mL。

三、分析步骤

1. 总碱量（湿基计）的测定

　　称取约 1.7g 试样，精确至 0.0002g。置于锥形瓶中，用 50mL 水溶解试料，加 10 滴溴甲酚绿-甲基红混合指示液，用盐酸标准滴定溶液滴定至试验溶液由绿色变为暗红色。煮沸 2min，冷却后继续滴定至暗红色。同时做空白试验。

2. 总碱量（干基计）的测定

　　称取约 1.7g 于 250～270℃下加热至恒重的试样，精确至 0.0002g。置于锥形瓶中，用 50mL 水溶解试料，加 10 滴溴甲酚绿-甲基红混合指示液，用盐酸标准滴定溶液滴定至试验溶液由绿色变为暗红色。煮沸 2min，冷却后继续滴定至暗红色。同时做空白试验。

四、结果计算

　　总碱量以碳酸钠（Na_2CO_3）的质量分数 w_1 计，以% 表示，按下式计算：

$$w_1 = \frac{c(V-V_0)M/2}{m \times 1000} \times 100 \tag{7-1}$$

式中　c——盐酸标准滴定溶液浓度，mol/L；

　　V——滴定消耗盐酸标准滴定溶液的体积，mL；

　　V_0——空白试验消耗盐酸标准滴定溶液的体积，mL；

　　m——试料的质量，g；

　　M——碳酸钠的摩尔质量，$M=105.99$g/mol。

五、允许差

取平行测定结果的算术平均值为最终测定结果。平行测定结果的绝对差值不大于0.2%。

六、任务执行

1. 准备

（1）以小组为单位，综合分析考虑实验室条件、检测方法、安全环保的可行性，明确分配任务。由组长填写完成任务分配表（详见附录）。

（2）查阅参考文献资料，完成实施前的任务问题。

① 查阅相关文献资料，初步了解工业碳酸钠的性状。

② 工业碳酸钠总碱度的测定方法是什么？描述其原理。

③ 分析检测过程中有哪些注意事项？

④ 选用的指示剂是什么？如何判断滴定终点？其依据是什么？说明原因。

⑤ 分析检测过程的数据应如何正确记录？

⑥ 工业碳酸钠总碱度应如何计算？

2. 实施

（1）制订分析检测方案　以小组为单位，综合分析考虑实验室条件、分析检测方法、安全环保的可行性，制订相应的检测方案，并列出所需仪器和药品（详见附录）。

① 检测所需药品。

② 检测所需仪器。

③ 检测步骤：

a. 制备标准滴定溶液；

b. 指示液的准备；

c. 取试样；

d. 试样中总碱度的测定。

（2）审核分析检测方案　各组将制订好的计划检测方案交指导教师审核，在教师指导下修改完善，批准后再实施。

（3）分析检测项目的实施

① 各组根据实验室现有条件选择所用仪器，填写仪器使用情况登记表，各自洗净、备用。

② 领取所需的化学药品和标准滴定溶液，装入试剂瓶，贴好标签，备用。

③ 学生各组独立完成检测项目，填写好原始数据记录表及检验报告单。盐酸标准滴定溶液标定原始记录表参考附录。

④ 对分析检测结果进行描述总结。

工业碳酸钠总碱度原始数据记录表

样品名称				测定人		
检测依据				校核人		
标准溶液及其浓度				检测日期		
水温/℃				指示剂		
温度校正系数						
记录			1	2	3	备用
试剂瓶	$m_{倾样前}$/g					
	$m_{倾样后}$/g					
	$m_{待测物}$/g					
滴定管	滴定管初读数/mL					
	滴定管终读数/mL					
	滴定消耗溶液体积/mL					
体积校正	温度校正值/mL					
	体积校正值/mL					
	实际体积/mL					
计算结果	计算公式					
	w/%					
	平均值					
	绝对差值/%					
标准规定平行测定结果的绝对差值		≤0.2%	本次测定结果是否符合要求			

定量分析结果：工业碳酸钠总碱度的含量为_____。

（4）数据处理　将总碱度的测定结果填至下表中，并进行相关计算。

工业碳酸钠总碱度测定分析结果报告单

来样单位				
采样日期		分析日期		
批号		批量		
执行标准				
检测项目	企业指标值		实测结果	
总碱度				
检测结论				

七、总结与反馈

1. 总结反思

分组讨论检测过程中的操作要点和要注意的细节，并做汇报。

2. 考核细则（见附录）

 ## 任务 2　工业碳酸钠中氯化物含量的测定

任务描述

　　Cl⁻ 是工业碳酸钠中的有害离子，根据 GB/T 3051—2000（《无机化工产品中氯化物含量测定的通用方法　汞量法》），其具体测定方法如下。

一、方法概要

　　在中性或弱碱性溶液中，以铬酸钾为指示剂，用硝酸银标准溶液滴定，溶液出现微砖红色沉淀为终点测定氯化物含量。

二、试剂与仪器

1. 试剂

　　所用试剂和水，在没有注明其他要求时指分析纯试剂和蒸馏水或相应纯度的水。硝酸银（$c_{AgNO_3}=0.05\text{mol/L}$），硫酸（1+17），甲基橙（1g/L），铬酸钾（100g/L），碳酸钙（固体粉末）。

2. 仪器

　　分析天平，烧杯（250mL）3 个，棕色酸式滴定管（50mL）1 支。

三、分析步骤

　　将试样充分混匀，称取 2.0g 试样置于 250mL 烧杯中，加入 15mL 水溶解，加 1 滴甲基橙指示剂，缓慢加入硫酸溶液，至溶液由黄色变为微红色。再加入少许碳酸钙中和至溶液的微红色褪去，加四滴铬酸钾指示剂。在充分摇动下，用硝酸银标准溶液滴定至溶液出现微砖红色。

四、数据处理

　　以质量分数表示的氯化物（以 NaCl 计）含量 w_2 以%表示，按下式计算。

$$w_2=cV\times0.05844\times100/m \tag{7-2}$$

式中　w_2——氯化物含量，%；

　　　　c——硝酸银标准溶液浓度，mol/L；

　　　　V——确定所消耗硝酸银标准溶液的体积，mL；

　　　　m——试样的质量，g；

　0.05844——与 1.00mL 硝酸银标准溶液（$c_{AgNO_3}=1.000\text{mol/L}$）相当的氯化钠的质量，g。

五、允许差

取平行测定结果的算术平均值为最终测定结果。平行测定结果的绝对差值不大于0.02%。

六、任务执行

1. 准备

（1）以小组为单位，综合分析考虑实验室条件、检测方法、安全环保的可行性，明确分配任务。由组长填写完成任务分配表（详见附录）。

（2）查阅参考文献资料，完成实施前的任务问题。

① 查阅相关文献资料，初步了解氯化物含量对工业碳酸钠的影响。

② 工业碳酸钠中氯化物含量的测定方法是什么？描述其原理。

③ 分析检测过程中有哪些注意事项？

④ 选用的指示剂是什么？如何判断滴定终点？其依据是什么？说明原因。

⑤ 分析检测过程的数据应如何正确记录？

⑥ 工业碳酸钠中氯化物的含量应如何计算？

2. 实施

（1）制订分析检测方案　以小组为单位，综合分析考虑实验室条件、分析检测方法、安全环保的可行性，制订相应的检测方案，并列出所需仪器和药品（详见附录）。

① 检测所需药品。

② 检测所需仪器。

③ 检测步骤：

a. 制备标准滴定溶液；

b. 指示液的准备；

c. 取试样；

d. 试样中氯化物含量的测定。

（2）审核分析检测方案　各组将制订好的计划检测方案交指导教师审核，在教师指导下修改完善，批准后再实施。

（3）分析检测项目的实施

① 各组根据实验室现有条件选择所用仪器，填写仪器使用情况登记表，各自洗净、备用。

② 领取所需的化学药品和标准滴定溶液，装入试剂瓶，贴好标签，备用。

③ 学生各组独立完成检测项目，填写好原始数据记录表及检验报告单。硝酸银标准滴定溶液标定原始记录表参考附录。

④ 对分析检测结果进行描述总结。

工业碳酸钠中氯化物含量测定的原始数据记录表

样品名称		测定人	
检测依据		校核人	
标准溶液及其浓度		检测日期	
水温/℃		指示剂	
温度校正系数			

	记录		1	2	3	备用
试剂瓶	$m_{领样前}$/g					
	$m_{领样后}$/g					
	$m_{待测物}$/g					
滴定管	滴定管初读数/mL					
	滴定管终读数/mL					
	滴定消耗溶液体积/mL					
体积校正	温度校正值/mL					
	体积校正值/mL					
	实际体积/mL					
计算结果	计算公式					
	w_2/%					
	平均值					
	绝对差值/%					
标准规定平行测定结果的绝对差值		≤0.02%		本次测定结果是否符合要求		

定量分析结果：工业碳酸钠氯化物的含量为_____。

（4）数据处理　将氯化物含量的测定结果填至下表中，并进行相关计算。

工业碳酸钠氯化物含量测定分析结果报告单

来样单位				
采样日期		分析日期		
批号		批量		
执行标准				
检测项目	企业指标值		实测结果	
氯化物含量				
检测结论				

七、总结与反馈

1. 总结反思

分组讨论检测过程中的操作要点和要注意的细节，并做汇报。

2. 考核细则（见附录）

任务3　工业碳酸钠中铁含量的测定

任务描述

铁含量是纯碱产品的一个重要质量指标，纺织、洗涤、高端玻璃等行业对纯碱的铁含量都有严格的要求。纯碱中铁含量的测定方法国内外标准都是采用邻菲啰啉分光光度法，国标中要求铁含量（以Fe计）≤0.035，但一般大的纯碱生产厂家都能控制在0.002%以下。具体测定方法如下。

一、方法概要

用抗坏血酸将试样中的三价铁离子还原成二价铁离子。在乙酸-乙酸钠缓冲体系中，二价铁离子与邻菲啰啉，生成橙红色络合物。在最大吸收波长（510nm）下用分光光度计测量其吸光度再从工作曲线中查出相应的百分含量。

二、试剂与仪器

1. 试剂

所用试剂和水，在没有注明其他要求时，均指分析纯试剂和蒸馏水或相应纯度的水；盐酸（GB 622—2006）：1+1 溶液；盐酸（GB 622—2006）：1+11 溶液；氨水（GB 631—2007）（1+7 溶液）；对硝基酚（GB 603—2002）（1g/L 溶液）；乙酸（GB 676—2007）-乙酸钠（GB 693—1996）缓冲溶液（pH 4.5）；称取 136g 乙酸钠溶于水并稀释至 1000mL 为 a 溶液；量取 120mL 冰乙酸稀释至 1000mL 为 b 溶液；取 a、b 两溶液以 1:1 的体积混合；抗坏血酸：20g/L 溶液，此溶液使用期为 10d，出现浑浊时溶液不能使用；邻菲啰啉：2g/L 溶液，当有颜色产生时不能使用；硫酸铁铵（GB 1279—2008）；铁标准溶液：1mL 含 Fe 0.100mg；无水碳酸钠（GB 639—2008、优级纯）。

2. 仪器

分析天平，烧杯（250mL）8 个，烧杯（100mL）3 个，容量瓶（100mL）12 个，容量瓶（250mL）4 个，棕色酸式滴定管（50mL）1 支，移液管（20mL）1 支，移液管（25mL）1 支，容量瓶（50mL）8 个，量筒（10mL）2 个，722 型分光光度计 1 台及配套比色皿（1cm 2 个，3cm 2 个），电炉子 1 台。

三、分析步骤

1. 工作曲线的绘制

（1）标准参比溶液的配制　分别称取 7 份 10g 无水碳酸钠（GB 639—2008、优级纯、称准至 0.01g），置于 250mL 烧杯中。加 10mL 水润湿，依次加入 0.00mL、1.00mL、2.00mL、4.00mL、6.00mL、8.00mL、10.00mL 铁标准溶液（1mL 含 Fe 0.100mg），1 滴对硝基酚指示剂缓慢加入盐酸溶液至明显黄色褪去，并过量滴加五滴煮沸 2～3min，冷却后，滴加（1+7）氨水使溶液又呈现明显黄色，再滴加（1+11）盐酸至明显黄色褪去，再过量滴加 1.0mL，将溶液移入 100mL 容量瓶中，用水稀释至刻度摇匀。

（2）显色　分别移取配制的标准参比液 20.00mL，各置于 50mL 容量瓶中，加 2.5mL 抗坏血酸溶液、10.0mL 乙酸-乙酸钠缓冲液和 5.0mL 邻菲啰啉溶液，用水稀释至刻度摇匀。

（3）吸光度的测定　使用分光光度计和 1cm 的比色皿。在 510nm 波长时以水为对照进行吸光度的测定。

（4）工作曲线的绘制　从测得的各个吸光度中减去试剂空白试验的吸光度，以铁含量为横坐标，以对应的吸光度为纵坐标，绘制工作曲线。

2. 测定

称取 10g 试样精确至 0.01g，置于烧杯中，加少量水润湿，滴加 35mL 盐酸溶液（1+1），煮沸 3～5min，冷却（必要时过滤），移入 250mL 容量瓶中，加水至刻度，摇匀。

用移液管移取 50mL（或 25mL）试验溶液，置于 100mL 烧杯中；另取 7mL（或 3.5mL）盐酸溶液（1+1）于另一烧杯中，用氨水（2+3）中和后，与试验溶液一并用氨水（1+9）和盐酸溶液（1+3）调节 pH 为 2（用精密 pH 试纸检验）。分别移入 100mL 容量瓶中，选用 3cm 吸收池，以水为参比，测定试验溶液和空白试验溶液的吸光度。

四、数据处理

以质量分数表示的铁（Fe）含量 w_3 按下式计算：

$$w_3 = (m_1 - m_0) \times 100 / [m \times (100 - w_0) \times 1000 / 100] \tag{7-3}$$
$$= 10(m_1 - m_0)[m \times (100 - w_0)]$$

式中　w_3——Fe 含量，%；

m_1——根据测得的试验溶液吸光度，从工作曲线上查出的铁的质量，mg；

m_0——根据测得的空白试验溶液吸光度，从工作曲线上查出的铁的质量，mg；

m——移取试验溶液中所含试料的质量，g；

w_0——烧失量，%。

五、允许差

取平行测定结果的算数平均值为测定结果。平行测定结果的绝对差值为：优等品、一等品不大于 0.0005%，合格品不大于 0.001%。

六、任务执行

1. 准备

（1）以小组为单位，综合分析考虑实验室条件、检测方法、安全环保的可行性，明确分配任务。由组长填写完成任务分配表（详见附录）。

（2）查阅参考文献资料，完成实施前的任务问题。

① 查阅相关文献资料，初步了解铁含量对工业碳酸钠的影响。

② 工业碳酸钠中铁含量的测定方法是什么？描述其原理。

③ 分析检测过程中有哪些注意事项？

④ 选用的指示剂是什么？如何判断滴定终点？其依据是什么？说明原因。

⑤ 分析检测过程的数据应如何正确记录？

⑥ 工业碳酸钠中铁的含量应如何计算？

2. 实施

（1）制订分析检测方案　以小组为单位，综合分析考虑实验室条件、分析检测方法、安全环保的可行性，制订相应的检测方案，并列出所需仪器和药品（详见附录）。

① 检测所需药品。

② 检测所需仪器。

③ 检测步骤：

a. 制备缓冲溶液；

b. 指示液的准备；

c. 取试样；

d. 试样中铁含量的测定。

（2）审核分析检测方案　各组将制订好的计划检测方案交指导教师审核，在教师指导下修改完善，批准后再实施。

（3）分析检测项目的实施

① 各组根据实验室现有条件选择所用仪器，填写仪器使用情况登记表，各自洗净、备用。

② 领取所需的化学药品和标准滴定溶液，装入试剂瓶，贴好标签，备用。

③ 学生各组独立完成检测项目，填写好原始数据记录表及检验报告单。

④ 对分析检测结果进行描述总结。

不同波长条件下铁标准溶液的吸光度值

样品名称		测定人	
样品编号		校核人	
检测依据		检测日期	
λ/nm			
A			
λ/nm			
A			

铁标准溶液的最大吸收波长为＿＿＿＿＿＿。

标准溶液的配制

标准贮备溶液浓度：＿＿＿＿＿＿；标准溶液浓度＿＿＿＿＿＿

稀释次数	吸取体积/mL	稀释后体积/mL	稀释倍数
1			
2			
3			
4			
5			

铁含量标准曲线的绘制

测量波长：＿＿＿＿＿＿＿＿；标准溶液浓度＿＿＿＿＿＿＿＿；

吸收池配套性检查：$A_1 = 0.000$；$A_2 = $＿＿＿＿＿＿＿＿。

最大吸收波长条件下不同浓度铁标准溶液的吸光度

样品名称		测定人	
样品编号		校核人	
检测依据		检测日期	
溶液代号	吸取标准溶液体积/mL	$\rho/(\mu g/mL)$	
1			
2			
3			
4			
5			

样品名称		测定人	
样品编号		校核人	
检测依据		检测日期	
室温/℃		湿度	
盐酸溶液序号		1	2
盐酸质量/g			
吸光度 A			
对应标准曲线查得的质量/μg			
样品中铁含量/%			
算术平均值			
平行测定结果之差的绝对值	优等品：≤0.0005%	本次测定结果是否符合要求	
	合格品：≤0.001%		

定量分析结果：工业碳酸钠中铁的含量为_____。

（4）数据处理　将铁含量测定结果填至下表中，并进行相关计算。

铁含量测定分析结果报告单

来样单位			
采样日期		分析日期	
批号		批量	
执行标准			
检测项目	企业指标值		实测结果
铁含量			
检验结论			

七、总结与反馈

1. 总结反思

分组讨论检测过程中的操作要点和要注意的细节，并做汇报。

2. 考核细则（见附录）

任务4　硫酸盐含量的测定

任务描述

　　碳酸钠作为一种重要的化工原料被广泛应用，其中硫酸盐的含量是其重要的控制指标，越来越多的大企业生产的碳酸钠，对其质量的要求也越严格。因此对工业碳酸钠中硫酸盐含量的检测是很有必要的。具体测定方法如下。

一、方法概要

　　本方法参照采用国际标准 ISO 743—1976《工业用碳酸钠-硫酸盐含量的测定　硫酸钡重

量法》。溶解试样并分离不溶物，在稀盐酸介质中使硫酸盐沉淀为硫酸钡，将得到的沉淀进行分离，在（800±25）℃下灼烧后称量。

二、试剂与仪器

1. 试剂

盐酸溶液（GB 622—2006、1+1），氨水（GB 631—2007），氯化钡溶液（GB/T 652—2003、100g/L），硝酸银溶液（GB 670—2007、5g/L）。用少量水溶解0.5g硝酸银，加20mL硝酸溶液（1+1），用水稀释至100mL，摇匀。甲基橙指示液（GB 603—2002、1g/L）。

2. 仪器

分析天平，烧杯（250mL）6个，玻璃棒3根，定量滤纸，漏斗，量筒（10mL）2个，量筒（50mL）1个，电炉子1台，瓷坩埚，坩埚钳，高温炉1台。

三、分析步骤

称取约20g试样，精确至0.01g，置于烧杯中，加50mL水，搅拌，滴加70mL盐酸溶液中和试料并使之酸化，用中速定量滤纸过滤。滤液和洗液收集于烧杯中，控制试验溶液体积约250mL。滴加3滴甲基橙指示液，用氨水中和后再加6mL盐酸溶液酸化，煮沸，在不断搅拌下滴加25mL氯化钡溶液（约90s加完），在不断搅拌下继续煮沸2min。在沸水浴上放置2h，停止加热，静置4h，用慢速定量滤纸过滤，用热水洗涤沉淀直到取10mL滤液与1mL硝酸银溶液混合，5min后仍保持透明为止。

将滤纸连同沉淀移入预先在（800±25）℃下恒重的瓷坩埚中，灰化后移入高温炉内，于（800±25）℃下灼烧至恒重。

四、数据处理

以质量分数表示的硫酸盐（以 SO_4^{2-} 计）含量 w_4 按下式计算：

$$w_4 = m_1 \times 0.4116 \times 100 / [m \times (100 - w_0)/100] \tag{7-4}$$
$$= 4116 m_1 / [m \times (100 - w_0)]$$

式中　w_4——硫酸盐含量，%；

　　　m_1——灼烧后硫酸钡的质量，g；

　　　m——试料的质量，g；

　0.4116——硫酸钡换算为硫酸根的系数。

五、允许差

取平行测定结果的算术平均值为测定结果，平行测定结果的绝对差值不大于0.006%。

六、任务执行

1. 准备

（1）以小组为单位，综合分析考虑实验室条件、检测方法、安全环保的可行性，明确分配任务。由组长填写完成任务分配表（详见附录）。

（2）查阅参考文献资料，完成实施前的任务问题。

① 查阅相关文献资料，初步了解硫酸盐含量对工业碳酸钠的影响。

② 工业碳酸钠中硫酸盐含量的测定方法是什么？描述其原理。

③ 分析检测过程中有哪些注意事项？

④ 分析检测过程的数据应如何正确记录？

⑤ 工业碳酸钠中硫酸盐的含量应如何计算？

2. 实施

（1）制订分析检测方案　以小组为单位，综合分析考虑实验室条件、分析检测方法、安全环保的可行性，制订相应的检测方案，并列出所需仪器和药品（详见附录）。

① 检测所需药品。

② 检测所需仪器。

③ 检测步骤：

a. 指示液的准备；

b. 取试样；

c. 试样中硫酸盐含量的测定。

（2）审核分析检测方案　各组将制订好的计划检测方案交指导教师审核，在教师指导下修改完善，批准后再实施。

（3）分析检测项目的实施

① 各组根据实验室现有条件选择所用仪器，填写仪器使用情况登记表，各自洗净、备用。

② 领取所需的化学药品和标准滴定溶液，装入试剂瓶，贴好标签，备用。

③ 学生各组独立完成检测项目，填写好原始数据记录表及检验报告单。

④ 对分析检测结果进行描述总结。

工业碳酸钠中硫酸盐含量测定的原始数据记录表

样品名称			测定人	
检测依据			校核人	
标准溶液及其浓度			检测日期	
水温/℃			指示剂	
温度校正系数				

	记录		1	2	3	备用
试剂瓶	$m_{领样前}$/g					
	$m_{领样后}$/g					
	$m_{待测物}$/g					
滴定管	滴定管初读数/mL					
	滴定管终读数/mL					
	滴定消耗溶液体积/mL					
体积校正	温度校正值/mL					
	体积校正值/mL					
	实际体积/mL					

记录			1	2	3	备用
计算结果		计算公式				
		$w_4/\%$				
		平均值				
		绝对差值/%				
标准规定平行测定结果的绝对差值		≤0.0006%	本次测定结果是否符合要求			

定量分析结果：工业碳酸钠硫酸盐的含量为_____。

（4）数据处理　将硫酸盐含量的测定结果填至下表中，并进行相关计算。

工业碳酸钠硫酸盐含量测定分析结果报告单

来样单位				
采样日期		分析日期		
批号		批量		
执行标准				
检测项目		企业指标值		实测结果
硫酸盐含量				
检测结论				

七、总结与反馈

1. 总结反思

分组讨论检测过程中的操作要点和要注意的细节，并做汇报。

2. 考核细则（见附录）

任务5　水不溶物含量的测定

任务描述

　　工业碳酸钠中的水不溶物的含量直接影响碳酸钠的质量，水不溶物含量的测定也是工业碳酸钠衡量质量指标的一个关键因素。根据 GB/T 210—2022，工业碳酸钠中水不溶物的测定方法为酸洗石棉古氏坩埚法（仲裁法）。

一、方法概要

　　试样溶于 40℃ 的水中，将不溶物经过滤、洗涤、干燥后称量。

二、试剂与仪器

1. 试剂

　　① 酚酞指示液：10g/L。

　　② 酸洗石棉：取适量酸洗石棉置于烧杯中，浸泡于盐酸溶液（1＋3）中，煮沸 30min，用布氏漏斗过滤并用水洗至中性。再用无水碳酸钠溶液（100g/L）浸泡并煮沸 20min，用布氏漏斗过滤，用水洗至中性，并用酚酞指示液进行检验，置于烧杯中加水调成糊状，备用。

2. 仪器

① 古氏坩埚：容量 30mL。

② 电热恒温干燥箱：温度能控制在 (110±5)℃。

三、分析步骤

1. 古氏坩埚的制备

将古氏坩埚置于抽滤瓶上，在筛板上下各均匀铺一层酸洗石棉，边抽滤边用平头玻璃棒压紧，每层厚约 3mm。用 (50±5)℃ 水洗涤至滤液中不含石棉纤维。将古氏坩埚置于电热恒温干燥箱中，于 (110±5)℃ 下烘干后称重。重复洗涤、干燥步骤至质量恒定。

2. 试验

称取 20~40g 试样，精确至 0.01g，置于烧杯中，加入 200~400mL 约 40℃ 的水使试样溶解，保持溶液温度在 (50±5)℃。用已恒重的古氏坩埚过滤，用 (50±5)℃ 的水洗涤不溶物，直至在 20mL 洗涤液与 20mL 水中加 2 滴酚酞指示液后所呈现的颜色一致为止。取下古氏坩埚置于 (110±5)℃ 电热恒温干燥箱中干燥至质量恒定。

四、数据处理

水不溶物以质量分数 w_5 计，以％表示，按下式计算：

$$w_5 = \frac{m_4 - m_5}{m \times (1 - w_0)} \times 100 \tag{7-5}$$

式中　w_5——水不溶物的含量，％；

　　　m_4——干燥的古氏坩埚和水不溶物质量，g；

　　　m_5——干燥的古氏坩埚的质量，g；

　　　m——试样的质量，g；

　　　w_0——烧失量，％。

五、允许差

取平行测定结果的算数平均值为测定结果，平行测定结果的绝对差值为：优等品、一等品不大于 0.006％，合格品不大于 0.008％。

六、任务执行

1. 准备

（1）以小组为单位，综合分析考虑实验室条件、检测方法、安全环保的可行性，明确分配任务。由组长填写完成任务分配表（详见附录）。

（2）查阅参考文献资料，完成实施前的任务问题。

① 查阅相关文献资料，初步了解水不溶物对工业碳酸钠的影响。

② 工业碳酸钠中水不溶物含量的测定方法是什么？描述其原理。

③ 分析检测过程中有哪些注意事项？

④ 分析检测过程的数据应如何正确记录？

⑤ 工业碳酸钠中水不溶物的含量应如何计算？

2. 实施

（1）制订分析检测方案　以小组为单位，综合分析考虑实验室条件、分析检测方法、安全环保的可行性，制订相应的检测方案，并列出所需仪器和药品（详见附录）。

① 检测所需药品。

② 检测所需仪器。

③ 检测步骤：

a. 指示液的准备；

b. 取试样；

c. 试样中水不溶物含量的测定。

（2）审核分析检测方案　各组将制订好的计划检测方案交指导教师审核，在教师指导下修改完善，批准后再实施。

（3）分析检测项目的实施

① 各组根据实验室现有条件选择所用仪器，填写仪器使用情况登记表，各自洗净、备用。

② 领取所需的化学药品和标准滴定溶液，装入试剂瓶，贴好标签，备用。

③ 学生各组独立完成检测项目，填写好原始数据记录表及检验报告单。

④ 对分析检测结果进行描述总结。

工业碳酸钠中水不溶物含量测定的原始数据记录表

样品名称			测定人	
检测依据			校核人	
标准溶液及其浓度			检测日期	
水温/℃			指示剂	
温度校正系数				

	记录		1	2	3	备用
试剂瓶	$m_{领样前}$/g					
	$m_{领样后}$/g					
	$m_{待测物}$/g					
计算结果	计算公式					
	w_5/%					
	平均值					
	绝对差值/%					
标准规定平行测定结果的绝对差值	优等品：≤0.0065		本次测定结果是否符合要求			
	合格品：≤0.0085					

定量分析结果：工业碳酸钠水不溶物的含量为　　　　　　　　。

（4）数据处理　将水不溶物含量的测定结果填至下表中，并进行相关计算。

工业碳酸钠中水不溶物含量测定分析结果报告单

来样单位			
采样日期		分析日期	
批号		批量	
执行标准			
检测项目	企业指标值		实测结果
水不溶物含量			
检测结论			

七、总结与反馈

1. 总结反思

分组讨论检测过程中的操作要点和要注意的细节，并做汇报。

2. 考核细则（见附录）

 # 任务6　烧失量的测定

任务描述

烧失量（loss on ignition，缩写为 LOI），是指于 105～110℃温度范围内烘干失去外在水分的原料，在一定的高温条件下灼烧足够长的时间后失去的质量与原始样品质量的比值。碳酸钠是重要的化工原料，对其烧失量的分析有特殊意义。通过 LOI 的测量，可以判断碳酸钠作为原料在使用时是否需要预先对其进行煅烧，使碳酸钠原料组成更加稳定。按照化学分析所得到的成分，可以判断碳酸钠原料的纯度，大致计算出其耐火性能，借助有关相图也可大致计算出其矿物组成。其烧失量测定的具体方法参照 GB/T 210—2022《工业碳酸钠》之规定。

一、方法概要

试料在 270～300℃下加热至恒重，加热时失去游离水分和由碳酸氢钠分解的水和二氧化碳，计算灼烧减量。

二、仪器

① 称量瓶：ϕ30mm×25mm。或瓷坩埚，容量为 30mL。
② 电热恒温干燥箱或高温炉：温度能控制在 270～300℃。

三、分析步骤

称取约 2g 试样，精确至 0.0002g，置于预先于 270～300℃下加热至质量恒定的称量瓶或瓷坩埚中，放入电热恒温干燥箱或高温炉内，于 270～300℃下加热至质量恒定。

四、数据处理

灼烧减量以质量分数 w_6 计，以％表示，按下式计算：

$$w_6 = \frac{m_8 - m_9}{m} \times 100 \tag{7-6}$$

式中　w_6——烧失量，％；

m_8——试料和称量瓶（或瓷坩埚）质量，g；

m_9——干燥的试料和称量瓶（瓷坩埚）质量，g；

m——试料的质量，g。

五、允许差

取平行测定结果的算术平均值为测定结果，平行测定结果的绝对差值不应大于 0.04%。

六、任务执行

1. 准备

（1）以小组为单位，综合分析考虑实验室条件、检测方法、安全环保的可行性，明确分配任务。由组长填写完成任务分配表（详见附录）。

（2）查阅参考文献资料，完成实施前的任务问题。

① 查阅相关文献资料，初步了解烧失量对工业碳酸钠的影响。

② 工业碳酸钠中烧失量的测定方法是什么？描述其原理。

③ 分析检测过程中有哪些注意事项？

④ 分析检测过程的数据应如何正确记录？

⑤ 工业碳酸钠中烧失量应如何计算？

2. 实施

（1）制订分析检测方案　以小组为单位，综合分析考虑实验室条件、分析检测方法、安全环保的可行性，制订相应的检测方案，并列出所需仪器和药品（详见附录）。

① 检测所需药品。

② 检测所需仪器。

③ 检测步骤：

a. 取试样；

b. 试样中烧失量的测定。

（2）审核分析检测方案　各组将制订好的计划检测方案交指导教师审核，在教师指导下修改完善，批准后再实施。

（3）分析检测项目的实施

① 各组根据实验室现有条件选择所用仪器，填写仪器使用情况登记表，各自洗净、备用。

② 领取所需的化学药品，装入试剂瓶，贴好标签，备用。

③ 学生各组独立完成检测项目，填写好原始数据记录表及检验报告单。

④ 对分析检测结果进行描述总结。

工业碳酸钠中烧失量测定的原始数据记录表

样品名称			测定人			
检测依据			校核人			
检测日期						
记录			1	2	3	备用
称量瓶	$m_{领样前}$/g					
	$m_{领样后}$/g					
	$m_{待测物}$/g					

记录			1	2	3	备用
计算结果		计算公式				
		$w_6/\%$				
		平均值				
		绝对差值/%				
标准规定平行测定结果的绝对差值		≤0.04%	本次测定结果是否符合要求			

定量分析结果：工业碳酸钠中烧失量为_____。

（4）数据处理　将烧失量的测定结果填至下表中，并进行相关计算。

工业碳酸钠中烧失量测定分析结果报告单

采样单位			
采样日期		分析日期	
批号		批量	
执行标准			
检测项目	企业指标值		实测结果
烧失量			
检测结论			

七、总结与反馈

1. 总结反思

分组讨论检测过程中的操作要点和要注意的细节，并做汇报。

2. 考核细则（见附录）

素养拓展

侯德榜与侯氏制碱法

侯德榜（1890 年 8 月 9 日～1974 年 8 月 26 日），男，名启荣，字致本，生于福建闽侯，著名科学家，杰出化学家，侯氏制碱法的创始人，中国重化学工业的开拓者。近代化学工业的奠基人之一，是世界制碱业的权威。

由于学习成绩优异，侯德榜被接纳为美国 Sigma Xi 科学会会员和美国 Phi. Lambda Upsilon 化学会会员。侯德榜的博士论文《铁盐鞣革》，围绕铁盐的特性以大量数据深入阐述了铁盐鞣制品易出现不耐温、粗糙、粒面发脆、易腐、易吸潮和起盐斑等缺点的主要原因和对策，很有创见。1921 年，刚在美国获得博士学位的侯德榜，受到爱国实业家范旭东的邀请，离美回国，负责中国第一个纯碱厂——永利碱厂的技术工作。永利碱厂建于天津，是中国创建最早的制碱厂，开创了中国化学工业的先河。1926 年 6 月 29 日，永利碱厂成功制造出"红三角"牌纯碱。1926 年 8 月，中国永利制造的"红三角"牌纯碱，在美国费城万国博览会上荣获金质奖章，得到"中国近代工业进步的象征"的评语，不仅满足了国内市场需要，还打入了国际市场。1933 年，美国化学会破例接受中国学者的著作，将侯德榜的《纯碱制造》列为化学会丛书第 65 卷，在纽约出版发行。这本书的出版，打破索尔维集团 70 多年对制碱技术的垄断，使制碱技术成为全人类的共同财富，引起世界科技界的巨大反响。

抗日战争爆发后，1937 年年底，侯德榜带领技术人员被迫西迁重庆。由于当时内地盐价昂贵，用传统的索尔维法制碱成本太高，无法维持生产。永利碱厂决定向德国购买盐的利用率可高达 90％～95％的察安制碱法，但当时的纳粹德国与日本暗中勾结，除了向侯德榜一行索要高价外，还提出有损中国主权的苛刻条件。为了维护民族尊严，范旭东与侯德榜拂袖而去，毅然决定"自己干"。侯德榜率领科研团队历经 500 次试验，将制碱工业与合成氨工业紧密结合，终于在 1943 年，率先在实验室完成了连续生产纯碱和氯化铵的联合制碱工艺，发明了全新的制碱法，后来被命名为"侯氏制碱法"。这项新工艺使盐的利用率达到 98％以上，不仅节省了设备及辅助原料的 1/3，而且解决了废液占地毁田、污染环境的问题，将世界制碱技术水平推向了一个新高度，赢得了国际化工界极高评价。1953 年，"侯氏制碱法"获得新中国第一号发明专利证书。

以侯德榜与侯氏制碱法为主题的邮票

【测试题】

一、填空题

1. 工业碳酸钠易溶于＿＿＿＿＿＿＿，微溶于＿＿＿＿＿＿＿＿，不溶于＿＿＿＿＿＿＿。

2. 工业碳酸钠根据用途分为＿＿＿＿＿＿＿＿＿＿＿＿＿和＿＿＿＿＿＿＿＿＿＿＿＿。

3. 工业碳酸钠的主含量，主要指＿＿＿＿＿＿＿＿＿＿＿。

4. 国标中，将总碱量分为＿＿＿＿＿＿＿＿＿＿＿和＿＿＿＿＿＿＿＿＿。

5. 工业碳酸钠的总碱量，主要用＿＿＿＿＿＿＿＿＿＿＿＿滴定，以＿＿＿＿＿＿＿＿＿＿＿＿作为指示剂。

6. 总碱量以碳酸钠的＿＿＿＿＿＿＿＿＿＿＿计。

7. 工业碳酸钠中的有害离子是＿＿＿＿＿＿＿＿＿＿。

8. 工业碳酸钠中的三价铁离子用＿＿＿＿＿＿＿＿＿还原为二价铁离子。

二、思考题

1. 简述工业碳酸钠的主要应用领域。

2. 工业碳酸钠的技术指标主要考虑哪些指标？

3. 总碱量测定过程中，是如何判定滴定终点的？

4. 汞量法测定工业碳酸钠中氯化物含量的原理是什么？

5. 硫酸钡重量法测定硫酸盐含量的原理是什么？

6. 工业碳酸钠中的水不溶物主要指哪些物质？

7. 何谓烧失量？

学习任务八　石灰石分析

学习目标

任务说明

石灰石的主要成分碳酸钙（$CaCO_3$），可大量用于建筑材料、工业原料。常呈偏三角面体及菱面体，浅灰色或青灰色致密块状、粒状、结核状及多孔结构状。石灰石与所有的强酸都发生反应，生成钙盐和放出二氧化碳，反应速度取决于石灰石所含杂质及它们的晶体大小，杂质含量越高、晶体越大，反应速度越小。

本任务主要对石灰石中碳酸钙和氧化镁的含量、二氧化硅含量、氧化铝含量、氧化铁含量进行测定。

知识目标

1. 了解石灰石质量指标、采样及检验规则。

2. 掌握石灰石中碳酸钙和氧化镁、二氧化硅、氧化铝、氧化铁含量的测定方法和原理。

3. 掌握实验室仪器、设备的使用。

技能目标

1. 能正确熟练地使用与维护石灰石分析检测仪器。

2. 能熟练正确地分析测定石灰石中碳酸钙和氧化镁、二氧化硅、氧化铝、氧化铁含量。

3. 具有准确处理检测结果的能力。

素养目标

1. 培养学生严谨、细致、认真的工作态度，团结协作的工作精神。

2. 培养学生环保意识、安全意识、经济意识。

3. 培养学生爱国之心、奉献精神、创新意识。

【任务准备】

一、石灰石质量指标

1. 纯碱用石灰石的质量标准

纯碱用石灰石的质量技术指标主要指的是碳酸钙的含量，碳酸钙含量越高，其品质越好。纯碱用石灰石应符合表 8-1 技术要求。

表 8-1　纯碱用石灰石技术要求

项目	指标		
	优等品	一等品	合格品
碳酸钙($CaCO_3$)质量分数/%　≥	96	92	88
碳酸镁($MgCO_3$)质量分数/%　≤	3.0	5.0	6.0
三氧化二物(R_2O_3)＋盐酸不溶物质量分数/%　≤	3.0	4.0	6.0

注：矿石粒度由供需双方协议确定。

2. 电石用石灰石的质量标准

电石用石灰石的质量技术主标主要指的是氧化钙的含量，氧化钙含量相对越高，品质越好。电石用石灰石应符合表 8-2 技术要求。

表 8-2　电石用石灰石技术要求

项目	指标		
	优等品	一等品	合格品
氧化钙(CaO)质量分数/%　≥	54.5	53.8	53.0
氧化镁(MgO)质量分数/%　≤	1.0		1.2
三氧化二物(R_2O_3)质量分数/%　≤	1.0		
盐酸不溶物质量分数/%　≤	1.0	1.2	1.5
硫(S)质量分数/%　≤	0.1		
磷(P)质量分数/%　≤	0.06		

注：1. 矿石粒度由供需双方协议确定。

2. 在产品正常条件下，硫、磷含量每季度抽检一次。

二、石灰石采样、样品制备方法及分析要求

根据 GB/T 15057.1—94《化工用石灰石采样与样品制备方法》中的有关规定，现将方法总结如下。

1. 采样

（1）矿堆采样　采样点应离顶部、底部不小于 0.3cm，离表面不小于 0.2cm，同批采取的各点份样量应相近似。

① 小于 1000t 矿石。采样量不小于十万分之一。行距和点距不大于 2.5cm，均匀地分布于矿堆表面，在行距与点距的交叉点上采取份样。

② 大于 1000t 矿石。采样量不小于十万分之一。行距与点距不大于 3.5m，均匀地分布于矿堆表面，在行距与点距的交叉点上采取份样。

（2）汽车、火车采样　同批采取的各点份样量应相近似。

① 一个车厢为一个采样单元。由每批矿石的车厢数选取的最少采样单元数按表 8-3 处理。选取的采样单元应与总的车厢数随机地分布。

表 8-3　选取采样单元数的规定

总体物料的单元数	选取的单元数	总体物料的单元数	选取的单元数
1～10	全部单元	182～216	18
11～49	11	217～254	19
50～64	12	255～296	20
65～81	13	297～343	21
82～101	14	344～394	22
102～125	15	395～450	23
126～151	16	451～512	24
152～181	17		

② 采样点应离车壁、底部不小于 0.3m，离表面不小于 0.2cm。

③ 汽车车厢按图 8-1 由 5 点采取份样，火车车厢 30t 按图 8-2 由 8 点采取份样，50t 或 60t 按图 8-3 由 11 点采取份样。

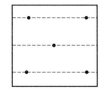　　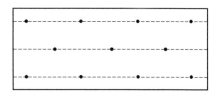

图 8-1　5 点采样　　　　图 8-2　8 点采样　　　　图 8-3　11 点采样

（3）船舶采样　采样点应离船壁不小于 0.3m，离表面不小于 0.2m，同批采取的各点份样量应相近似。

① 小于 1000t 船舶。采样量不小于十万分之二。行距与点距大于 1.5m，均匀地分布于船舱矿石表面，在行距与点距的交叉点上采取份样。

② 大于 1000t 船舶。采样量不小于十万分之一。行距与点距不大于 2.0m，均匀地分布于船舱矿石表面，在行距与点距的交叉点上采取份样。

（4）皮带运输机采样　同批采取的份样量应相近似。

① 每小时采样一次，采取量为每小时皮带运输机通过量的十万分之二。

② 采样位置可在皮带运输机的任一段进行，每次随机地在皮带运输机横截面上连续采取三点份样。

③ 不足 4h 运输量的矿石，由皮带运输机横截面的采样次数不少于 6 次；不足 2h 运输量的矿石，不少于 4 次。

2. 样品制备

① 按批混合各份样则为该批的样品。

② 混合的样品需经破碎、粉碎、磨细等步骤。每步骤均应过筛、混匀并用四分法缩分，每次缩分应按下式进行：

$$Q = Kd^2 \tag{8-1}$$

式中，Q 为缩分出样品的最小可靠质量，kg；d 为样品颗粒的最大直径，mm；K 为矿石的均匀系数，石灰石为 0.1。

③ 按上述制备的样品全部通过 1mm 筛孔后，缩分至 0.2kg，磨细并全部通过 125pm 筛孔，再用四分法等量分取两份，分装在两个清洁、干燥的磨口瓶中，密封并注明生产单位名称、产品名称、等级、批号、采样人员及采样日期。一瓶为实验室样品，送往化验室供检验用；另一瓶为备考样品，供日后有争议时复验用。

④ 样品保存期为两个月。

3. 分析要求

① 石灰石产品应由生产单位的技术检验部门进行检验，生产单位应保证产品各项指标符合本标准的要求。

② 发往同一用户相同质量的石灰石产品为一批，并附有一定格式的质量证明书，每批最大量不超过 3000t。证明书的内容应包括生产单位名称、产品名称、产品等级、质量指标、批号、车船号、发货日期及本标准号等。

③ 使用单位有权按本标准的规定对所收到的产品进行复验，如有异议，应在到货后 10 天内提出，可由双方协商解决；如需仲裁，应按全国产品质量仲裁检验暂行办法执行。

④ 在判定检验数据是否符合本技术指标时，本标准采用修约值比较法。

三、石灰石运输和贮存注意事项

① 石灰石产品采用火车、汽车、船舶或其他运输工具等散装运输。

② 电石用石灰石产品在贮存和运输过程中，应防止硫、磷有害物质的污染。

【任务实施】

工作任务

学习情境	任务目标	学习任务	任务实施方法
石灰石品质分析	1. 掌握石灰石的取样、分析检测方法及原理 2. 能准确配制标准溶液 3. 能准确处理分析检测结果	1. 明确石灰石的质量指标 2. 明确工业石灰石成分的测定方法原理与操作方法 3. 正确操作相关的测定仪器	任务驱动、引导实施、小组讨论、多媒体教学演示、讲解分析、总结、边学边做

 任务 1　石灰石中碳酸钙和氧化镁含量的测定

任务描述

现将石灰石中碳酸钙和氧化镁的含量测定方法总结如下。

一、方法概要

1. 钙含量测定原理

在溶液 pH＝12～13 时，试样中的钙离子和钙指示剂形成酒红色的络合物，当用乙二胺四乙酸二钠（EDTA 二钠）滴定钙接近终点时，指示剂与 EDTA 二钠形成纯蓝色络合物，即为终点。

2. 钙镁总含量测定原理

在溶液 pH＝10 时，试样中的钙、镁离子和铬黑 T 指示剂形成红色的络合物，当用乙二胺四乙酸二钠（EDTA 二钠）滴定钙、镁接近终点时，指示剂与 EDTA 二钠形成蓝色络合物，即为终点。

试样经盐酸加热溶解至清亮，以三乙醇胺掩蔽铁、铝等干扰元素，在 pH 大于 12.5 的溶液中，以钙羧酸作指示剂，用 EDTA 标准溶液滴定溶液中的钙。在 pH＝10 时，以铬黑 T 为指示剂，用 EDTA 标准滴定溶液滴定钙镁含量，由差减法求得碳酸镁的含量。

二、试剂与仪器

1. 试剂

① 6mol/L（1＋1）盐酸。

② 氢氧化钠溶液 20％。

③ 10％氨水：10mL 氨水加 90mL 蒸馏水。

④ 三乙醇胺：20g/L。

⑤ 钙羧酸指示剂：5g 溶于 100g 无水乙醇中。

⑥ EDTA 标准溶液：0.0200mol/L。

⑦ 氨-氯化铵缓冲溶液：pH＝10，称氯化铵 5.4g 加水 20mL 再加入氨水 35mL，加水稀释至 100mL。

⑧ 铬黑 T 指示剂：5g/L。

⑨ 硝酸银溶液（2％）：2g 硝酸银溶于 100mL 水中。

2. 仪器

一般的实验室仪器。

三、测定步骤

准确称取 0.5g 石灰石样品于 250mL 烧杯中，加少量水润湿，盖上表面皿，用滴管从杯嘴中滴加（1＋1）HCl 1～2mL，加热煮沸至完全溶解，取下转移至预先加入 20mL 蒸馏水的 250mL 容量瓶中，过滤，用热水洗至无 Cl⁻ 为止（用 2％硝酸银检验），冷却后，用蒸馏水稀释至刻度。

1. 碳酸钙的测定

用移液管吸取 10mL 试液于 250mL 锥形瓶中，加水 50mL，加三乙醇胺 5mL，用 20％ NaOH 调节溶液 pH＝12～13，加少许钙羧酸指示剂，用 0.02mol/L EDTA 标准溶液（用时现标定）滴定至由酒红色变为纯蓝色为终点，平行测定三次加空白。

$CaCO_3$ 的质量分数 $w(CaCO_3)$ 以％表示，按式（8-2）计算：

$$w(CaCO_3) = \frac{c \times (V_2 - V_1) \times 0.1001}{m \times \frac{10}{250}} \times 100 \tag{8-2}$$

式中，c 为 EDTA 标准溶液浓度，mol/L；V_2 为 EDTA 标准溶液滴定钙含量的体积，mL；V_1 为 EDTA 标准滴定溶液滴定碳酸钙空白试液的体积，mL；m 为称取试样的质量，g；10 为分取试样的体积，mL；250 为试液定容的体积，mL；0.1001 为与 1.00mL EDTA 标准溶液 $[c(\text{EDTA})=1.000\text{mol/L}]$ 相当的，以克表示的碳酸钙质量。

2. 碳酸钙、碳酸镁总量测定

用移液管吸取 10mL 试液于 250mL 三角瓶中，加 50mL 水，加三乙醇胺 5mL，加氯化铵-氨水缓冲溶液 10mL，摇匀，用氨水调节溶液 pH＝10，加入少许铬黑 T 指示剂，用 0.02mol/L EDTA 标准溶液滴定至由紫红色变亮蓝色为终点，平行测定三次加空白。

结果按下式计算：

$$w_1 = \frac{c\left[(V_4-V_3)-(V_2-V_1)\right] \times 0.08431}{m \times \dfrac{10}{250}} \times 100 \tag{8-3}$$

式中，w_1 为 MgCO$_3$ 质量分数，%；c 为 EDTA 标准滴定溶液的浓度，mol/L；V_4 为 EDTA 标准滴定溶液滴定钙镁含量的体积，mL；V_3 为 EDTA 标准滴定溶液滴定钙镁含量空白试液的体积，mL；V_2 为 EDTA 标准滴定溶液滴定碳酸钙的体积，mL；V_1 为 EDTA 标准滴定溶液滴定碳酸钙空白试液的体积，mL；m 为准确称取试样的质量，g；10 为分取试样的体积，mL；250 为试液定容的体积，mL；0.08431 为与 1.00mL EDTA 标准滴定溶液 $[c(\text{EDTA})=1.000\text{mol/L}]$ 相当的，以克表示的碳酸镁质量。

氧化镁的质量分数可用下式表示：

$$w_2 = \frac{w_1 \times 0.04031}{0.08431} \times 100 \tag{8-4}$$

式中，w_2 为 MgO 质量分数，%；0.04031 为与 1.00mL EDTA 标准滴定溶液 $[c(\text{EDTA})=1.000\text{mol/L}]$ 相当的，以克表示的氧化镁质量。

四、允许差

取平行分析结果的算术平均值为最终分析结果，碳酸钙平行分析结果的绝对差值应不大于 0.60%，碳酸镁平行分析结果的绝对差值不大于下表所列允许差（%）。

碳酸镁含量的允许差

碳酸镁(MgCO$_3$)质量分数/%	允许差/%
2.00～5.00	0.30
＞5.00～8.00	0.40

五、任务执行

1. 准备

（1）以小组为单位，综合考虑安全，实验室条件和实验方法的可行性，填写工作任务分配表（参考附录）。

（2）查阅参考书，完成下列有关工作任务的问题。

① 石灰石中钙镁含量测定的方法有哪些，并说明原理？

② 本次检测你选择的方法是什么？写出实验过程中涉及的主要化学反应方程式。

③ 实验中用到的标准溶液是什么？如何配制？

④ 选用什么指示剂？滴定终点如何变化？为什么？

⑤ 列出氧化钙和氧化镁含量的计算公式。

2. 实施

（1）制订分析检验方案　以小组为单位，综合考虑安全、实验室条件和实验方法的可行性，制订相应的检测方案，并列出所需仪器和药品（参考附录）。

① 实验所需药品。

② 实验所需仪器。

③ 检测步骤：

a. 标准溶液的配制；

b. 标准溶液的标定步骤；

c. 试样溶液的配制。

（2）审核分析检验方案　各组将制订好的计划交教师审核，在教师指导下修改不合理的地方，批准后方可实施。

（3）分析检验项目的实施

① 各组根据实验室现有条件选择所用仪器，填写仪器使用情况登记表，各自洗净、备用。

② 按照领料单领取所需的化学药品和标准滴定溶液，分工配制指示剂和一般溶液，装入试剂瓶，贴好标签，备用。

③ 学生各自独立完成检验项目，填写原始数据记录表及检验报告单。EDTA 标准滴定溶液的标定参考附录。

④ 对分析检测结果进行描述总结。

碳酸钙含量测定的原始数据记录表

样品名称			测定人	
样品编号			校核人	
样品依据			检测日期	
水温/℃			湿度	
温度校正系数			指示剂	
	记录项目	第一份	第二份	第三份
滴定管	滴定管初读数/mL			
	滴定管终读数/mL			
	滴定消耗溶液体积/mL			
体积校正	温度补正值			
	温度校正值/℃			
	体积校正值/mL			
	实际体积/mL			
结果计算	计算公式			
	$w(CaCO_3)$			
	$w(CaCO_3)$ 平均值			
	绝对差值/%			
	允许差	≤0.60%	本次测定结果是否符合要求	

样品名称			测定人	
样品标号			校核人	
样品依据			检测日期	
水温/℃			湿度	
温度校正系数			指示剂	

	记录项目	第一份	第二份	第三份
	石灰石质量/g			
滴定管	滴定管初读数/mL			
	滴定管终读数/mL			
	滴定消耗溶液体积/mL			
空白	V_0/mL			
体积校正	温度补正值			
	温度校正值/℃			
	体积校正值/mL			
	实际体积/mL			
结果计算	计算公式			
	w_2			
	w_2平均值			
	绝对差值/%			
允许差参照前文碳酸镁含量的允许差所述		本次测定结果是否符合要求		

（4）数据处理　将碳酸钙、氧化镁的含量测定结果填至下表中，并进行相关计算。

石灰石中碳酸钙、氧化镁含量测定分析结果报告单

来样单位				
采样日期		分析日期		
批号		批量		
执行标准				
检测项目	企业指标值		实测结果	
碳酸钙的含量				
氧化镁的含量				
检验结论				

六、总结与反馈

1. 总结反思

分组讨论检测过程中的操作要点和要注意的细节，并做汇报。

2. 考核细则（见附录）

任务2　石灰石中二氧化硅含量的测定

任务描述

　　根据 GB/T 3286.2—2012《石灰石及白云石化学分析方法　第2部分：二氧化硅含量的测定　硅钼蓝分光光度法和高氯酸脱水重量法》中有关规定，现将石灰石中二氧化硅含量的测定方法总结如下。

一、方法概要

试料用碳酸钠-硼酸混合熔剂熔融，稀盐酸浸取。分取部分试液，在约 0.15mol/L 的盐酸介质中，钼酸铵与硅酸形成硅钼杂多酸，加入草酸-硫酸混合酸，消除磷、砷干扰，用硫酸亚铁铵将其还原为硅钼蓝，于分光光度计波长 680nm（或 810nm）处测量吸光度。

二、试剂与仪器

分析中除另有说明外，仅使用认可的分析纯试剂和符合 GB/T 6682 规定的三级以上蒸馏水或纯度相当的水。

1. 试剂

（1）混合熔剂：取两份无水碳酸钠与一份硼酸研磨，混匀。

（2）盐酸（1+5）。

（3）盐酸（1+14）。

（4）钼酸铵溶液（60g/L）：储于塑料瓶中，必要时过滤后使用。

（5）草酸-硫酸混合酸：称取 35g 草酸，溶于 1000mL 硫酸（1+8）中。

（6）硫酸亚铁铵溶液（60g/L）：称取 6g 硫酸亚铁铵溶于加有 3~5 滴硫酸（$\rho = 1.84$g/mL）的水中，用水稀释至 100mL，用时配制。

（7）无水乙醇。

（8）二氧化硅标准溶液。

① 称取 0.2500g 高纯二氧化硅（不低于 99.99%，称量前预先于 950~1000℃ 灼烧 30min 并冷却至室温）于铂坩埚中，加 3g 混合熔剂，混匀，再覆盖 1g 混合熔剂。盖上铂盖（留一缝隙），将铂坩埚置于 950℃ 高温炉中熔融 10min，取出，冷却至室温。将铂坩埚和铂盖置于盛有 100mL 热水的聚四氟乙烯烧杯中，低温加热浸取熔块至溶液清亮。用热水洗出铂坩埚及铂盖，冷却至室温。将溶液移入 500mL 容量瓶中，用水稀释至刻度，混匀，立即转移至塑料瓶中贮存。此溶液 1.00mL 含 500.0μg 二氧化硅。

② 移取 50.00mL 二氧化硅标准溶液于 500mL 容量瓶中，用水稀释至刻度，混匀，立即转移至塑料瓶中，此溶液 1.00mL 含 50.0μg 二氧化硅。

③ 移取 20.00mL 二氧化硅标准溶液于 500mL 容量瓶中，用水稀释至刻度，混匀，立即转移至塑料瓶中。此溶液 1.00mL 含 20.0μg 二氧化硅。

2. 仪器

一般的实验室仪器。

三、分析步骤

1. 制样

① 按 GB/T 2007.2 制备试样。

② 试样应加工至粒度小于 0.125mm。

③ 石灰石试样分析前在 105~110℃ 干燥 2h，置于干燥器中冷却至室温。

2. 测定次数

对同一试样，至少独立测定 2 次。

3. 试料量

称取 0.50g 试样，精确至 0.0001g。

4. 空白试验

随同试料做空白试验。

5. 试料分解和储备液制备

① 将试料置于预先盛有 3.0g 混合熔剂的铂坩埚中，混匀，再覆盖 1.0g 混合熔剂。将铂坩埚置于炉温低于 300℃ 的高温炉中，盖上铂盖（留一缝隙）。将炉温逐渐升至 950～1000℃ 熔融 10min，取出，转动铂坩埚，冷却。

② 用水冲洗铂坩埚外壁，将铂坩埚及铂盖置于 300mL 烧杯中，加 75mL 盐酸，低温加热浸出熔块，用水洗出铂坩埚及铂盖。低温加热至试液清亮，冷却至室温。将溶液移入 250mL 容量瓶中，用水稀释至刻度，混匀。

注：此溶液可作为测定二氧化硅、氧化钙、氧化镁、氧化铝和氧化铁量的储备液，可分别用于 GB/T 3286.1 络合滴定法测定氧化钙量和氧化镁量，GB/T 3286.2 硅钼蓝分光光度法测定二氧化硅量、GB/T 3286.3 铬天青 S 分光光度法测定氧化铝量，GB/T 3286.4 邻二氮杂菲分光光度法测定氧化铁量，如同时测定试样中这些化学成分的含量，可只制备一份该试样的储备液，分取后按各分析方法测定。

6. 测定

① 根据试样二氧化硅含量，按下表分取储备液于 100mL 容量瓶中，加 8mL 无水乙醇，按下表加相应量盐酸，立即用水稀释至 50mL，混匀。

试液分取量和盐酸加入量

二氧化硅质量分数/%	分取体积/mL	加盐酸(1+14)体积/mL
0.05～0.25	20.00	0.0
>0.25～1.00	10.00	5.0
>1.00～4.0	5.00	8.0

② 加 5mL 钼酸铵溶液，混匀，于室温放置 20min，室温低于 15℃ 时，于约 30℃ 的温水浴中放置 15～20min。

③ 加 20mL 草酸-硫酸混合酸，混匀，放置 1～2min，立即加入 5mL 硫酸亚铁铵溶液，用水稀释至刻度，混匀。

④ 将部分显色液移入适当的吸收皿中，以相应的空白试验溶液为参比，于分光光度计波长 680nm 处测量吸光度，从标准曲线上查得相应的二氧化硅量。

注：对低含量二氧化硅的显色溶液，可在波长 810nm 处测量吸光度。

7. 标准曲线的绘制

移取 0.00、1.00mL、2.00mL、4.00mL、6.00mL、8.00mL、10.00mL 二氧化硅标准溶液或移取 0.00、1.00mL、2.00mL、4.00mL、6.00mL、8.00mL 二氧化硅标准溶液置于一组预先盛有 10mL 盐酸（1+14）的 100mL 容量瓶中，加 8mL 无水乙醇，用水稀释至 50mL，混匀。以下按上述测定中步骤③、④操作，以试剂空白为参比，测量吸光度。以二氧化硅量为横坐标，吸光度为纵坐标，绘制标准曲线。

四、结果计算

按式(8-5) 计算二氧化硅的质量分数：

$$w(\mathrm{SiO_2}) = \dfrac{m_1 \times 10^{-6}}{m \times \dfrac{V_1}{V}} \times 100 \tag{8-5}$$

式中，$w(\mathrm{SiO_2})$ 为二氧化硅的质量分数，%；V 为储备液体积，mL；V_1 为分取储备液体积，mL；m_1 为从标准曲线上查得的二氧化硅量，μg；m 为试料量，g。

同一试样两次独立分析结果差值的绝对值如不大于重复性限 r 值，则取其算术平均值作为分析结果。分析结果按 GB/T 8170 修约，当分析结果大于或等于 0.10% 时，将数值修约到两位小数；当分析结果小于 0.10% 时，将数值修约到三位小数。

五、精密度

精密度数据是在 2011 年由 8 个实验室对二氧化硅含量的 5 个不同水平试样进行共同试验确定的。每个实验室对每个水平的二氧化硅含量在重复性条件下独立测定 3 次。共同试验数据按 GB/T 6379.2 进行统计分析，统计结果表明二氧化硅质量分数与其重复性限 r 和再现性限 R 间存在线性函数关系，函数关系式计算结果见下表。

二氧化硅的精密度

二氧化硅的质量分数/%	重复性限 r	再现性限 R
0.050	0.014	0.014
0.10	0.02	0.02
0.20	0.02	0.02
0.50	0.03	0.04
1.00	0.05	0.06
2.00	0.08	0.10
3.00	0.12	0.14
4.00	0.15	0.18

二氧化硅质量分数在上表给出的数值之间，重复性限 r、再现性限 R 可采用线性内插法求得。在重复性条件下，获得的两次独立分析结果差值的绝对值不大于重复性限 r，出现大于重复性限 r 的概率不大于 5%。在再现性条件下获得两次独立分析结果差值的绝对值不大于再现性限 R，出现大于再现性限 R 的概率不大于 5%。对冶金石灰试样，不作实验室间再现性限的要求。

六、任务执行

1. 准备

（1）以小组为单位，综合考虑安全、实验室条件和实验方法的可行性，填写工作任务分配表（参考附录）。

（2）查阅参考书，完成下列有关工作任务的问题。

① 测定过程中有哪些安全注意事项？

② 石灰石中二氧化硅含量测定的方法有哪些，并说明原理？

③ 本次检测你选择的方法是什么？写出实验过程中涉及的主要化学反应方程式。

④ 列出测定二氧化硅含量的计算公式。

2. 实施

（1）制订分析检验方案　以小组为单位，综合考虑安全、实验室条件和实验方法的可行性，制订相应的检测方案，并列出所需仪器和药品（参考附录）。

①　实验所需药品。

②　实验所需仪器。

③　检测步骤。

（2）审核分析检验方案　各组将制订好的计划交教师审核，在教师指导下修改不合理的地方，批准后方可实施。

（3）分析检验项目的实施

①　各组根据实验室现有条件选择所用仪器，填写仪器使用情况登记表，各自洗净、备用。

②　按照领料单领取所需的化学药品，分工配制溶液，装入试剂瓶，贴好标签，备用。

③　学生各自独立完成检验项目，填写原始数据记录表及检验报告单。

④　结果描述。

不同波长条件下二氧化硅标准溶液的吸光度

样品名称			测定人	
样品编号			校核人	
检测依据			检测日期	
λ/nm				
A				
λ/nm				
A				

二氧化硅标准溶液的最大吸收波长是 _____ nm。

标准溶液的配制

标准贮备溶液浓度：_____；标准溶液浓度：_____

稀释次数	吸取体积/mL	稀释后体积/mL	稀释倍数
1			
2			
3			
4			
5			

二氧化硅标准曲线的绘制

测量波长：_____；标准溶液浓度：_____

吸收池配套性检查：$A_1 = 0.000$；$A_2 = $ _____

样品名称		测定人	
样品编号		校核人	
检测依据		检测日期	
溶液代号	吸取标液体积/mL	$\rho/(\mu g/mL)$	A
1			
2			
3			
4			
5			
6			
7			

样品名称		测定人	
样品编号		校核人	
检测依据		检测日期	
室温/℃		湿度	
石灰石溶液序号		1	2
石灰石质量/g			
储备液体积/mL			
分取储备液体积/mL			
吸光度 A			
对应标准曲线查得的质量/μg			
样品中 $w(SiO_2)$/%			
算数平均值			
标准规定平行测定结果绝对差值参阅前文		本次测定结果是否符合要求	

（4）数据处理　将二氧化硅的含量测定结果填至下表中，并进行相关计算。

石灰石中二氧化硅含量测定分析结果报告单

来样单位			
采样日期		分析日期	
批号		批量	
执行标准			
检测项目	企业指标值		实测结果
二氧化硅质量分数			
检验结论			

七、总结与反馈

1. 总结反思

分组讨论检测过程中的操作要点和要注意的细节，并做汇报。

2. 考核细则（见附录）

任务3　石灰石中氧化铝含量的测定

任务描述

参考 GB／T 3286.3—2012《石灰石及白云石化学分析方法　第3部分：氧化铝含量的测定　铬天青 S 分光光度法和络合滴定法》，石灰石中氧化铝含量的测定方法如下。

一、方法概要

试料用碳酸钠-硼酸混合熔剂熔融，稀盐酸浸取。分取部分试液，以锌-EDTA 掩蔽铁、锰等离子，以六次甲基四胺为缓冲溶液，在 pH 值为 5.7 时，铝与铬天青 S 生成紫红色络合物，于分光光度计波长 545nm 处测量吸光度。钛的干扰可加过氧化氢溶液消除。

二、试剂与仪器

1. 试剂

分析中除另有说明外，仅使用认可的分析纯试剂和符合 GB/T 6682 规定的三级以上蒸馏水或其纯度相当的水。

（1）混合熔剂：取两份无水碳酸钠与一份硼酸研磨，混匀。

（2）盐酸（1+5）。

（3）盐酸（1+14）。

（4）锌-EDTA 溶液：称取 1.276g 氧化锌（含量不低于 99.9%，称量前于 800℃灼烧 20min 并于干燥器中冷却至室温）于 250mL 烧杯中，加 100mL 水，6mL 盐酸（1+1），加热溶解，冷却至室温；另取 5.58g 乙二胺四乙酸二钠于 500mL 烧杯中，加 200mL 水，加 5mL 氨水（1+1），加热溶解，冷却至室温。将两溶液均匀混合，用盐酸（1+1）和氨水（1+1）调节溶液 pH 值为 5~6，移入 1000mL 容量瓶中，以水稀释至刻度，混匀。

（5）六次甲基四胺溶液（250g/L）：贮于塑料瓶中。

（6）氟化铵溶液（5g/L）：贮于塑料瓶中。

（7）过氧化氢溶液（3%）。

（8）铬天青 S 溶液（1g/L）：用乙醇（1+9）配制，溶液配制后使用时间不超过一周。

（9）氧化铝标准溶液。

① 称取 0.1058g 金属铝（含量不低于 99.9%）于聚四氟乙烯烧杯中，加 50mL 氢氧化钠溶液（200g/L），低温加热溶解，冷却。加盐酸（1+1）中和至呈酸性后再过量 20mL，加热至溶液清亮，冷却。将溶液移入 1000mL 容量瓶中，以水稀释至刻度，混匀，此溶液 1.00mL 含 200.0μg 氧化铝。

② 移取 20.00mL 氧化铝标准溶液于 1000mL 容量瓶中，加 10mL 盐酸，以水稀释至刻度，混匀。此溶液 1.00mL 含 4.0μg 氧化铝。

③ 移取 10.00mL 氧化铝标准溶液于 1000mL 容量瓶中，加 10mL 盐酸，以水稀释至刻度，混匀。此溶液 1.00mL 含 2.0μg 氧化铝。

2. 仪器

一般的实验室仪器、设备。

三、分析步骤

1. 制样

① 按 GB/T 2007.2 制备试样。

② 试样应加工至粒度小于 0.125mm。

③ 石灰石试样分析前在 105~110℃干燥 2h，置于干燥器中冷却至室温。

2. 测定次数

对同一预干燥试样，至少独立测定 2 次。

3. 试料量

称取 0.50g 试样，精确至 0.0001g。对冶金石灰试样，应快速称取试样。

4. 空白试验

随同试料做空白试验。

5. 试料分解和储备液制备

① 将试料置于预先盛有 3.0g 混合熔剂的铂坩埚中，混匀，再覆盖 1.0g 混合熔剂。将铂坩埚置于炉温低于 300℃ 的高温炉中，盖上铂盖（留一缝隙）。将炉温逐渐升至 950～1000℃，熔融 10min，取出，转动铂坩埚，冷却。

② 用水冲洗铂坩埚外壁，将铂坩埚及铂盖置于 300mL 烧杯中，加 75mL 盐酸，低温加热浸出熔块，用水洗出铂坩埚及铂盖。低温加热至试液清亮，冷却至室温。将溶液移入 250mL 容量瓶中，用水稀释至刻度，混匀。

注：此溶液可作为测定二氧化硅、氧化钙、氧化镁、氧化铝和氧化铁量的储备液，可分别用于 GB/T 3286.1 络合滴定法测定氧化钙量和氧化镁量，GB/T 3286.2 硅钼蓝分光光度法测定二氧化硅量，GB/T 3286.3 铬天青 S 分光光度法测定氧化铝量，GB/T 3286.4 邻二氮杂菲分光光度法测定氧化铁量。如同时测定试样中这些化学成分的含量，可只制备一份该试样的储备液，分取后按各分析方法测定。

6. 测定

① 根据试样含氧化铝量，按下表分取两份储备液于两个 50mL 容量瓶中，一份作显色液，一份作参比液。

试液分取量和试剂用量

氧化铝质量分数/%	分取储备液量/mL	六次甲基四胺溶液量/mL	氧化铝标准溶液
0.01～0.05	10.00	10	试剂中氧化铝标准溶液
>0.05～0.25	5.00	5	试剂中氧化铝标准溶液
>0.25～0.75	20.00×(10/100)	5	试剂中氧化铝标准溶液

含 0.25%～0.75% 氧化铝试样，分取 20.00mL 储备液于 100mL 容量瓶中，加 10mL 盐酸，用水稀释至刻度，混匀。然后再量取两份 10.00mL 试液于两个 50mL 容量瓶中。

② 显色液：加 5mL 锌-EDTA 溶液，混匀，放置 3min，加 2.0mL 铬天青 S 溶液，按表加入六次甲基四胺溶液，以水稀释至刻度，轻轻混匀。放置 20min。试样中有钛存在时，在加锌-EDTA 溶液前加 6 滴过氧化氢溶液。

③ 参比液：操作同上，在加铬天青 S 溶液之前加 5 滴氟化铵溶液。

④ 选择适当的吸收皿，于分光光度计波长 545nm 处测量显色液的吸光度，在标准曲线上查得相应的氧化铝量。

7. 标准曲线的绘制

根据试样含氧化铝量，按上表分取空白试验溶液数份于一组 50mL 容量瓶中作底液，分别加入 1.00mL、2.00mL、3.00mL、4.00mL、5.00mL 氧化铝标准溶液或 1.00mL、2.00mL、4.00mL、6.00mL、8.00mL 氧化铝标准溶液，按上述步骤②操作；另取一份空白试验溶液按上述步骤③操作制备参比液。选择适当吸收皿，于分光光度计波长 545nm 处测量吸光度。以氧化铝量为横坐标，吸光度为纵坐标，绘制标准曲线。

四、结果计算

按式(8-6)计算氧化铝的质量分数：

$$w(\mathrm{Al_2O_3}) = \frac{m_1 \times 10^{-6}}{m \times \dfrac{V_1}{V}} \times 100 \tag{8-6}$$

式中，$w(Al_2O_3)$ 为氧化铝的质量分数，%；V 为储备液体积，mL；V_1 为分取试液相当于储备液的体积，mL；m_1 为从标准曲线上查得的氧化铝量，μg；m 为试料量，g。

同一试样两次独立分析结果差值的绝对值如不大于重复性限 r 值，则取其算术平均值作为分析结果。分析结果按 GB/T 8170 修约，当分析结果大于或等于 0.10% 时，将数值修约到两位小数；当分析结果小于 0.10% 时，将数值修约到三位小数。

五、精密度

精密度数据是在 2011 年由 8 个实验室对氧化铝含量的 5 个不同水平试样进行共同试验确定的。每个实验室对每个水平的氧化铝含量在重复性条件下独立测定 3 次。共同试验数据按 GB/T 6379.2 进行统计分析，统计结果表明氧化铝质量分数与其重复性限 r 和再现性限 R 间存在线性函数关系，函数关系式计算结果见下表。

氧化铝的精密度

氧化铝的质量分数/%	重复性限 r	再现性限 R
0.010	0.002	0.004
0.050	0.005	0.008
0.10	0.01	0.02
0.25	0.02	0.04
0.50	0.04	0.06
0.75	0.05	0.19

氧化铝质量分数在表中给出的数值之间，重复性限 r、再现性限 R 可采用线性内插法求得。在重复性条件下，获得的两次独立分析结果差值的绝对值不大于重复性限 r，出现大于重复性限 r 的概率不大于 5%。在再现性条件下，获得的两次独立分析结果差值的绝对值不大于再现性限 R，出现大于再现性限 R 的概率不大于 5%。对冶金石灰试样，不作实验室间再现性限的要求。

六、任务执行

1. 准备

（1）以小组为单位，综合考虑安全、实验室条件和实验方法的可行性，填写工作任务分配表（参考附录）。

（2）查阅参考书，完成下列有关工作任务的问题。

① 测定过程中有哪些安全注意事项？

② 石灰石中氧化铝含量测定的方法有哪些？并说明原理。

③ 本次检测你选择的方法是什么？写出实验过程中涉及的主要化学反应方程式。

④ 列出氧化铝含量的计算公式。

2. 实施

（1）制订分析检验方案　以小组为单位，综合考虑安全、实验室条件和实验方法的可行性，制订相应的检测方案，并列出所需仪器和药品（参考附录）。

① 实验所需药品。

② 实验所需仪器。

③ 检测步骤。

（2）审核分析检验方案　各组将制订好的计划交教师审核，在教师指导下修改不合理的地方，批准后方可实施。

（3）分析检验项目的实施

① 各组根据实验室现有条件选择所用仪器，填写仪器使用情况登记表，各自洗净、备用。

② 按照领料单领取所需的化学药品和标准滴定溶液，分工配制指示剂和一般溶液，装入试剂瓶，贴好标签，备用。

③ 学生各自独立完成检验项目，填写原始数据记录表及检验报告单。

④ 结果描述。

不同波长条件下氧化铝标准溶液的吸光度

样品名称			测定人	
样品编号			校核人	
检测依据			检测日期	
λ/nm				
A				
λ/nm				
A				

氧化铝标准溶液的最大吸收波长是＿＿＿＿＿＿＿＿＿ nm。

标准溶液的配制

标准贮备溶液浓度：＿＿＿＿＿＿＿＿＿；标准溶液浓度：＿＿＿＿＿＿＿

稀释次数	吸取体积/mL	稀释后体积/mL	稀释倍数
1			
2			
3			
4			
5			

氧化铝标准曲线的绘制

测量波长：＿＿＿＿＿＿＿＿＿；标准溶液浓度：＿＿＿＿＿＿＿＿＿；

吸收池配套性检查：$A_1 = 0.000$；$A_2 = $＿＿＿＿＿＿＿＿＿。

最大吸收波长条件下不同浓度氧化铝标准溶液的吸光度

样品名称		测定人	
样品编号		校核人	
检测依据		检测日期	
溶液代号	吸取标液体积/mL	$\rho/(\mu g/mL)$	A
1			
2			
3			
4			
5			
6			
7			

石灰石中氧化铝含量的测定

样品名称		测定人	
样品编号		校核人	
检测依据		检测日期	
室温/℃		湿度	
石灰石溶液序号		1	2
石灰石质量/g			
储备液体积/mL			
分取储备液体积/mL			
吸光度 A			
对应标准曲线查得的质量/μg			
样品中氧化铝含量/%			
算数平均值			
标准规定平行测定结果绝对差值参阅氧化铝的精密度表		本次测定结果是否符合要求	

（4）数据处理　将氧化铝的含量测定结果填至下表中，并进行相关计算。

石灰石中氧化铝含量测定分析结果报告单

来样单位			
采样日期		分析日期	
批号		批量	
执行标准			
检测项目	企业指标值		实测结果
氧化铝含量			
检验结论			

七、总结与反馈

1. 总结反思
分组讨论检测过程中的操作要点和要注意的细节，并做汇报。

2. 考核细则（见附录）

任务4　石灰石中氧化铁含量的测定

任务描述

利用邻菲啰啉分光光度法测定石灰石中氧化铁的含量。

一、方法概要

试样经碳酸钠-硼酸混合熔剂熔融，水浸取，酸化，以抗坏血酸作还原剂，用乙酸铵调节 pH≈4 时，亚铁与邻菲啰啉生成橘红色配合物，于分光光度计波长 510nm 处测量吸光度。

二、试剂与仪器

1. 试剂
本标准中所用水应符合国标 GB 6682 中三级水的规格；所列的试剂，除特殊规定外，均指分析纯试剂。

① 混合熔剂：取 2 份无水碳酸钠与 1 份硼酸研细，混匀。

② 盐酸：1＋1 溶液。

③ 乙酸铵：200g/L 溶液。

④ 抗坏血酸：20g/L 溶液（使用前配制）。

⑤ 邻菲啰啉：1g/L 溶液。称取 0.1g 邻菲啰啉溶于 10mL 乙醇，加 90mL 水混匀。保存于暗处，保存时，如果溶液着色应重新配制。

⑥ 三氧化二铁标准溶液：$500\mu g/mL$。称取 3.020 硫酸铁铵 $[NH_4Fe(SO_4)_2 \cdot 12H_2O]$ 溶解于 200mL 水中，加 20mL 硫酸（1＋1）溶液，移入 1000mL 容量瓶中，稀释至刻度，摇匀。此溶液 1mL 含 $500\mu g$ 三氧化二铁。

⑦ 三氧化二铁标准溶液：$50\mu g/mL$。吸取 50.00mL 三氧化二铁标准溶液⑥，置于 500mL 容量瓶中，用水稀释至刻度，摇匀。此溶液 1mL 含 $50\mu g$ 三氧化二铁。

2. 仪器

分光光度计：应符合 GB/T 9721 之规定；一般的实验室仪器。

三、分析步骤

1. 试样

实验室样品通过 $125\mu m$ 试验筛（GB 6003），于 $105\sim110^\circ C$ 干燥 2h 以上，置于干燥器中冷却至室温。

2. 测定

① 按下表的规定称取试样，精确至 0.0001g，置于铂坩埚中。同时做空白实验。

三氧化二铁对应称取试样量

三氧化二铁(Fe_2O_3)质量分数/％	称取试样量/g
0.05～0.40	0.4
＞0.40～1.00	0.15

② 加入 2g 混合熔剂，混匀，再覆盖 1g 混合熔剂，盖上坩埚盖并留一缝隙，置于高温炉中，由低温至 $950^\circ C$，保持 10min，取出，冷却。将坩埚置于 200mL 烧杯中，加 40mL 热水、15mL 盐酸，低温加热浸出熔融物，用水洗出坩埚。继续加热至溶液清亮，冷却至室温，移入 100mL 容量瓶中，用水稀释至刻度，摇匀。吸取 25.00mL 试液置于 100mL 容量瓶中，补加水至 50mL。

③ 加 5.0mL 抗坏血酸溶液，摇匀，放置 5min。加 5.0mL 乙酸铵溶液、10.0mL 邻菲啰啉溶液，摇匀，用水稀释至刻度，摇匀。

④ 30min 后用 1cm 吸收池，于分光光度计波长 510nm 处，以空白实验溶液作参比，测量吸光度。

3. 工作曲线的绘制

量取 0.00mL、1.00mL、2.00mL、4.00mL、6.00mL、8.00mL 三氧化二铁标准溶液分别置于一组 100mL 容量瓶中，加入 1.0mL 盐酸，用水稀释至 50mL。之后按测定步骤③和步骤④进行，其中以试剂空白作参比，测量吸光度。以三氧化二铁量为横坐标、相应的吸光度为纵坐标，绘制工作曲线。

四、结果计算

三氧化二铁（Fe_2O_3）质量分数以％表示，按下式计算：

$$w(Fe_2O_3) = \frac{m_1 \times 10^{-6}}{m \times \dfrac{25}{100}} \times 100 = \frac{m_1 \times 4 \times 10^{-4}}{m} \tag{8-7}$$

式中　m_1——从工作曲线上查得的三氧化二铁量，μg；

　　　m——试样的质量，g。

五、允许差

取平行分析结果的算术平均值为最终分析结果。平行分析结果的绝对差值应不大于下表所列允许差。

三氧化二铁含量对应允许差

三氧化二铁(Fe_2O_3)质量分数/％	允许差/％
0.05～0.15	0.02
＞0.15～0.50	0.04
＞0.50～1.00	0.06

六、任务执行

1. 准备

（1）以小组为单位，综合考虑安全、实验室条件和实验方法的可行性，填写工作任务分配表（参考附录）。

（2）查阅参考书，完成下列有关工作任务的问题。

① 测定过程中有哪些安全注意事项？

② 石灰石中氧化铁含量测定的方法有哪些？并说明原理。

③ 本次检测你选择的方法是什么？写出实验过程中涉及的主要化学反应方程式。

2. 实施

（1）制订分析检验方案　以小组为单位，综合考虑安全、实验室条件和实验方法的可行性，制订相应的检测方案，并列出所需仪器和药品（参考附录）。

① 实验所需药品。

② 实验所需仪器。

③ 检测步骤。

（2）审核分析检验方案　各组将制订好的计划交教师审核，在教师指导下修改不合理的地方，批准后方可实施。

（3）分析检验项目的实施

① 各组根据实验室现有条件选择所用仪器，填写仪器使用情况登记表，各自洗净、备用。

② 按照领料单领取所需的化学药品，分工配制溶液，装入试剂瓶，贴好标签，备用。

③ 学生各自独立完成检验项目，填写原始数据记录表及检验报告单。

④ 结果描述。

不同波长条件下三氧化二铁标准溶液的吸光度

样品名称			测定人	
样品编号			校核人	
检测依据			检测日期	
λ/nm				
A				
λ/nm				
A				

三氧化二铁标准溶液的最大吸收波长是_____ nm。

标准溶液的配制

标准贮备溶液浓度：_____；标准溶液浓度：_____

稀释次数	吸取体积/mL	稀释后体积/mL	稀释倍数
1			
2			
3			
4			
5			

三氧化二铁标准曲线的绘制

测量波长：_____；标准溶液浓度：_____；

吸收池配套性检查：$A_1 = 0.000$；$A_2 = $_____。

最大吸收波长条件下不同浓度氧化铝标准溶液的吸光度

样品名称		测定人	
样品编号		校核人	
检测依据		检测日期	
溶液代号	吸取标液体积/mL	$\rho/(\mu g/mL)$	A
1			
2			
3			
4			
5			
6			
7			

石灰石中氧化铁含量的测定

样品名称		测定人	
样品编号		校核人	
检测依据		检测日期	
室温/℃		湿度	
石灰石溶液序号		1	2
吸光度 A			
石灰石质量/g			
对应标准曲线查得的质量/μg			
样品中三氧化二铁质量分数/%			
算数平均值			
标准规定平行测定结果绝对差值参阅三氧化二铁含量对应允许差表		本次测定结果是否符合要求	

定量分析结果：石灰石中三氧化二铁质量分数为_____。

（4）数据处理　将三氧化二铁的质量分数测定结果填至下表中，并进行相关计算。

石灰石中三氧化二铁质量分数测定分析结果报告单

来样单位			
采样日期		分析日期	
批号		批量	
执行标准			
检测项目	企业指标值		实测结果
三氧化二铁质量分数			
检验结论			

七、总结与反馈

1. 总结反思

分组讨论检测过程中的操作要点和要注意的细节，并做汇报。

2. 考核细则（见附录）

素养拓展

配位平衡中的副反应——只有增强自身防御能力，才能抵御侵蚀和腐化

在复杂的配位化学反应中，常常把主要研究的一种配位反应看作主反应，其他与之有关的反应看作副反应。副反应会影响主反应的反应物或者产物的平衡浓度。其副反应应包括酸效应、共存离子效应、络合效应、水解效应等。

在水溶液中，EDTA 有七种存在形式。而真正能与金属离子配位形成配合物的只有 Y^{4+}，但只有 pH≥12 时，EDTA 才全部以 Y^{4+} 的形式存在。所以当酸度增大时，pH 值下降，Y^{4+} 的浓度减小，从而导致 EDTA 的配位能力下降。这种由于 H^+ 的存在，使 Y^{4+} 参与主反应能力降低的现象称为酸效应。

当溶液中除了金属离子 M 还存在其他金属离子 N，N 也可以与配位体 Y（EDTA）发生配位反应，这种反应可看作 Y 的一种副反应，它能降低 Y 的平衡浓度，而使 Y 参加主反应的能力下降，这种现象称为共存离子效应。

在配位滴定中，如果除了主配位体之外，还有其他配位体 L 存在，并且 L 可以与 M 发生配位反应，能形成逐级配位化合物，如 ML_1，ML_2，…，ML_n，而使得金属离子 M 参加主反应能力降低，这种由于其他配位体存在而使金属离子 M 参加主反应能力减小的现象称为络合效应。

当溶液的酸度较低时，金属离子 M 因水解而形成各种氢氧根或者多核氢氧根配合物。这种由水解而引起的副反应称为金属离子 M 的水解效应。

人们积极学习、工作与创新就是主反应，各种诱惑和负能量就是副反应，但正义总是能战胜邪恶，我们要增强自身防御能力，抵御各种副反应的侵蚀和腐化。

【测试题】

一、填空题

1. 生石灰的化学式为_____，通常是一种_____色_____体，遇水化合生成_____并放出大量的_____，反应化学方程式为_____。该生成物又俗称_____。

2. 用化学方程式或化学式答复以下问题：长期盛放石灰水的敞口瓶内有一层白色薄膜，是_____，其形成原因是_____。

3. 工业上制取二氧化碳最适宜的方法是_____。

4. 有一石灰石样品，经分析其中含钙元素的质量分数为 36%（杂质中的其他物质不含钙元素），那么样品中 $CaCO_3$ 的质量分数为_____。

5. 实验室制取二氧化碳气体通常用_____。

6. 石灰石的用途是_____。

二、选择题

1. 以下五种物质：①石灰水；②生石灰；③石灰石；④熟石灰；⑤石灰乳。其中主要成分为同一种物质的是（　　）。

A. ①③⑤　　　　　　B. ①④⑤　　　　　　C. ③④⑤　　　　　　D. ②④⑤

2. 以下物质的化学式与名称一致的是（　　）。

A. 生石灰 $CaCO_3$ 　　　　　　　　　B. 熟石灰 $Ca(OH)_2$

C. 磁铁矿 Fe_2O_3 　　　　　　　　　D. 石灰石 CaO

3. 某矿石的主要成分是一种化合物，取该矿石置于稀盐酸中，生成氯化镁、水和一种使澄清石灰水变浑浊的气体，那么该矿石中含有的元素是（　　）。

A. 碳元素、氧元素　　　　　　　　　B. 镁元素、碳元素

C. 氯元素、碳元素　　　　　　　　　D. 镁元素、碳元素、氧元素

4. 检验一份样品是否是碳酸盐，所需的试剂是（　　）。

A. 澄清石灰水　　　　　　　　　　　B. 浓盐酸、澄清石灰水

C. 稀盐酸、澄清石灰水　　　　　　　D. 稀盐酸

三、判断题

1. 评价石灰石质量的最主要的指标是细度。　　　　　　　　　　　　　（　　）

2. 测定石灰石中氧化钙和氧化镁含量时，指示剂与 EDTA 二钠形成纯蓝色络合物，即为终点。　　　　　　　　　　　　　　　　　　　　　　　　　　　（　　）

3. 电石用石灰石产品在贮存和运输过程中，应防止硫、磷有害物质的污染。（　　）

4. 测定氧化铁含量可用邻二氮杂菲分光光度法与络合滴定法。　　　　　（　　）

5. 石灰的微观结构决定了石灰的容重、气孔率、化学活性及其他性质。　（　　）

6. 石灰中 SiO_2、S、P、Fe_2O_3 等有害成分主要来自煤气中的灰分。　　（　　）

7. $CaCO_3$ 的分解反应方向与反应物质的数量无关，而与分解反应的温度和压力有关。

（　　）

四、思考题

1. 检验冶金生石灰的质量标准项目有哪些？

2. 描述石灰石中氧化钙与氧化镁测定的原理。

3. 石灰石中氧化铁含量用什么方法测定？简述其原理。

4. 简述火焰原子吸收光谱法的原理及所用到的仪器。

5. 简述高氯酸脱水重量法的原理。

6. 测定氧化铝中用到了什么指示剂，使用该指示剂应注意哪些事项？

7. 测定氧化铝的方法是什么？写出实验过程中涉及的主要化学反应方程式。

8. 测定二氧化硅过程中有哪些安全注意事项？

9. 简述锌-EDTA溶液的配制方法。

10. 石灰石中氧化钙、氧化镁测定时选用的指示剂是什么？如何判断滴定终点？其依据是什么？说明原因。

学习任务九　原盐分析

学习目标

任务说明

通过原盐情境分析，能合理地对原盐的各成分进行测定和分析，并能将分析结果与国标进行对比分析，最后判断产品质量等级。

知识目标

1. 掌握原盐水中不溶物、氯离子等含量的测定分析的方法及原理。
2. 熟知原盐测定的质量指标。

技能目标

1. 能熟练操作并测定分析原盐的各成分。
2. 具有正确熟练操作、使用与维护仪器设备的能力。
3. 能分析出原盐不合格的原因，并能提出合理化的改进建议。

素养目标

1. 培养学生严谨、细致、认真的工作态度，团结协作的工作精神。
2. 培养学生环保意识、安全意识、经济意识。
3. 培养学生爱国之心、奉献精神、创新意识。

【任务准备】

一、原盐概述

原盐，现称工业盐。指经初步晒制或熬制的盐。即盐场（厂）生产的尚未经盐业运销单位或国家指定的收购单位收购分配销售的盐。其主要成分是氯化钠，一般含杂质较多，多用作工业原料。

原盐作为化学工业用的原料，必须进行处理。处理方法是将原盐加水配成一定浓度的盐水，其中机械杂质可用澄清和过滤的方法除去，化学杂质根据要求用加化学药剂的方法除去。原盐是人们生活的必需品。此外，又可作为基本化工原料，主要用于生产纯碱、烧碱、氯酸钠、氯气、漂白粉、金属钠等。在陶瓷、医药、饲料方面也有广泛用途。因此，对原盐成分进行检测分析是有一定意义的。

二、原盐质量指标

根据 GB/T 5462—2015，工业盐的理化指标应符合表 9-1 的规定。

表 9-1 工业盐理化指标

项目		指标								
		精制工业盐						日晒工业盐		
		工业干盐			工业湿盐					
		优级	一级	二级	优级	一级	二级	优级	一级	二级
氯化钠/(g/100g)	≥	99.1	98.5	97.5	96.0	95.0	93.3	96.2	94.8	92.0
水分/(g/100g)	≤	0.30	0.50	0.80	3.00	3.50	4.00	2.80	3.80	6.00
水不溶物/(g/100g)	≤	0.05	0.10	0.20	0.05	0.10	0.20	0.20	0.30	0.40
钙镁离子总量/(g/100g)	≤	0.25	0.40	0.40	0.30	0.50	0.70	0.30	0.40	0.60
硫酸根离子/(g/100g)	≤	0.30	0.50	0.50	0.50	0.70	1.00	0.50	0.70	1.00

1. 试验方法

（1）感官测定 取适量样品置于洁净的白搪瓷盘中，在自然光线下，目测其色泽、组织形态、杂质。

（2）理化指标

① 钙镁离子总量。按 GB/T 13025.6 规定执行。

② 硫酸根离子。按 GB/T 13025.8 规定执行。

③ 氯离子。按 GB/T 13025.5 规定执行。

④ 水分。

a. 干燥失重法。按 GB/T 13025.3—2012 第 2 章的规定于 140℃干燥恒重后，试样的水分含量（质量分数）为干燥失重和各化合物中残留结晶水之和。试样水分含量按式（9-1）计算：

$$w = w_1 + w_2 \times 0.0662 + w_3 \times 0.1497 + w_4 \times 0.3246 + w_5 \times 0.3784 \cdots \cdots \quad (9\text{-}1)$$

式中　w_1——试样水分的质量分数，g/100g；

　　　w_2——试样 140℃的干燥失重，g/100g；

　　　w_3——试样中硫酸钙质量分数，g/100g；

　　　w_4——试样中硫酸镁质量分数，g/100g；

　　　w_5——试样中氯化镁质量分数，g/100g。

b. 灼烧法。按 GB/T 13025.3—2012 第 3 章规定用灼烧法直接测定水分含量。当水分含量大于 4.0g/100g 时，只适用于灼烧法进行测定。

⑤ 水不溶物。按 GB/T 13025.4 规定执行。

（3）数据检验 氯化钠、硫酸钙、硫酸镁、硫酸钠、氯化钙、氯化镁、水分、水不溶物之和在 99.5g/100g～100.4g/100g 时检验数据成立。

（4）组批与抽样

① 组批。由相同生产工艺、相同资源生产的一次交付的产品视为一批。

② 抽样。按 GB/T 8618 规定执行。

（5）检验规则　检验结果中所有指标都应符合本标准相应等级的要求，如有一项指标不符合本标准的规定，应取该样品的备用样重新测定不符合项，如检验结果仍不符合本标准的规定，则判定该批产品不合格。

工业盐应由生产单位的质量检验部门或委托有资质的质量检验机构进行全项检验。产品出厂（场）时应附有合格证明，注明产品名称（类别）、生产单位、生产日期、等级、标准编号。

2. 包装、标识、运输、贮存

工业盐出厂（场）可以带包装，也可以散装。带包装的产品应在包装上注明产品名称（类别）、规格、商标、生产单位、本标准编号以及禁止食用字样。

运输时应有遮盖物，禁止能与导致产品污染的货物混装。

产品贮存要防止灰尘及其他杂物的污染、防止雨淋。

【任务实施】

工作任务

学习情境	任务目标	学习任务	任务实施方法
原盐分析与检测	1. 掌握固体物质的取样方法 2. 掌握原盐生产方法、分析可能存在的物质 3. 查找相关材料制定分析检测指标 4. 能正确操作、维护使用仪器设备 5. 能准确配制标准溶液 6. 能准确处理分析检测结果 7. 根据国标分析原盐不合格的原因并能提出合理化的改进建议	1. 原盐的采样方法 2. 原盐中水分的测定 3. 原盐中水不溶物含量的测定 4. 原盐中氯离子含量的测定 5. 原盐中钙、镁离子含量的测定 6. 原盐中硫酸根含量的测定 7. 原盐水中氯化钠含量的测定 8. 原盐分析结果的表示和国标对比分析	任务驱动、引导实施、小组讨论、多媒体教学演示、讲解分析、总结、边学边做

 任务 1　盐水中 Na_2SO_4 含量的测定

任务描述

本方法适用于澄清桶进出口淡盐水、一次盐水、纯盐水中硫酸钠含量的测定。

一、方法概要（络合滴定法）

在微酸性条件下向待测试样中加入过量的 $BaCl_2\text{-}MgCl_2$ 混合溶液，使试样中的 SO_4^{2-}

全部与 Ba^{2+} 反应生成 $BaSO_4$ 沉淀。反应式为：

$$SO_4^{2-} + BaCl_2 \rule[0.5ex]{1em}{0.4pt} BaSO_4 \downarrow + 2Cl^-$$

过量的钡盐在碱性及镁盐的存在下，以铬黑 T 为指示剂，用 EDTA 标准溶液进行回滴：

$$Mg^{2+} + NaH_2T \rule[0.5ex]{1em}{0.4pt} MgT^-（紫红色）+ Na^+ + 2H^+$$

$$MgT^- + Na_2H_2Y \rule[0.5ex]{1em}{0.4pt} MgY^{2-}（天蓝色）+ 2Na^+ + H^+ + HT^{2-}$$

然后做空白试验，通过空白试验消耗滴定剂 EDTA 标准溶液的体积，减去沉淀硫酸盐后剩余的钡、镁所消耗滴定剂体积，计算出消耗于沉淀硫酸盐的钡量，进而求出硫酸盐含量。

二、试剂与仪器

1. 试剂

① EDTA 标准溶液：0.05mo/L。

② 三乙醇胺溶液：15％。

③ 盐酸溶液：(1+1)。

④ 氨性缓冲溶液：pH＝10。

⑤ 乙醇：95％。

⑥ 铬黑 T 溶液：0.5％。

⑦ $BaCl_2$-$MgCl_2$ 混合溶液：0.01mo/L。

2. 仪器

吸量管（5mL）1 支，锥形瓶（250mL）4 个，漏斗，滤纸，酸式滴定管（50mL）1 支。

三、分析步骤

准确移取 5mL 待测试样于 250mL 三角瓶中，加盐酸 2 滴酸化，在不断摇动下，准确慢慢加入 $BaCl_2$-$MgCl_2$ 混合溶液 50mL，混匀后过滤，再加入 15％三乙醇胺溶液 5mL，氨性缓冲溶液 5mL，95％乙醇溶液 10mL，0.5％铬黑 T 指示剂 5 滴，用 0.05mol/L 的 EDTA 标准溶液滴定至溶液由紫红色变为纯蓝色为终点。同时做空白试验（空白试验不加试样，以 5mL 去离子水代替，其余步骤相同）。

四、数据处理

$$\rho_{Na_2SO_4} = [c \times (V_2 - V_1) \times 142]/5 = 28.4 \times c \times (V_2 - V_1) \qquad (9\text{-}2)$$

式中　$\rho_{Na_2SO_4}$——Na_2SO_4 的含量，g/L；

　　　V_1——试样 EDTA 标准溶液的消耗体积，mL；

　　　V_2——空白试验 EDTA 标准溶液的消耗体积，mL；

　　　c——EDTA 标准溶液的浓度，mol/L；

　　　142——硫酸钠的摩尔质量，g/mol。

五、允许差

取平行测定结果的算术平均值为测定结果。平行测定结果的绝对差值不大于 $0.1mg/L$。

六、任务执行

1. 准备

（1）以小组为单位，综合分析考虑实验室条件、实验方法、安全环保的可行性，明确分配任务。由组长填写完成任务分配表（详见附录）。

（2）查阅参考文献资料，完成实施前的任务问题。

① 络合滴定的原理是什么？

② 分析检测过程中主要发生的反应有哪些？

③ 进行空白试验的目的是什么？

④ 如何判断滴定终点？判断的依据是什么？试分析。

⑤ 加入三乙醇胺作为掩蔽剂的目的是什么？

⑥ 加入 10mL 乙醇的目的是什么？

⑦ 滴定在接近终点时，应如何操作？为什么？

⑧ 移取待测试样后，用盐水进行酸化的作用是什么？

2. 实施

（1）制订分析检验方案　以小组为单位，综合分析考虑实验室条件、实验方法、安全环保的可行性，制订相应的检测方案，并列出所需仪器和药品（详见附录）。

① 实验所需药品。

② 实验所需仪器。

③ 检测步骤：

a. 实验用溶液配制；

b. 仪器安装调试并校准；

c. 取试样；

d. 试样中硫酸钠含量的测定。

（2）审核分析检验方案　各组将制订好的计划检测方案交指导教师审核，在教师指导下修改完善，批准后再实施。

（3）分析检验项目的实施

① 各组根据实验室现有条件选择所用仪器，填写仪器使用情况登记表，各自洗净、备用。

② 领取所需的化学药品和标准缓冲溶液，装入试剂瓶，贴好标签，备用。

③ 学生各组独立完成检验项目，填写好原始数据记录表及检验报告单。

④ 对分析检验结果进行描述总结。

盐水中硫酸钠含量测定原始数据记录表

样品名称		测定人	
检测编号		校核人	
检测依据		检测日期	
室温/℃		湿度	

记录项目	1	2
取样量 V/mL		
空白试验时仪表读数 $c_1/(\mu g/L)$		
试样测定时仪表读数 $c_2/(\mu g/L)$		
计算公式		
硫酸钠含量 $\rho/(g/L)$		
平均值/(g/L)		
标准规定平行测定结果的绝对差值	本次测定结果是否符合要求	

定量分析结果：试样中硫酸钠的含量为_____。

（4）数据处理　将硫酸钠含量测定结果填至下表中，并进行相关计算。

硫酸钠含量测定分析结果报告单

来样单位			
采样日期		分析日期	
批号		批量	
执行标准			
检测项目	企业指标值		实测结果
硫酸钠含量			
检验结论			

七、总结与反馈

1. 总结反思

分组讨论检测过程中的操作要点和要注意的细节，并做汇报。

2. 考核细则（见附录）

 # 任务 2　盐水中 NaCl 含量的测定

任务描述

本方法适用于粗盐水（分析前须进行过滤）、凯膜过滤后盐水、一次盐水、纯盐水氯化钠含量。

一、方法概要（莫尔法）

在中性或弱碱性溶液中，$AgNO_3$ 和 NaCl 反应生成 AgCl 白色沉淀，用铬酸钾作指示剂，由于 AgCl 溶解度小于铬酸银，当 NaCl 反应完毕后，稍过量的 $AgNO_3$ 与 K_2CrO_4 反应生成砖红色的 Ag_2CrO_4 沉淀，而指示终点。反应式为：

$$AgNO_3 + NaCl =\!=\!= AgCl\downarrow(白) + NaNO_3$$
$$2AgNO_3 + K_2CrO_4 =\!=\!= Ag_2CrO_4\downarrow(砖红色) + 2KNO_3$$

二、试剂与仪器

1. 试剂

① $AgNO_3$ 标准溶液：0.1mol/L。

② K_2CrO_4 指示剂溶液：5‰。

③ H_2SO_4 溶液：0.01mol/L。

④ 酚酞溶液：0.1‰。

2. 仪器

吸量管（10mL）1支，容量瓶（250mL）4个，锥形瓶（250mL）4个，棕色酸式滴定管（50mL）1支。

三、分析步骤

准确移取10mL盐水溶液至250mL容量瓶中，加水稀释至刻度，摇匀。移取制备液10mL于250mL锥形瓶中，滴加1～2滴0.1‰酚酞溶液，若溶液显红色，以0.01mol/L H_2SO_4 溶液中和至红色消失，再加 K_2CrO_4 指示剂1mL，加水至约50mL，在充分摇动下，用0.1mol/L $AgNO_3$ 标准溶液滴定至溶液呈稳定的砖红色悬浊液，经充分摇动后不消失即为终点。

四、数据处理

$$\rho_{NaCl}=\frac{m_{NaCl}}{V_{NaCl}}=(c \times V \times 58.44)/(10 \times 10/250)+K=146.1 \times c \times V+K \qquad (9-3)$$

式中 ρ_{NaCl}——NaCl 的含量，g/L；

c——$AgNO_3$ 标准溶液的浓度，mol/L；

V——$AgNO_3$ 标准溶液的消耗体积，mL；

58.44——NaCl 的摩尔质量，g/mol；

K——NaCl 浓度的温度校正值。

氯化钠浓度的温度校正值（K）

测定温度/℃	K/(g/L)	测定温度/℃	K/(g/L)
10	−1.30	28	+1.22
11	−1.18	29	+1.36
12	−1.06	30	+1.50
13	−0.94	31	+1.66
14	−0.82	32	+1.82
15	−0.70	33	+1.98
16	−0.56	34	+2.14
17	−0.42	35	+2.30
18	−0.28	36	+2.48
19	−0.14	37	+2.66
20	0.00	38	+2.84
21	+0.16	39	+3.02
22	+0.32	40	+3.20
23	+0.48	41	+3.36
24	+0.64	42	+3.52
25	+0.80	43	+3.68
26	+0.94	44	+3.84
27	+1.08	45	+4.00

五、允许差

取平行测定结果的算术平均值为测定结果。平行测定结果的绝对差值不大于 $0.1mg/L$。

六、任务执行

1. 准备

（1）以小组为单位，综合分析考虑实验室条件、实验方法、安全环保的可行性，明确分配任务。由组长填写完成任务分配表（详见附录）。

（2）查阅参考文献资料，完成实施前的任务问题。

① 莫尔法测定的原理是什么？

② 分析检测过程中主要发生的反应有哪些？

③ 本方法测定必须控制在中性或微碱性条件下的原因是什么？

④ 如何判断滴定终点？判断的依据是什么？试分析。

⑤ 在滴定过程中要进行剧烈振荡的原因是什么？

⑥ 结果计算中，必须要对温度进行校正的原因是什么？

2. 实施

（1）制订分析检验方案　以小组为单位，综合分析考虑实验室条件、实验方法、安全环保的可行性，制订相应的检测方案，并列出所需仪器和药品（详见附录）。

① 实验所需药品。

② 实验所需仪器。

③ 检测步骤：

a. 实验用溶液配制；

b. 仪器安装调试并校准；

c. 取试样；

d. 试样中氯化钠含量的测定。

（2）审核分析检验方案　各组将制订好的计划检测方案交指导教师审核，在教师指导下修改完善，批准后再实施。

（3）分析检验项目的实施

① 各组根据实验室现有条件选择所用仪器，填写仪器使用情况登记表，各自洗净、备用。

② 领取所需的化学药品和标准缓冲溶液，装入试剂瓶，贴好标签，备用。

③ 学生各组独立完成检验项目，填写好原始数据记录表及检验报告单。

④ 对分析检验结果进行描述总结。

盐水中氯化钠含量测定原始数据记录表

样品名称		测定人	
检测编号		校核人	
检测依据		检测日期	
室温/℃		湿度	

记录项目	1	2
取样量 V/mL		
试样测定时仪表读数 $c_2/(\mu g/L)$		
计算公式		
氯化钠含量 $\rho/(g/L)$		
平均值 $/(g/L)$		
标准规定平行测定结果的绝对差值	本次测定结果是否符合要求	

定量分析结果：试样中氯化钠的含量为＿＿＿＿＿＿＿＿。

（4）数据处理　将氯化钠含量测定结果填至下表中，并进行相关计算。

氯化钠含量测定分析结果报告单

来样单位			
采样日期		分析日期	
批号		批量	
执行标准			
检测项目	企业指标值		实测结果
氯化钠含量			
检验结论			

七、总结与反馈

1. 总结反思

分组讨论检测过程中的操作要点和要注意的细节，并做汇报。

2. 考核细则（见附录）

 # 任务3　盐水中 NaOH 和 Na₂CO₃ 含量的测定

任务描述

本方法适用于粗盐水、凯膜过滤后盐水、一次盐水、纯盐水中 NaOH 和 Na₂CO₃ 含量的测定。

一、方法概要（双重指示剂法）

根据酸碱中和原理测定。首先用盐酸滴定，酚酞作指示剂，滴定到酚酞变色为第一等量点。此时 Na_2CO_3 转化成 $NaHCO_3$，$NaOH$ 被全部中和。

反应方程式为：

$$Na_2CO_3 + HCl = NaHCO_3 + NaCl$$
$$NaOH + HCl = NaCl + H_2O$$

然后加入甲基橙指示剂继续用盐酸滴定，至溶液颜色改变为第二等量点。此时，$NaHCO_3$ 完全被中和。

反应方程式为：

$$NaHCO_3 + HCl = NaCl + H_2O + CO_2\uparrow$$

二、试剂与仪器

1. 试剂

① 盐酸标准溶液：0.10mol/L。

② 酚酞溶液：0.1%。

③ 甲基橙溶液：0.1%。

2. 仪器

移液管（25mL）1 支，锥形瓶（250mL）4 个，酸式滴定管（50mL）1 支。

三、分析步骤

取 25mL 冷至室温的盐水试样于 250mL 锥形瓶中，加 0.1% 酚酞指示剂 4～5 滴，在不断摇动下，用 0.1mL 的盐酸标准溶液滴定至溶液红色刚好褪去为第一滴定终点，记录消耗盐酸的体积 V_1。然后加甲基橙指示剂 2～3 滴，继续用盐酸标准溶液滴定至溶液颜色变为橙红色为第二滴定终点，记录消耗盐酸的体积 V_2。

四、数据处理

$$\rho_{NaOH} = [c \times (V_1 - V_2) \times 40.00]/25 = 1.6 \times c \times (V_1 - V_2) \tag{9-4}$$

$$\rho_{Na_2CO_3} = (c \times 2V_2 \times 53.00)/25 = 4.24 \times c \times V_2 \tag{9-5}$$

式中　ρ_{NaOH}——NaOH 的含量，g/L；

$\rho_{Na_2CO_3}$——Na_2CO_3 的含量，g/L；

c——盐酸标准溶液的浓度，mol/L；

V_1——用酚酞作指示剂时，消耗盐酸的体积，mL；

V_2——用甲基橙作指示剂时，消耗盐酸的体积，mL；

40.00——NaOH 的摩尔质量，g/mol；

53.00——Na_2CO_3 的摩尔质量，g/mol。

五、允许差

取平行测定结果的算术平均值为测定结果。平行测定结果的绝对差值不大于 0.1mg/L。

六、任务执行

1. 准备

（1）以小组为单位，综合分析考虑实验室条件、实验方法、安全环保的可行性，明确分配任务。由组长填写完成任务分配表（详见附录）。

（2）查阅参考文献资料，完成实施前的任务问题。

① 双重指示法的原理是什么？

② 分析检测过程中主要发生的反应有哪些？

③ 本方法测定必须严格控制酚酞指示剂用量的原因是什么？

④ 如何判断滴定终点？判断的依据是什么？试分析。

⑤ 在滴定过程中，盐酸应如何加入？

⑥ 取出的样品试样应立即滴定，以免发生什么负面影响？

2. 实施

（1）制订分析检验方案　以小组为单位，综合分析考虑实验室条件、实验方法、安全环保的可行性，制订相应的检测方案，并列出所需仪器和药品（详见附录）。

① 实验所需药品。

② 实验所需仪器。

③ 检测步骤：

a. 实验用溶液配制；

b. 仪器安装调试并校准；

c. 取试样；

d. 试样中 NaOH 和 Na_2CO_3 含量的测定。

（2）审核分析检验方案　各组将制订好的计划检测方案交指导教师审核，在教师指导下修改完善，批准后再实施。

（3）分析检验项目的实施

① 各组根据实验室现有条件选择所用仪器，填写仪器使用情况登记表，各自洗净、备用。

② 领取所需的化学药品和标准缓冲溶液，装入试剂瓶，贴好标签，备用。

③ 学生各组独立完成检验项目，填写好原始数据记录表及检验报告单。

④ 对分析检验结果进行描述总结。

盐水中 NaOH 和 Na_2CO_3 含量测定原始数据记录表

样品名称		测定人		
检测编号		校核人		
检测依据		检测日期		
室温/℃		湿度		
记录项目		1		2
取样量 V/mL				
试样测定时仪表读数 c_2/(μg/L)				
计算公式				
NaOH 含量 ρ/(g/L)				
Na_2CO_3 含量 ρ/(g/L)				
平均值/(g/L)				
标准规定平行测定结果的绝对差值		本次测定结果是否符合要求		

定量分析结果：试样 NaOH 和 Na_2CO_3 的含量分别为＿＿＿＿＿＿＿＿＿＿＿＿＿。

（4）数据处理　将 NaOH 和 Na_2CO_3 含量测定结果填至下表中，并进行相关计算。

NaOH 和 Na_2CO_3 含量测定分析结果报告单

来样单位			
采样日期		分析日期	
批号		批量	
执行标准			
检测项目	企业指标值		实测结果
NaOH 含量			
Na_2CO_3 含量			
检验结论			

七、总结与反馈

1. 总结反思

分组讨论检测过程中的操作要点和要注意的细节，并做汇报。

2. 考核细则（见附录）

 ## 任务4　盐水中钙离子和镁离子含量的测定

任务描述

　　本方法适用于预处理器出口盐水、凯膜过滤后盐水、一次盐水中钙离子和镁离子含量的测定。

一、方法概要（络合滴定法）

1. 钙离子测定原理

　　在 pH≈12～13 的碱性条件下，以钙试剂为指示剂，钙指示剂先与钙离子形成稳定性较差的络合物（酒红色），当用 EDTA 标准溶液滴定时，EDTA 即夺去络合物中的钙离子，游离出钙指示剂阴离子（蓝色）。滴定至溶液由酒红色变为蓝色为终点。用 NaH_2T 代表指示剂，Na_2H_2Y 代表 EDTA，反应方程式为：

$$Ca^{2+}+NaH_2T \Longrightarrow Na^++2H^++CaT^-（酒红色）$$

$$CaT^-+Na_2H_2Y \Longrightarrow CaY^{2-}+2Na^++HT^{2-}（蓝色）+H^+$$

2. 镁离子测定原理

　　用氨性缓冲液调节试样的 pH 约为 10，用铬黑 T 为指示剂，铬黑 T 指示剂先与 Ca^{2+}、Mg^{2+} 形成稳定性较差的络合物（紫红色），当用 EDTA 标准溶液滴定时，EDTA 即夺去络合物中的 Ca^{2+}、Mg^{2+}，游离出铬黑 T 阴离子（纯蓝色）。用 EDTA 标准溶液滴定测得钙、镁离子总量，再从总量中减去钙离子含量即为镁离子含量。反应方程式为：

$$Mg^{2+}+NaH_2T \Longrightarrow Na^++2H^++MgT^-（紫红色）$$

$$MgT^-+Na_2H_2Y \Longrightarrow MgY^{2-}+2Na^++HT^{2-}（纯蓝色）+H^+$$

二、试剂与仪器

1. 试剂

① EDTA：0.02mol/L。

② 盐酸羟胺溶液（1%）。

③ 三乙醇胺溶液（30%）。

④ 氨性缓冲液（pH＝10）。

⑤ NaOH 溶液（2mol/L）。

⑥ 钙试剂（0.5%）。

⑦ 铬黑 T 指示剂（0.2%）。

⑧ 盐酸溶液（1mol/L）。

2. 仪器

容量瓶（250mL）4 个，移液管（25mL）1 支，锥形瓶（250mL）4 个，酸式滴定管（50mL）1 支。

三、分析步骤

1. 钙含量的测定

取盐水试样 25mL 于 250mL 锥形瓶中，先用 1mol/L 盐酸滴定至 pH＝2，按顺序分别加入 1% 盐酸羟胺溶液 1mL，30% 三乙醇胺 1mL，逐滴加入 2mol/L NaOH 溶液 2mL，每次加入试剂后摇匀，再加入约 0.1g 钙指示剂，用 0.02mo/L EDTA 标准溶液滴定至溶液由酒红色为纯蓝色即为终点，记下所耗 EDTA 标准溶液的体积 V_1。

2. 钙镁总量的测定

取同一盐水试样 25mL 于 250mL 三角瓶中，先用 1mol/L HCl 溶液滴定至 pH＝2，顺序加入 1% 盐酸羟胺溶液 1mL，30% 三乙醇胺 1mL，氨性缓冲液 5mL，每次加入试剂后摇匀，再加入 15 滴铬黑 T 指示剂，用 EDTA 标准溶液滴定至溶液由紫红色变为纯蓝色即为终点，记下所耗 EDTA 标准溶液的体积 V_2。

四、数据处理

钙、镁含量按下式计算：

$$\rho_{Ca^{2+}} = (c \times V_1 \times 40.08 \times 1000)/25 = 1603.2 \times c \times V_1 \qquad (9\text{-}6)$$

$$\rho_{Mg^{2+}} = [c \times (V_2 - V_1) \times 24.32 \times 1000]/25 = 972.8 \times c \times (V_2 - V_1) \qquad (9\text{-}7)$$

式中　$\rho_{Ca^{2+}}$ ——Ca^{2+} 的含量，g/L；

　　　$\rho_{Mg^{2+}}$ ——Mg^{2+} 的含量，g/L；

　　　V_1 ——滴定钙时，消耗 EDTA 标准溶液的体积，mL；

　　　V_2 ——滴定钙镁总量时，消耗 EDTA 标准溶液的体积，mL；

　　　c ——EDTA 标准溶液的浓度，mol/L；

　　40.08——钙的摩尔质量，g/mol；

　　24.32——镁的摩尔质量，g/mol。

五、允许差

取平行测定结果的算术平均值为测定结果。平行测定结果的绝对差值不大于 0.1mg/L。

六、任务执行

1. 准备

（1）以小组为单位，综合分析考虑实验室条件、实验方法、安全环保的可行性，明确分配任务。由组长填写完成任务分配表（详见附录）。

（2）查阅参考文献资料，完成实施前的任务问题。

① 络合滴定法的原理是什么？

② 分析检测过程中主要发生的反应有哪些？

③ 滴定过程中，加入三乙醇的作用是什么？

④ 如何判断滴定终点？判断的依据是什么？试分析。

⑤ 滴定过程中，加入盐酸羟胺溶液的作用是什么？

⑥ 络合滴定速度不宜过快，尤其接近终点时，每滴加一滴 EDTA，均需要剧烈摇动的原因是什么？

⑦ 为什么加入 NaOH 溶液时应慢慢滴入？

2. 实施

（1）制订分析检验方案　以小组为单位，综合分析考虑实验室条件、实验方法、安全环保的可行性，制订相应的检测方案，并列出所需仪器和药品（详见附录）。

① 实验所需药品。

② 实验所需仪器。

③ 检测步骤：

a. 实验用溶液配制；

b. 仪器安装调试、并校准；

c. 取试样；

d. 试样中 Ca^{2+}、Mg^{2+} 含量的测定。

（2）审核分析检验方案　各组将制订好的计划检测方案交指导教师审核，在教师指导下修改完善，批准后再实施。

（3）分析检验项目的实施

① 各组根据实验室现有条件选择所用仪器，填写仪器使用情况登记表，各自洗净、备用。

② 领取所需的化学药品和标准缓冲溶液，装入试剂瓶，贴好标签，备用。

③ 学生各组独立完成检验项目，填写好原始数据记录表及检验报告单。

④ 对分析检验结果进行描述总结。

盐水中 Ca^{2+}、Mg^{2+} 含量测定原始数据记录表

样品名称		测定人	
检测编号		校核人	
检测依据		检测日期	
室温/℃		湿度	
记录项目		1	2
取样量 V/mL			
试样测定时仪表读数 c_2/(μg/L)			
计算公式			
Ca^{2+}、Mg^{2+} 含量 ρ/(g/L)			
平均值/(g/L)			
标准规定平行测定结果的绝对差值		本次测定结果是否符合要求	

定量分析结果：试样中 Ca^{2+}、Mg^{2+} 的含量为　　　　　　　　。

（4）数据处理　将Ca^{2+}、Mg^{2+}含量测定结果填至下表中，并进行相关计算。

Ca^{2+}、Mg^{2+}含量测定分析结果报告单

来样单位			
采样日期		分析日期	
批号		批量	
执行标准			
检测项目	企业指标值		实测结果
Ca^{2+}、Mg^{2+}含量			
检验结论			

七、总结与反馈

1. 总结反思

分组讨论检测过程中的操作要点和要注意的细节，并做汇报。

2. 考核细则（见附录）

任务 5　盐水中游离氯含量的测定

任务描述

　　本方法适用于加压泵出口盐水、凯膜过滤后盐水、一次盐水、纯盐水、阳极液、真空脱氯后淡盐水中游离氯含量的测定。

一、方法概要

在酸性条件下，游离氯能将碘离子氧化为游离碘，游离碘用硫代硫酸钠标准溶液滴定。反应式为：

$$Cl_2 + 2KI = 2KCl + I_2$$
$$NaClO + 2KI + 2CH_3COOH = NaCl + H_2O + 2CH_3COOK + I_2$$
$$I_2 + 2Na_2S_2O_3 = 2NaI + Na_2S_4O_6$$

二、试剂与仪器

1. 试剂

① 硫代硫酸钠标准溶液：0.02mo/L。

② 乙酸溶液：20%。

③ 碘化钾溶液：10%。

④ 淀粉溶液：1.0%。

2. 仪器

碘量瓶（250mL）4 个，移液管（50mL）1 支，锥形瓶（250mL）4 个，四氟滴定管（50mL）1 支。

三、分析步骤

在 250mL 碘量瓶中加入 10％碘化钾溶液 10mL、20％乙酸溶液 10mL，再迅速加入冷至室温的试样 100mL，加盖摇匀，于暗处静置 10min 后，用 0.02mol/L 硫代硫酸钠标准溶液通过微量滴定管滴定至溶液呈浅黄色，再加入 1.0％淀粉指示剂 2mL，继续用 0.02mol/L 硫代硫酸钠标准溶液滴定至蓝色恰好消失为终点。

四、数据处理

游离氯含量按下式计算

$$\rho_{游离氯} = (c \times V \times 35.45 \times 1000)/25 = 1418 \times c \times V \tag{9-8}$$

式中　$\rho_{游离氯}$——游离氯的含量，mg/L；

　　　V——硫代硫酸钠标准溶液的体积，mL；

　　　c——硫代硫酸钠标准溶液的浓度，mol/L；

　　35.45——氯的摩尔质量，g/mol。

五、允许差

取平行测定结果的算术平均值为测定结果。平行测定结果的绝对差值不大于 0.1mg/L。

六、任务执行

1. 准备

（1）以小组为单位，综合分析考虑实验室条件、实验方法、安全环保的可行性，明确分配任务。由组长填写完成任务分配表（详见附录）。

（2）查阅参考文献资料，完成实施前的任务问题。

① 分析检测过程中主要发生的反应有哪些？

② 淀粉指示剂发生浑浊时是否可以继续使用？

③ 在测定时应迅速加入试样，并立即加盖密闭的原因是什么？

④ 在测定游离氯含量较高的试样时，应选用较高还是较低浓度的硫代硫酸钠标准溶液？

2. 实施

（1）制订分析检验方案　以小组为单位，综合分析考虑实验室条件、实验方法、安全环保的可行性，制订相应的检测方案，并列出所需仪器和药品（详见附录）。

① 实验所需药品。

② 实验所需仪器。

③ 检测步骤：

a. 实验用溶液配制；

b. 仪器安装调试并校准；

c. 取试样；

d. 试样中氯含量的测定。

（2）审核分析检验方案　各组将制订好的计划检测方案交指导教师审核，在教师指导下修改完善，批准后再实施。

（3）分析检验项目的实施

① 各组根据实验室现有条件选择所用仪器，填写仪器使用情况登记表，各自洗净、备用。

② 领取所需的化学药品和标准缓冲溶液，装入试剂瓶，贴好标签，备用。

③ 学生各组独立完成检验项目，填写好原始数据记录表及检验报告单。

④ 对分析检验结果进行描述总结。

盐水中游离氯含量测定原始数据记录表

样品名称		测定人		
检测编号		校核人		
检测依据		检测日期		
室温/℃		湿度		
记录项目			1	2
取样量 V/mL				
试样测定时仪表读数 c_2/(mg/L)				
计算公式				
游离氯含量 ρ/(mg/L)				
平均值/(mg/L)				
标准规定平行测定结果的绝对差值		本次测定结果是否符合要求		

定量分析结果：试样游离氯的含量为＿＿＿＿＿＿＿。

（4）数据处理　将游离氯含量测定结果填至下表中，并进行相关计算。

游离氯含量测定分析结果报告单

来样单位			
采样日期		分析日期	
批号		批量	
执行标准			
检测项目	企业指标值		实测结果
游离氯含量			
检验结论			

七、总结与反馈

1. 总结反思

分组讨论检测过程中的操作要点和要注意的细节，并做汇报。

2. 考核细则（见附录）

 # 任务 6　盐水中 $NaClO_3$ 含量的测定

任务描述

本方法适用于纯盐水中 $NaClO_3$ 含量的测定。

一、方法概要

用浓盐酸和 KI 与氯酸盐发生氧化还原反应，释放出游离态的碘，然后再用硫代硫酸钠溶液滴定。反应方程式为

$$NaClO_3 + 6HCl = NaCl + 3Cl_2 + 3H_2O$$
$$Cl_2 + 2KI = 2KCl + I_2$$
$$I_2 + 2Na_2S_2O_3 = 2NaI + Na_2S_4O_6$$

二、试剂与仪器

1. 试剂

① 硫代硫酸钠标准溶液：0.1mol/L。

② 盐酸溶液（1+1）。

③ KI 溶液：5.0%。

④ 淀粉溶液：1.0%。

⑤ KBr 溶液：20%。

2. 仪器

碘量瓶（250mL）4 个，吸量管（5mL）1 支，移液管（50mL）1 支，锥形瓶（250mL）4 个，四氟滴定管（50mL）1 支。

三、分析步骤

在 250mL 碘量瓶中加入 20% 的 KBr 溶液 2mL 和 5.0% 的 KI 溶液 10mL 及（1+1）的盐酸溶液 20mL，然后再迅速放入准确移取的 5mL 盐水试样，并迅速用塞子塞住瓶口，绕瓶颈壁周围放少量 KI 溶液密封，加盖摇匀后，于暗处静置 5min。使瓶内溶液混合均匀后，去掉塞子并加 50mL 水，用 0.1mol/L 硫代硫酸钠标准溶液滴定至浅黄色，然后加入 1.0% 的淀粉指示剂 2mL，继续滴定至蓝色恰好消失为终点。

四、数据处理

$$\rho_{NaClO_3} = (cV \times 106.5/6)/5 = 3.55cV \tag{9-9}$$

式中　ρ_{NaClO_3}——NaClO$_3$ 的含量，g/L；

　　　　c——硫代硫酸钠标准溶液的浓度，mol/L；

　　　　V——硫代硫酸钠标准溶液消耗的体积，mL；

　　　　106.5——NaClO$_3$ 的摩尔质量，g/mol。

五、允许差

取平行测定结果的算术平均值为测定结果。平行测定结果的绝对差值不大于 0.1mg/L。

六、任务执行

1. 准备

（1）以小组为单位，综合分析考虑实验室条件、实验方法、安全环保的可行性，明确分配任务。由组长填写完成任务分配表（详见附录）。

（2）查阅参考文献资料，完成实施前的任务问题。

① 分析检测过程中主要发生的反应有哪些？

② 淀粉指示剂浑生混浊时是否可以继续使用？

③ 在测定时应迅速加入试样，并立即加盖密闭的原因是什么？

2. 实施

（1）制订分析检验方案　以小组为单位，综合分析考虑实验室条件、实验方法、安全环保的可行性，制订相应的检测方案，并列出所需仪器和药品（详见附录）。

① 实验所需药品。

② 实验所需仪器。

③ 检测步骤：

a. 实验用溶液配制；

b. 仪器安装调试并校准；

c. 取试样；

d. 试样中 $NaClO_3$ 含量的测定。

（2）审核分析检验方案　各组将制订好的计划检测方案交指导教师审核，在教师指导下修改完善，批准后再实施。

（3）分析检验项目的实施

① 各组根据实验室现有条件选择所用仪器，填写仪器使用情况登记表，各自洗净、备用。

② 领取所需的化学药品和标准缓冲溶液，装入试剂瓶，贴好标签，备用。

③ 学生各组独立完成检验项目，填写好原始数据记录表及检验报告单。

④ 对分析检验结果进行描述总结。

盐水中 $NaClO_3$ 含量测定原始数据记录表

样品名称		测定人	
检测编号		校核人	
检测依据		检测日期	
室温/℃		湿度	
记录项目		1	2
取样量 V/mL			
试样测定时仪表读数 c_2/(mg/L)			
计算公式			
$NaClO_3$ 含量 ρ/(g/L)			
平均值/(g/L)			
标准规定平行测定结果的绝对差值		本次测定结果是否符合要求	

定量分析结果：试样 $NaClO_3$ 的含量为_____。

（4）数据处理　将 $NaClO_3$ 含量测定结果填至下表中，并进行相关计算。

$NaClO_3$ 含量测定分析结果报告单

来样单位			
采样日期		分析日期	
批号		批量	
执行标准			
检测项目	企业指标值		实测结果
$NaClO_3$ 含量			
检验结论			

1. 总结反思

分组讨论检测过程中的操作要点和要注意的细节，并做汇报。

2. 考核细则（见附录）

 ## 任务 7　盐水中 Na_2SO_3 含量的测定

方法描述

本方法适用于凯膜过滤后盐水、化学脱氯后淡盐水中 Na_2SO_3 含量的测定。

一、方法概要

加入已知过量的碘标准溶液，使其与亚硫酸钠充分发生氧化还原反应，过量的碘在酸性溶液中，用硫代硫酸钠标准溶液回滴至终点。反应方程式为

$$Na_2SO_3 + I_2 + H_2O \Longrightarrow Na_2SO_4 + 2HI$$
$$I_2 + 2Na_2SO_3 \Longrightarrow Na_2S_4O_6 + 2NaI$$

二、试剂与仪器

1. 试剂

① 碘标准溶液：$c_{\frac{1}{2}I_2} = 0.01 mol/L$。

② 硫代硫酸钠标准溶液：$0.02 mol/L$。

③ 盐酸溶液（1+1）。

④ 淀粉溶液（1.0%）。

2. 仪器

碘量瓶（250mL）4 个，移液管（25mL）1 支，移液管（50mL）1 支，锥形瓶（250mL）4 个，四氟滴定管（50mL）1 支。

三、分析步骤

准确移取 0.01mol/L 碘标准溶液 10mL 于 250mL 碘量瓶中，加无离子水 50mL，再迅速加入试样 25mL，塞紧摇匀，水封并静置 10min 后，再加盐酸溶液 1mL，摇匀，用 0.02mol/L 的 $Na_2S_2O_3$ 标准溶液滴定至溶液呈浅黄色时，加入 1.0% 淀粉溶液指示剂 2mL，继续滴定至蓝色恰好消失为终点。同时做空白试验（空白试验不加试样，以 10mL 无离子水代替，其余步骤相同）。

四、数据处理

Na_2SO_3 含量按下式计算：

$$\rho_{Na_2SO_3} = c \times (V_2 - V_1) \times 63.02/25 = 2.52 \times c \times (V_2 - V_1) \tag{9-10}$$

式中　$\rho_{Na_2SO_3}$——Na_2SO_3 的含量，g/L；

V_1——试样消耗 $Na_2S_2O_3$ 标准溶液的体积，mL；

V_2——空白试验中消耗 $Na_2S_2O_3$ 标准溶液的体积，mL；

c——$Na_2S_2O_3$ 标准溶液的浓度，mol/L；

63.02——亚硫酸钠的摩尔质量，g/mol。

五、允许差

取平行测定结果的算术平均值为测定结果。平行测定结果的绝对差值不大于 0.1mg/L。

六、任务执行

1. 准备

（1）以小组为单位，综合分析考虑实验室条件、实验方法、安全环保的可行性，明确分配任务。由组长填写完成任务分配表（详见附录）。

（2）查阅参考文献资料，完成实施前的任务问题。

① 分析检测过程中主要发生的反应有哪些？

② 淀粉指示剂发生浑浊时是否可以继续使用？

③ 如果试样中亚硫酸钠浓度过高，应如何处理？

2. 实施

（1）制订分析检验方案　以小组为单位，综合分析考虑实验室条件、实验方法、安全环保的可行性，制订相应的检测方案，并列出所需仪器和药品（详见附录）。

① 实验所需药品。

② 实验所需仪器。

③ 检测步骤：

a. 实验用溶液配制；

b. 仪器安装调试并校准；

c. 取试样；

d. 试样中 Na_2SO_3 含量的测定，并做空白试验。

（2）审核分析检验方案　各组将制订好的计划检测方案交指导教师审核，在教师指导下修改完善，批准后再实施。

（3）分析检验项目的实施

① 各组根据实验室现有条件选择所用仪器，填写仪器使用情况登记表，各自洗净、备用。

② 领取所需的化学药品和标准缓冲溶液，装入试剂瓶，贴好标签，备用。

③ 学生各组独立完成检验项目，填写好原始数据记录表及检验报告单。

④ 对分析检验结果进行描述总结。

盐水中 Na$_2$SO$_3$ 含量测定原始数据记录表

样品名称		测定人	
检测编号		校核人	
检测依据		检测日期	
室温/℃		湿度	
记录项目		1	2
取样量 V/mL			
试样测定时仪表读数 c_2/(mg/L)			
计算公式			
Na$_2$SO$_3$ 含量 ρ/(g/L)			
平均值/(g/L)			
标准规定平行测定结果的绝对差值		本次测定结果是否符合要求	

定量分析结果：试样 Na$_2$SO$_3$ 的含量为 _____。

（4）数据处理　将 Na$_2$SO$_3$ 含量测定结果填至下表中，并进行相关计算。

Na$_2$SO$_3$ 含量测定分析结果报告单

来样单位			
采样日期		分析日期	
批号		批量	
执行标准			
检测项目	企业指标值		实测结果
Na$_2$SO$_3$ 含量			
检验结论			

七、总结与反馈

1. 总结反思

分组讨论检测过程中的操作要点和要注意的细节，并做汇报。

2. 考核细则（见附录）

任务8　盐水中固体悬浮物(SS)含量的测定

任务描述

本方法适用于凯膜过滤后盐水、一次盐水中固体悬浮物（SS）含量的测定。

一、方法概要

精制后的盐水中含有少量的固体颗粒，颗粒直径在 0.3～1μm；可用特殊的过滤器和过滤膜过滤，然后干燥称重，干燥前的质量减去干燥后的质量即为固体悬浮物的质量。

二、试剂与仪器

1. 试剂

乙醇（分析纯），高纯水。

2. 仪器

分析天平，精度 0.1mg；全玻砂芯过滤器，过滤托架 47mm；聚四氟乙烯过滤膜，全氟多孔型，孔径 0.22μm，型号 FLUROPORE^{TV}，牌号 FP030 或相当品种。

三、分析步骤

① 用洁净的取样桶取足量的试样（一般不少于 3000mL），冷却至室温后，用量筒准确量取试样 1000mL。

② 取一张过滤膜，放入一干燥洁净的称量瓶中，然后用烘箱在 103～105℃ 的恒温条件下烘干 30min，在干燥器中冷却 30min，用分析天平准确称重（准确至 0.001g）。再烘干 30min，冷却 30min，再次称重。两次称重差值不能大于 0.3mg，如果大于 0.3mg，重新烘干称重。取两次称重的平均值记为过滤前过滤膜与称重瓶的总质量 m_1。

③ 将称重后的过滤膜放入乙醇溶液中浸泡 2～3min，使之呈半透明状态，然后用高纯水充分洗净。

④ 将过滤膜放在过滤器托架上，正确密合，安装牢固。开动水喷式真空泵，加入待测盐水试样，进行抽滤。

⑤ 当试样加完后，用高纯水冲净量筒底部的沉淀物，一并过滤。

⑥ 当试样全部滤完后，每次用 100mL 高纯水洗涤过滤膜，共冲洗 10 次以充分洗净过滤膜上残留的氯化钠。洗涤完毕后，继续抽滤直到过滤膜上没有水为止。

⑦ 取出过滤膜，放入同一称量瓶中，然后用烘箱在 103～105℃ 的恒温条件下烘干 2h，再在干燥器中冷却 30min，用分析天平准确称重（准确至 0.001g）。再烘干 30min，冷却 15min 再次称重。两次称重差值不能大于 0.3mg，如果大于 0.3mg，重新烘干称重。取两次称重的平均值，记为过滤后过滤膜与称重瓶的总质量 m_2。

四、数据处理

$$\rho_{SS} = (m_2 - m_1)/(V \times 1000) \tag{9-11}$$

式中　ρ_{SS}——SS 的含量，mg/L；

V——试样的体积，mL；

m_1——过滤前过滤膜与称重瓶的总质量，mg；

m_2——过滤后过滤膜与称重瓶的总质量，mg。

五、允许差

取平行测定结果的算术平均值为测定结果。平行测定结果的绝对差值不大于 0.1mg/L。

六、任务执行

1. 准备

（1）以小组为单位，综合分析考虑实验室条件、实验方法、安全环保的可行性，明确分配任务。由组长填写完成任务分配表（详见附录）。

（2）查阅参考文献资料，完成实施前的任务问题。

① 分析检测原理是什么？

② 过滤膜放入乙醇中浸泡的目的是什么？

2. 实施

（1）制订分析检验方案　以小组为单位，综合分析考虑实验室条件、实验方法、安全环保的可行性，制订相应的检测方案，并列出所需仪器和药品（详见附录）。

① 实验所需药品。

② 实验所需仪器。

③ 检测步骤：

a. 实验用溶液；

b. 仪器安装调试并校准；

c. 取试样；

d. 试样中悬浮物（SS）含量的测定。

（2）审核分析检验方案　各组将制订好的计划检测方案交指导教师审核，在教师指导下修改完善，批准后再实施。

（3）分析检验项目的实施

① 各组根据实验室现有条件选择所用仪器，填写仪器使用情况登记表，各自洗净、备用。

② 领取所需的化学药品和标准缓冲溶液，装入试剂瓶，贴好标签，备用。

③ 学生各组独立完成检验项目，填写好原始数据记录表及检验报告单。

④ 对分析检验结果进行描述总结。

盐水中悬浮物（SS）含量测定原始数据记录表

样品名称		测定人	
检测编号		校核人	
检测依据		检测日期	
室温/℃		湿度	
记录项目		1	2
取样量 V/mL			
试样测定时仪表读数 c_2/(mg/L)			
计算公式			
悬浮物(SS)含量 ρ/(mg/L)			
平均值/(g/L)			
标准规定平行测定结果的绝对差值		本次测定结果是否符合要求	

定量分析结果：试样中悬浮物（SS）的含量为＿＿＿＿＿＿＿＿。

（4）数据处理　将悬浮物（SS）含量测定结果填至下表中，并进行相关计算。

悬浮物（SS）含量测定分析结果报告单

来样单位				
采样日期		分析日期		
批号		批量		
执行标准				
检测项目	企业指标值		实测结果	
悬浮物(SS)含量				
检验结论				

七、总结与反馈

1. 总结反思

分组讨论检测过程中的操作要点和要注意的细节，并做汇报。

2. 考核细则（见附录）

素养拓展

金属指示剂——拿得起、放得下，才能成就别人

金属指示剂是络合滴定法中使用的指示剂。金属指示剂是一些可与金属离子生成有色络合物的有机配位剂，其有色配合物的颜色与游离指示剂的颜色不同，从而可以用来指示滴定过程中金属离子浓度的变化情况，因而称为金属离子指示剂，简称金属指示剂。

金属指示剂指示终点的原理是：在一定 pH 值下，指示剂与金属离子络合，生成与指示剂游离态颜色不同的络离子，即络合物颜色，滴定到等当点时，滴定剂置换出指示剂，显示游离态颜色，当观察到从络离子的颜色转变为指示剂游离态的颜色时即达终点。同理，人也要学会做金属指示剂，成就别人的同时，也成就自己。我们发现，金属指示剂——铬黑T，既能与钙镁离子结合生成配合物，又能在滴定终点与 EDTA 置换，释放出铬黑T指示剂，能收能放、能屈能伸，真可谓大丈夫。我们做事业、创业、谈判，也需要有金属指示剂的精神，会审时度势，才能战胜困难。

【测试题】

一、填空题

1. 原盐中水分含量的分析测定主要有_____和_____。

2. 络合滴定法测定盐水中硫酸钠含量时，用到的指示剂是_____。

3. 氯化银的溶解度_____铬酸银。（大于或小于）

4. 通常采用_____方法测定盐水中氢氧化钠和碳酸钠的含量。

5. 盐水中的游离氯用_____标准溶液滴定。

6. 精制后的盐水中含有少量的固体颗粒，颗粒直径一般在_____μm。

二、思考题

1. 何谓原盐？主要成分是什么？主要用于哪些领域？

2. 原盐理化指标主要包括哪些?

3. 原盐中的水不溶物主要指哪些物质?

4. 淡盐水、一次盐水、纯盐水有什么区别?

5. 简述莫尔法滴定的原理。

6. 分析莫尔法测定盐水中氯化钠含量时,用棕色酸式滴定管的原因。

7. 莫尔法测定盐水中氯化钠含量时主要发生的化学反应有哪些?

8. 简述双重指示剂法的原理。

9. 分析双重指示剂法测定氢氧化钠和碳酸钠含量时,必须严格控制酚酞指示剂用量的原因是什么?

10. 分析络合滴定法测定盐水中钙、镁离子含量的原理。

11. 络合滴定测定盐水中钙、镁离子过程中,加入三乙醇的作用是什么?

12. 分析在测定游离氯含量较高的试样时,应选用较高还是较低浓度的硫代硫酸钠标准溶液?

13. 盐水中的次氯酸钠含量测定的原理是什么?发生的主要化学反应包括哪些?

学习任务十 工业成品甲醇分析

学习目标

任务说明

甲醇，又称羟基甲烷，是一种有机化合物，有毒。其是结构最为简单的饱和一元醇。其化学式为 CH_3OH，分子量为 32.04，沸点为 64.7℃。常温常压下，纯甲醇是无色透明、易挥发、可燃略带醇香的有毒液体。甲醇通常由一氧化碳与氢气反应制得，能和水及常用有机溶剂（乙醇、乙醚、丙酮、苯等）以任意比例相溶，但不能和脂肪烃类化合物互溶。

工业成品甲醇出厂需要检验的项目有：色度、密度、水溶性的测定，酸度和碱度的测定，沸程的测定，蒸发残渣的测定。本任务主要对工业成品甲醇的色度、密度、水溶性、酸度、碱度、沸程、蒸发残渣进行测定。

知识目标

1. 掌握工业甲醇的取样与贮存方法。
2. 明确甲醇质量指标、采样及检验规则。
3. 掌握工业成品甲醇色度、密度、水溶性、酸度和碱度、沸程、蒸发残渣的测定方法与原理。

技能目标

1. 会对工业甲醇正确取样和保存。
2. 具有熟练正确配制缓冲溶液的能力。
3. 能熟练正确地分析工业成品甲醇中色度、密度、水溶性、酸度和碱度、沸程、蒸发残渣的测定方法。

素养目标

1. 培养学生严谨、细致、认真的工作态度。
2. 培养学生团结协作的工作精神。
3. 培养学生环保意识、安全意识、经济意识。
4. 培养学生灵活运用所学专业知识来解决实际问题的能力。

【任务准备】

一、工业用甲醇质量指标

工业用甲醇应符合表 10-1 所示的质量指标要求。

表 10-1　工业用甲醇的质量指标

项目	指标		
	优等品	一等品	合格品
色度,Hazen 单位(铂-钴色号) ≤	5		10
密度 ρ_{20}/(g/cm³)	0.791～0.792	0.791～0.793	
沸程(0℃,101.3kPa)/℃ ≤	0.8	1.0	1.5
高锰酸钾试验/min ≥	50	30	20
水混溶性试验	通过试验(1+3)	通过试验(1+9)	—
水质量分数/% ≤	0.10	0.15	0.20
酸(以 HCOOH 计)质量分数/% ≤	0.0015	0.0030	0.0050
或碱(以 NH₃ 计)质量分数/% ≤	0.0002	0.0008	0.0015
羰基化合物(以 HCHO 计)质量分数/% ≤	0.002	0.005	0.010
蒸发残渣质量分数/% ≤	0.001	0.003	0.005
硫酸洗涤实验,Hazen 单位(铂-钴色号) ≤	50		—
乙醇质量分数/%	供需双方协商		—

二、工业用甲醇采样及检验规则

1. 采样

采样按 GB/T 6678 和 GB/T 6680 常温下为流动态液体的规定进行,所采样品总量不得少于 2L。将样品充分混匀后,分装于两个干燥清洁带有磨口塞的玻璃瓶中,一瓶作为分析检验用,一瓶供备查验用。

2. 检验规则

① 本标准所列项目均为型式检验项目,其中色度、密度、沸程、高锰酸钾试验、水分和酸(或碱)为出厂检验项目。在正常生产情况下每月至少进行一次型式检验。当遇到下列情况之一时,应进行型式检验:更新关键生产工艺;主要原料有变化,停产后重新恢复生产;出厂检验结果与上次型式检验结果有较大差异;合同规定。

② 工业用甲醇应由质量检验部门进行检验,生产厂保证出厂的工业用甲醇符合本标准的要求。每一批出厂的工业用甲醇都应附有质量证明书,内容包括生产厂名称、产品名称、生产日期或批号、产品质量等级和本标准编号等。

③ 在原材料、工艺不变的条件下,产品连续生产的实际批为一个组批;但若干个组批构成一个检验批的时间通常不超过一周。

④ 检验结果的判定按 GB/T 8170 中修约值比较法进行,检验结果如有一项不符合本标准要求时,应重新自两倍数量的包装单元采样、检验,罐装产品应重新多点采样、检验,重

新检验的结果即使只有一项指标不符合本标准要求，则整批产品为不合格。

三、工业用甲醇的标志、包装、运输和贮存及安全事项

1. 标志、包装、运输和贮存

① 工业用甲醇产品包装容器上应涂有牢固的标志，其内容包括：生产厂名称、产品名称、本标准编号以及 GB 190 规定的"易燃液体"和"毒性物质"标志。

② 工业用甲醇应用清洁干燥容器包装，包装容器应严加密封。

③ 工业用甲醇运输应遵守危险化学品运输的相关规定。

④ 工业用甲醇应贮存在干燥、通风、阴凉、避免烈日暴晒并隔绝热源和火种的地方。

2. 安全事项

危险警告：甲醇是无色易燃液体，闪点为 8℃，自燃温度为 436℃，甲醇蒸气在空气中爆炸范围的体积分数为 6%～36%。5% 甲醇蒸气对神经系统有刺激作用，吸入人体内，可引起失明和中毒。误服后产生醉感、头痛、恶心、呕吐、视线模糊，严重者引起失明，乃至死亡。

安全措施：甲醇溢出时应立刻用水冲洗。着火时用沙子、泡沫灭火器、石棉布等进行扑救。应避免甲醇与皮肤接触，如果溅到皮肤上和眼睛里，用大量的清水冲洗，迅速就医。发生误服后，用 1%～2% 的碳酸氢钠洗胃处理。同时为阻止甲醇的代谢，在 3～4d 内，每隔 2h，以平均每公斤体重 0.5mL 的数量，饮服 50% 的食品级乙醇溶液。

【任务实施】

工作任务

学习情境	任务目标	学习任务	任务实施方法
工业成品甲醇品质分析与检测	1. 掌握工业成品甲醇的取样、分析检测方法及原理 2. 能准确配制标准溶液 3. 能准确处理分析检测结果	1. 工业甲醇色度、密度及水混溶性的测定 2. 工业甲醇酸度和碱度的测定 3. 工业甲醇沸程的测定 4. 工业甲醇蒸发残渣的确定	任务驱动、引导实施、小组讨论、多媒体教学演示、讲解分析、总结、边学边做

 任务 1　工业甲醇色度的测定

> **任务描述**
>
> 根据 GB 3143—82《液体化学产品颜色测定法（Hazen 单位-铂-钴色号）》中的有关规定，具体操作要求如下。

一、方法概要

甲醇试样与标准铂-钴色度比色液的颜色目视比较，并以 Hazen（铂-钴）颜色单位表示

结果。Hazen（铂-钴）颜色单位即：每升溶液含有 1mg 铂和 2mg 六水合氯化钴溶液的颜色。

二、试剂与仪器

1. 试剂

① 盐酸：$c(HCl)=0.1mol/L$；$c(HCl)=6mol/L$。

② 氯铂酸钾（K_2PtCl_6）：分析纯。

③ 六水合氯化钴（$CoCl_2 \cdot 6H_2O$）：分析纯。

2. 仪器

① 纳式比色管：带刻度，容量 100mL，无色玻璃制品并带玻璃磨口塞。

② 比色管架：一般比色管架，底部衬白色底板，底部也可安反光镜，以提高颜色的观察的效果。

③ 分光光度计。

三、分析步骤

1. 准备工作

标准比色母液的制备（500Hazen 单位），标准比色液的体积与相应颜色对照如表所示。

标准比色液的体积与相应颜色对照

500mL 容量瓶		250mL 容量瓶	
标准比色液的体积/mL	相应颜色（Hazen 单位铂-钴色号）	标准比色母液的体积/mL	相应颜色（Hazen 单位铂-钴色号）
5	5	30	60
10	10	35	70
15	15	40	80
20	20	45	90
25	25	50	100
30	30	62.5	125
35	35	75	150
40	40	87.5	175
45	45	100	200
50	50	125	250
		175	350
		200	400
		225	450

在 1000mL 容量瓶中溶解 1.245g 氯铂酸钾（K_2PtCl_6，分析纯）和 1.000g 六水合氯化钴（$CoCl_2 \cdot 6H_2O$ 分析纯）于水中，加入 100mL 6mol/L 的盐酸，用水稀释至刻度，并混合均匀。

注：标准比色母液可以用分光光度计以 1cm 的比色皿按下列波长进行检查，其消光值范围如表所示。

标准铂-钴对比溶液的配制如下。

在 10 个 500mL 及 13 个 250mL 的两组容量瓶中，分别加入如"标准比色液的体积与相应颜色对照"表所示的标准比色母液的体积数，用蒸馏水稀释到刻线并混匀。

贮存：标准比色母液和稀释溶液放入带塞棕色玻璃瓶中，置于暗处，标准比色母液可以保存 1 年，稀释溶液可以保存 1 个月，但最好应用新鲜配制的。

标准比色母液以 1cm 的比色皿对应波长下的消光值

波长/nm	消光值
430	0.110～0.120
455	0.130～0.145
480	0.105～0.120
510	0.055～0.065

2. 测定

向一支纳式比色管中注入一定量的试样，注满到刻线处，同样向另一支纳式比色管中注入具有类似颜色的标准铂-钴对比溶液注满到刻线处。

比较试样与标准铂-钴对比溶液的颜色，比色时在白天或日光灯照明下，正对白色背景，从上往下观察，避免侧面观察，提出接近的颜色。

四、结果报告

试样的颜色以最接近于试样的标准铂-钴对比溶液的 Hazen 铂-钴颜色单位表示。如果试样的颜色与任何标准铂-钴对比溶液不相符合，则根据可能估计一个接近的铂-钴色号，并描述观察到的颜色。

五、允许差

平行测定结果的差值不超过 2 个号数。取平均值为测定结果。

六、任务执行

1. 准备

（1）以小组为单位，综合考虑安全、实验室条件和实验方法的可行性，填写工作任务分配表（参考附录）。

（2）查阅参考书，完成下列有关工作任务的问题。

① 工业甲醇合成的原料有什么？

② 工业甲醇合成的主反应是什么？

③ 工业甲醇测定色度的目的是什么？

2. 实施

（1）制订分析检验方案　以小组为单位，综合考虑安全、实验室条件和实验方法的可行性，制订相应的检测方案，并列出所需仪器（参考附录）。

① 实验所需仪器。

② 检测步骤。

（2）审核分析检验方案　各组将制订好的计划交教师审核，在教师指导下修改不合理的地方，批准后方可实施。

（3）分析检验项目的实施

① 各组根据实验室现有条件选择所用仪器，填写仪器使用情况登记表，各自洗净、备用。

② 学生各自独立完成检验项目，填写原始数据记录表及检验报告单。

③ 结果描述。

色度测定原始数据记录表

样品名称		测定人	
样品编号		校核人	
检测依据		检测日期	
室温/℃		湿度	
—		色度色号	
样品一			
样品二			
平均值			

（4）数据处理　将色度测定结果填至下表中，并进行相关计算。

工业甲醇色度测定分析结果报告单

采样单位			
采样日期		分析日期	
批号		批量	
执行标准			
检测项目	企业指标值		实测结果
色度			
检测结论			

七、总结与反馈

1. 总结反思

分组讨论检测过程中的操作要点和要注意的细节，并做汇报。

2. 考核细则（见附录）

任务 2　工业甲醇密度的测定

任务描述

　　根据 GB/T 4472—2011《化工产品密度、相对密度的测定》中有关规定，现将工业甲醇密度的测定方法总结如下。

一、方法概要

　　在规定温度范围内（15～35℃）测定甲醇密度（单位体积内所含甲醇的质量，其单位 g/cm^3），由视密度换算为 20℃ 的密度。

二、仪器

　　密度计：$0.750～0.800g/cm^3$，分刻度 $0.001g/cm^3$，已经校正。

温度计：0～100℃水银温度计，分刻度为 0.5℃。

量筒：容量 200～250mL。

三、分析步骤

取适量的甲醇试样置于洁净、干燥的量筒内，调节试样温度为 15～35℃范围内，准确至 0.2℃，将干净的密度计慢慢地放入，使其下端距离量筒底部 20mm 以上，待其稳定后，记录试样温度。按甲醇试样液面水平线与密度计管径相交处读取视密度，读数时须注意密度计不应与量筒接触，视线与液面成水平线。

四、结果计算

20℃时的密度 $\rho_{20}(\text{g/m}^3)$ 按下式计算：

$$\rho_{20} = \rho_t + 0.00093(t-20) \tag{10-1}$$

式中，ρ_{20} 为甲醇试样 20℃时的密度，g/cm^3；ρ_t 为甲醇试样在 t℃时的视密度，g/cm^3；t 为测定时甲醇试样的温度，℃；0.00093 为密度系数。

五、允许差

两次平行测定结果的差值不大于 0.0005g/cm^3，取两次平行测定结果的算术平均值为测定结果。

六、任务执行

1. 准备

（1）以小组为单位，综合考虑安全、实验室条件和实验方法的可行性，填写工作任务分配表（参考附录）。

（2）查阅参考书，完成下列有关工作任务的问题。

工业甲醇测定密度的目的是什么？

2. 实施

（1）制订分析检验方案　以小组为单位，综合考虑安全、实验室条件和实验方法的可行性，制订相应的检测方案，并列出所需仪器（参考附录）。

① 实验所需仪器。

② 检测步骤。

（2）审核分析检验方案　各组将制订好的计划交教师审核，在教师指导下修改不合理的地方，批准后方可实施。

（3）分析检验项目的实施

① 各组根据实验室现有条件选择所用仪器，填写仪器使用情况登记表，各自洗净、备用。

② 学生各自独立完成检验项目，填写原始数据记录表及检验报告单。

③ 结果描述。

样品名称		测定人	
样品编号		校核人	
检测依据		检测日期	
室温/℃		湿度	
—		ρ_t		t
样品一				
样品二				
平均值				

（4）数据处理 将密度测定结果填至下表中，并进行相关计算。

工业甲醇密度测定分析结果报告单

来样单位			
采样日期		分析日期	
批号		批量	
执行标准			
检测项目	企业指标值		实测结果
密度			
检测结论			

七、总结与反馈

1. 总结反思

分组讨论检测过程中的操作要点和要注意的细节，并做汇报。

2. 考核细则（见附录）

任务3 工业甲醇水混溶性的测定

任务描述

工业甲醇水混溶性的测定方法如下。

一、方法概要

按确定比例量取一定体积的样品于比色管中，加水 100mL，检查混合溶液是否澄清或浑浊。

二、仪器

比色管：容量 100mL，无色玻璃制品，带玻璃磨口塞。
恒温装置：温度控制在（20±1）℃。

三、分析步骤

取 25mL 甲醇试样注入洁净、干燥的比色管中，再缓缓注入 75mL 水，塞紧塞子，摇匀。置于（20±1）℃恒温装置里同时记录时间。经 30min 后取出比色管与另一支已注入 100mL 水的比色管一起在黑色背景下轴向观察，与水一样澄清的为优等品，一等品则取 10mL 试样注入 90mL 水，其他操作同上，与水一样澄清为一等品。

四、任务执行

1. 准备

（1）以小组为单位，综合考虑安全、实验室条件和实验方法的可行性，填写工作任务分配表（参考附录）。

（2）查阅参考书，完成下列有关工作任务的问题。

工业甲醇测定水混溶性的目的是什么？

2. 实施

（1）制订分析检验方案　以小组为单位，综合考虑安全、实验室条件和实验方法的可行性，制订相应的检测方案，并列出所需仪器（参考附录）。

① 实验所需仪器。

② 检测步骤。

（2）审核分析检验方案　各组将制订好的计划交教师审核，在教师指导下修改不合理的地方，批准后方可实施。

（3）分析检验项目的实施

① 各组根据实验室现有条件选择所用仪器，填写仪器使用情况登记表，各自洗净、备用。

② 学生各自独立完成检验项目，填写原始数据记录表及检验报告单。

③ 结果描述。

水混溶性测定原始数据记录表

样品名称		测定人	
样品编号		校核人	
检测依据		检测日期	
室温/℃		湿度	
—	优等品	一等品	浑浊
样品			

（4）数据处理　将水混溶性测定结果填至下表中，并进行相关计算。

工业甲醇水混溶性测定分析结果报告单

来样单位			
采样日期		分析日期	
批号		批量	
执行标准			
检测项目	企业指标值		实测结果
水混溶性			
检测结论			

1. 总结反思

分组讨论检测过程中的操作要点和要注意的细节，并做汇报。

2. 考核细则（见附录）

 任务4　工业甲醇酸度和碱度的测定

任务描述

工业甲醇酸度和碱度的测定方法如下。

一、方法概要

甲醇试样用不含二氧化碳的水稀释，加入溴百里香酚蓝指示剂鉴别，试样呈酸性则用氢氧化钠标准溶液滴定游离酸，试样呈碱性则用硫酸标准溶液滴定游离碱，滴定时检查滴定管阀门是否松动，滴定时液体均匀成水滴状滴落，滴定管插入三角瓶1/3处顺时针旋转，开关阀门忌过紧过快。

二、试剂与仪器

1. 试剂

① 氢氧化钠标准溶液：$c(NaOH) = 0.01mol/L$。

② 硫酸标准溶液：$c(1/2H_2SO_4) = 0.01mol/L$。

③ 溴百里香酚蓝溶液 1g/L；称取 0.1g 溴百里香酚蓝溶于 50%（V/V）乙醇中稀释至 100mL。

④ 不含二氧化碳水的制备：将蒸馏水放在烧瓶中煮沸 10min，立即将装有碱石棉玻璃管的塞子塞紧，放冷后使用。

2. 仪器

① 滴定管：容量 10mL，分刻度 0.05mL。

② 三角瓶：容量 250mL。

三、分析步骤

甲醇试样用等体积不含二氧化碳水稀释，加入 4～5 滴溴百里香酚蓝溶液鉴别，呈黄色则为酸性反应，测定酸度；呈蓝色则为碱性反应，测定碱度。

取 50mL 不含二氧化碳水注入 250mL 三角瓶中，加入 4～5 滴溴百里香酚蓝溶液。测定游离酸时用氢氧化钠标准溶液滴定至呈浅蓝色，然后用移液管加入 50mL 甲醇试样，再用氢氧化钠标准溶液滴定至溶液由黄色变为浅蓝色，在 30s 不褪色即为终点；测定游离碱时，用硫酸标准溶液滴定溶液由蓝色变为黄色（不记体积），然后用移液管加入 50mL 甲醇试样，用硫酸标准溶液滴定至溶液由蓝色变为黄色，在 30s 不褪色即为终点。

四、结果计算

以质量百分比表示的酸度 X_1（以 HCOOH 计）或碱度 X_2（以 NH_3 计）分别按下式计算：

$$X_1 = c_1 V_1 \times 0.046 \times \frac{100}{50\rho_t} \tag{10-2}$$

式中，c_1 为氢氧化钠标准溶液物质的量浓度，mol/L；V_1 为试样消耗氢氧化钠标准溶液的体积，mL；ρ_t 为在 t℃ 时甲醇试样的密度，g/mL；0.046 为与 1.00mL 氢氧化钠标准滴定溶液相当的以克表示甲酸的质量，g。

$$X_2 = c_2 V_2 \times 0.017 \times \frac{100}{50\rho_t} \tag{10-3}$$

式中，c_2 为硫酸标准溶液物质的量浓度，mol/L；V_2 为试样消耗硫酸标准溶液的体积，mL；ρ_t 为在 t℃ 时甲醇试样的密度，g/mL；0.017 为与 1.00mL 硫酸标准滴定溶液相当的以克表示氨的质量，g。

五、允许差

平行测定的结果允许相对偏差不超过 30%，取平均值为测定结果。

六、注意事项

凡能产生刺激性、腐蚀性、有毒或恶臭气体的操作，必须按要求穿工作服，佩戴健康口罩及防酸、碱手套，做好职业健康防护措施，并在通风柜进行实验，实验未完成时不得擅自离开。滴定时检查滴定管阀门是否松动，滴定时液体均匀呈水滴状滴落，滴定管插入三角瓶 1/3 处顺时针旋转，开关阀门忌过紧过快。

七、任务执行

1. 准备

（1）以小组为单位，综合考虑安全、实验室条件和实验方法的可行性，填写工作任务分配表（参考附录）。

（2）查阅参考书，完成下列有关工作任务的问题。

① 工业甲醇酸度和碱度检测为什么要使用全自动滴定管？

② 简述测量工业甲醇酸度和碱度的目的。

2. 实施

（1）制订分析检验方案　以小组为单位，综合考虑安全、实验室条件和实验方法的可行性，制订相应的检测方案，并列出所需仪器和药品（参考附录）。

① 实验所需药品。

② 实验所需仪器。

③ 检测步骤：

a. 溶液的配制；

b. 测定步骤。

（2）审核分析检验方案 各组将制定好的计划交教师审核，在教师指导下修改不合理的地方，批准后方可实施。

（3）分析检验项目的实施

① 各组根据实验室现有条件选择所用仪器，填写仪器使用情况登记表，各自洗净、备用。

② 按照领料单领取所需的化学药品和标准滴定溶液，分工配制指示剂和一般溶液，装入试剂瓶，贴好标签，备用。

③ 学生各自独立完成检验项目，填写原始数据记录表及检验报告单。

④ 结果描述。

标准溶液标定记录表（参考附录）

检测依据		标定人	
基准物质		审核人	
水温/℃		检测日期	
温度校正系数		指示剂	
NaOH 标定浓度 c/(mol/L)		第一份	第二份
NaOH 滴定体积			
体积校准值			
NaOH 消耗体积			
甲醇 t℃的密度			
酸度 X_i			
平均值			
绝对差值/%			
平行测定的结果允许相对偏差	≤30%	本次测定结果是否符合要求	

（4）数据处理 将酸度和碱度测定结果填至下表中，并进行相关计算。

工业甲醇酸度和碱度测定分析结果报告单

来样单位			
采样日期		分析日期	
批号		批量	
执行标准			
检测项目	企业指标值		实测结果
酸度			
碱度			
检测结论			

八、总结与反馈

1. 总结反思

分组讨论检测过程中的操作要点和要注意的细节，并做汇报。

2. 考核细则（见附录）

任务5 工业甲醇沸程的测定

任务描述

根据 GB/T 7534—2004《工业用挥发性有机液体 沸程的测定》中规定，工业甲醇沸程的测定方法如下。

一、方法概要

在规定条件下，对 100mL 试样进行蒸馏。有规律地观察温度计读数和冷凝液体积，从温度计上读取初馏点和干点，观测数据经计算得到被测试样的沸程，结果校正到标准状况下。

二、仪器

（1）蒸馏烧瓶　　耐热玻璃制成，容量为 100mL 或 200mL，如图 10-1 所示。

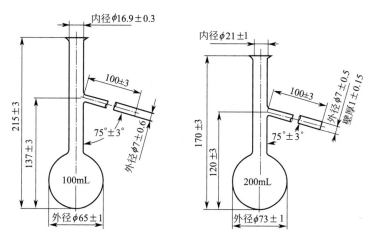

图 10-1　蒸馏烧瓶（单位：mm）

注：为防止在新烧瓶中的液体过热现象，可在烧瓶的底部放少量酒石酸，经加热分解生成炭沉积在烧瓶的底部，再将烧瓶用水冲洗，用丙酮淋洗、干燥备用（例外：对于双丙酮醇的蒸馏，应避免其初馏点的不稳定，蒸馏烧瓶应是清洁的且无残留的炭分解物）。

（2）温度计　　棒状水银-玻璃型，充氮、搪瓷衬底，且符合温度计标准规格要求。若采用全浸式温度计，分度值为 0.1℃ 或 0.2℃，并应采用辅助温度计对主温度计在蒸馏过程中露出塞上部分的水银柱进行校正。辅助温度计一般为棒状水银-玻璃型，温度范围为 0～50℃，分度值为 1℃。使用者可根据被测物质的特点选择满足精度要求的其他温度计。温度计在使用之前应进行检定。

（3）通风罩和耐热隔板　　使用煤气灯的通风罩，截面为矩形，上顶和下底均开口，用 0.7mm 或 0.8mm 厚的金属板制成，通风罩的两个正面各有两个直径为 25mm 的圆孔，其中心应低于罩顶端约 215mm。通风罩的四个面上，每一面都有 3 个直径为 12.5mm 的圆孔，其中心应在通风罩底端以上 25mm。通风罩两侧顶端向下开有竖直的槽，用于安装冷凝管。通风罩正面开门。

通风罩中水平支撑两块硬质的 6mm 厚的石棉耐热隔板。中间开有圆孔，上块孔径约为 50mm，下块孔径约为 110mm，两孔在同一圆心上。耐热隔板应与通风罩的四壁严密吻合，确保热源产生的热量不从四边散发出来。石棉耐热隔板也可用陶瓷架和陶瓷板代替。见图 10-2。

当使用电加热器时，可用一个厚度为 3～6mm、中心孔直径为 32mm 或 38mm、边长为 150mm 的正方形陶瓷板，直接放在电加热器上。当使用电加热器时，通风罩下部可用调节支架来调节，使加热器适合蒸馏烧瓶的高度，见图 10-3。

（4）热源　可调节的煤气灯或电加热器。应能产生足够的热量，使流出液按规定的蒸馏速率流出。应使用与煤气灯加热相比较能得到满意结果的电加热器，并应考虑引起过热的因素。其他能满足试验要求的热源也可使用。

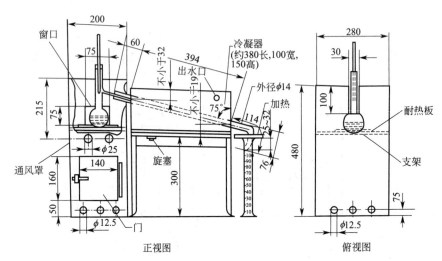

图 10-2　使用煤气灯的蒸馏装置（单位:mm）

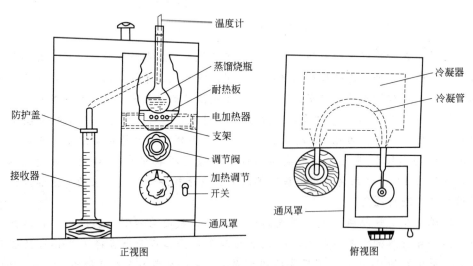

图 10-3　使用电加热器的蒸馏装置（单位:mm）

注：若使用电炉加热，炉盘直径应尽量小，一般为 75mm 左右；电炉丝功率 0～1000W 可调。

（5）冷凝器

① I 型冷凝器冷凝管由长约 560mm 无缝黄铜管制成，其外径 14mm，壁厚 0.8～0.9mm，外围是金属槽，冷凝管在槽中与冷却液的接触长度约为 390mm，上端露出部分长约 50mm，底端露出部分约为 115mm，向下弯曲部分长约 76mm，向下弯曲使其在蒸馏时能与接收器内壁接触，接触点应在接收器顶端以下 25～32mm，冷凝管下端切成锐角。金属

槽容积不少于 5.5L。底端有进水口，上端有出水口。

②Ⅱ型冷凝器如图 10-4 所示，硼硅酸盐玻璃制成，冷凝器内管：内径（14.0±1.0）mm，壁厚 1.0～1.5mm，直管部分长（600±10）mm，尾部弯管长（55±5）mm，弯管角度（97±3）°，冷凝器水夹套长度（450±10）mm，承夹套外径（35±3）mm。

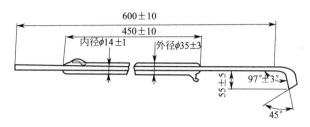

图 10-4　Ⅱ型冷凝器（单位：mm）

（6）接收器　容量为 100mL 的量筒，分刻度 1mL。

（7）气压计　精度为 0.1kPa。

三、分析步骤

1. 仪器的组装和试验准备

① 组装蒸馏装置如图 10-2 或图 10-3 所示。检查各部件的完好性和各连接处的严密性。用柔软不起毛的布清洁冷凝管并使其干燥。

② 选取温度计或使用被测产品标准中要求的温度计。选取的温度计刻度应包括该产品的全部馏程。将温度计用合适的胶塞或木塞固定在烧瓶颈中，使温度计收缩泡的上端与蒸馏烧瓶颈与烧瓶支管连接处的下端成水平。若使用全浸式温度计，则辅助温度计附在主温度计上，使其水银球位于在沸点时主温度计露出塞上部分的水银柱高度的 1/2 处。

③ 将蒸馏瓶固定在紧靠耐热隔板孔圈的位置上，其支管用塞子与冷凝管上端紧密连接，且使支管插入冷凝管约 25mm，并在同一中心线上。

④ 在冷凝器内装入足够量的适当温度的冷却水，应能保证蒸馏开始时和蒸馏过程中的冷却水温度和试样温度符合下表要求。

冷却水温度和试样温度　　　　　　　　　单位：℃

初馏点	冷却水温度	试样温度
50 以下	0～3	0～3
50～70	0～10	10～20
70～150	25～30	20～30
150 以上	35～50	20～30

2. 测定

① 用清洁干燥的 100mL 量筒量取（100±0.5）mL 调节好温度的试样，倒入蒸馏烧瓶中，将量筒沥干 15～20s。对于黏稠液体，应使量筒沥干更长时间，但不应超过 5min，避免试样流入蒸馏烧瓶支管。

② 将蒸馏烧瓶和冷凝器接好，插好温度计。取样量筒不需干燥直接放在冷凝管下端作为接收器。冷凝管末端进入量筒的长度不应少于 25mm，也不低于 100mL 刻度线，量筒口应加适当材料的盖子，以减少液体的挥发或进入，若样品的沸点在 70℃ 以下，将量筒放在

透明水浴中，并保持相应温度。

③ 对于不同馏出温度的试样，须经判断选择最佳操作条件以得到可接受的精密度。一般情况下，初馏点低于150℃的试样，可选用孔径为32mm的耐热板，从开始加热到馏出第一滴液体的时间为5～10min，蒸气从烧瓶颈上升到支管的时间为2.5～3.5min；初馏点高于150℃的试样，可选用孔径为38mm的耐热板，从开始加热到馏出第一滴液体的时间为10～15min，蒸气从烧瓶颈部上升到支管应有足够的速率，使得馏出第一滴液体的时间在15min以内。记录流出第一滴蒸馏液体时的温度（校正到标准状况）为初馏点。移动量筒，使量筒内壁接触冷凝管末端，使馏出液沿着量筒壁流下。适当调节热源，使蒸馏速度为4～5mL/min。如有需要，记录不同温度下的馏出体积或不同馏出体积下的温度。

④ 对不黏稠的沸程小于10℃的液体，所获得的馏出液总收率应不少于97%（体积分数），而对黏稠性且沸程大于10℃的液体，应达到馏出95%（体积分数）的收率，如果收率达不到以上要求，应重复试验。

⑤ 如有任何残液存在，冷却至室温，将残液倒入一个具有0.1mL分刻度的量筒中，量取其体积作为残液记录。在冷凝器管已沥干后，读取馏出液的总体积作为回收记录，100mL减去残液及回收量所得的差作为蒸馏损耗。

3. 引起过热的因素及操作注意事项

通常，引起蒸气周围的温度超过与液体达成平衡的蒸气温度的任何条件都将造成过热。以下为导致过热的特定因素，应加以避免。

（1）火焰与蒸馏烧瓶接触　应用以下方法避免煤气火焰与蒸馏烧瓶接触：

① 保持石棉板的尺寸准确和规定的孔径，开孔应呈圆形，无不规则形状；

② 使用没有裂缝的石棉板。

（2）加热的应用　对煤气灯的放置位置和火焰的特性应注意如下。

① 将热源直接放置在蒸馏烧瓶下加热，任何偏离都会使周围空气温度升高至高于蒸馏烧瓶的温度；

② 所用的火焰不应比需要的有更大的横截面，而且火焰应不发光；

③ 煤气灯的位置：使不发光的安全燃烧区在耐热隔板下面约20mm处。

（3）外来热源　外来热源（例如阳光直射）会造成过热。

（4）设备条件　重新使用仪器时应仔细观察后再使用。对于低沸点物质，在开始试验前应将仪器冷却到室温。

（5）电加热器的使用　通常，电加热器会引起过热现象，只有对比煤气灯的使用结果后才能使用。通过选择具有最小陶瓷材料结构并能够使加热面积集中在最小区域内的电加热器，可将电加热器所造成的过热效应减到最小，但不能完全消除。同样的，以上措施只能减少但不能完全消除围绕在置于蒸馏烧瓶下方的耐热板周围的多余热量辐射。

四、结果计算

按照一定的标准方法或经有关检定部门对温度计内径和水银球收缩进行校正。

按照式（10-4）对温度计读数进行气压偏离标准大气压校正，取温度计读数和校正值的代数和为测定结果。校正值（δ_t）的计算如下：

$$(\delta_t) = K(101.3 - P) \tag{10-4}$$

式中，K 为沸点随压力的变化率，℃/kPa；P 为试验大气压，kPa。

五、精密度

通过统计分析，试验室内试验结果的精密度与试样的纯度和沸点有关。一般而言，精密度随试样纯度的提高和沸点的降低而提高，对于在蒸发温度下沸程较宽的混合物其精密度较差。

1. 重复性限（r）

在同一试验室，由同一操作者使用相同设备，按相同的测试方法，并在短时间内对同一被测对象相互独立进行测试获得的两次独立测试结果的绝对差值不大于精密度表所示的值，以大于精密度表所示的值的情况不超过 5% 为前提。

2. 再现性限（R）

在不同的试验室，由不同的操作者使用不同的设备，按相同的测试方法，对同一被测对象相互独立进行测试获得的两次独立测试结果的绝对差值不大于精密度表所示的值，以大于精密度表所示的值的情况不超过 5% 为前提。

精密度

实验材料			精密度/℃							
单一化合物	沸程/℃	50%点/℃	初馏点		50%点		干点		沸程	
			r	R	r	R	r	R	r	R
丙酮	0.5	56	0.1	0.45	0.15	0.35	0.25	0.5	0.3	0.7
乙二醇单乙醚乙酸酯	4.7	218	0.9	1.5	0.6	1.2	0.6	1.4	1.1	2.1
乙二醇	12	193	0.5	1.9	0.4	1.6	0.8	3.4	0.9	3.9
芳香烃	28	146	0.4	2.4	0.8	1.8	1.2	2.7	1.3	3.6
溶剂汽油	37	175	2.1	2.2	0.5	1.2	0.8	3.5	2.3	4.1

六、任务执行

1. 准备

（1）以小组为单位，综合考虑安全、实验室条件和实验方法的可行性，填写工作任务分配表（参考附录）。

（2）查阅参考书，完成下列有关工作任务的问题。

① 工业甲醇沸程的测定方法有哪些？

② 工业甲醇沸程测定的注意事项有哪些？

2. 实施

（1）制订分析检验方案　以小组为单位，综合考虑安全、实验室条件和实验方法的可行性，制订相应的检测方案，并列出所需仪器（参考附录）。

① 实验所需仪器。

② 检测步骤。

（2）审核分析检验方案　各组将制订好的计划交教师审核，在教师指导下修改不合理的地方，批准后方可实施。

（3）分析检验项目的实施

① 各组根据实验室现有条件选择所用仪器，填写仪器使用情况登记表，各自洗净、备用。

② 学生各自独立完成检验项目，填写原始数据记录表及检验报告单。

③ 结果描述。

工业甲醇沸程原始数据记录表

样品名称		测定人	
样品编号		校核人	
检测依据		检测日期	
室温/℃		湿度	
试样体积			
初馏点 T_0		标况下 T_0	
甲醇的沸点: ΔT（沸程）＝			
温度范围/℃		馏出液体积/mL	
$T_0 \sim T_0+1$			
$T_0+1 \sim T_0+11\cdots$（每隔10℃测量一次）			
$T_0+11 \sim 64.7$℃			
剩余物			
收率（蒸馏液体积/总样液体积）			
精密度要求参考精密度表		本次测定结果是否符合要求	

（4）数据处理　将沸程测定结果填至下表中，并进行相关计算。

工业甲醇沸程测定分析结果报告单

来样单位			
采样日期		分析日期	
批号		批量	
执行标准			
检测项目	企业指标值		实测结果
沸程			
检测结论			

七、总结与反馈

1. 总结反思

分组讨论检测过程中的操作要点和要注意的细节，并做汇报。

2. 考核细则（见附录）

任务6　工业甲醇蒸发残渣的测定

任务描述

根据 GB/T 6324.2—2004《有机化工产品试验方法　第 2 部分：挥发性有机液体水浴上蒸发后干残渣的测定》中规定，将工业甲醇蒸发残渣的测定方法总结如下。

一、方法概要

甲醇试样在水浴上蒸发至干，于烘箱中 (110±2)℃干燥，恒重。

二、仪器

电烘箱：温度控制在 (110±2)℃。

蒸发皿：容量 100/150mL，石英玻璃制品。

水浴锅：可控制温度。

三、分析步骤

将蒸发皿放入烘箱中，于 (110±2)℃下加热 2h，放入干燥器中冷却至周围环境，称重，精确至 0.1mg。

用移液管取 (100±0.1) mL 甲醇试样放入已在 (110±2)℃烘箱内烘至恒重（两次连续称重的差值不超过 0.0002g）的蒸发皿中，放在水浴中，维持适当温度，在通风橱中蒸发至干，移于 (110±2)℃烘箱内烘至恒重。

四、结果计算

蒸发残渣以质量分数表示，按下式计算：

$$x = \frac{100(G_2 - G_1)}{\rho_t \times V} \tag{10-5}$$

式中，G_2 为蒸发皿和蒸发残渣的质量，g；G_1 为蒸发皿的质量，g；V 为试样的体积，mL；ρ_t 为在 t℃时甲醇试样的密度，g/mL。

五、允许差

两次平行测定的结果差值不大于 0.0003%，取平均值为测定结果。

六、任务执行

1. 准备

（1）以小组为单位，综合考虑安全、实验室条件和实验方法的可行性，填写工作任务分配表（参考附录）。

（2）查阅参考书，完成下列有关工作任务的问题。

① 工业甲醇蒸发残渣中的成分有哪些？

② 工业甲醇蒸发残渣测定的目的是什么？

2. 实施

（1）制订分析检验方案　以小组为单位，综合考虑安全、实验室条件和实验方法的可行性，制订相应的检测方案，并列出所需仪器（参考附录）。

① 实验所需仪器。

② 检测步骤。

（2）审核分析检验方案　各组将制订好的计划交教师审核，在教师指导下修改不合理的地方，批准后方可实施。

（3）分析检验项目的实施

① 各组根据实验室现有条件选择所用仪器，填写仪器使用情况登记表，各自洗净、备用。

② 学生各自独立完成检验项目，填写原始数据记录表及检验报告单。

③ 结果描述。

工业甲醇蒸发残渣原始数据记录表

样品名称		测定人	
样品编号		校核人	
检测依据		检测日期	
室温/℃		湿度	
	I		II
移取试液体积 V			
蒸发皿的质量 G_1			
蒸发皿的质量＋蒸发残渣的质量 G_2			
蒸发残渣含量 x			
平均值			
极差/%			
两次平行测定的结果差值——允许差	≤0.0003%	本次测定结果是否符合要求	

（4）数据处理　将蒸发残渣测定结果填至下表中，并进行相关计算。

工业甲醇的蒸发残渣测定分析结果报告单

来样单位			
采样日期		分析日期	
批号		批量	
执行标准			
检测项目	企业指标值		实测结果
蒸发残渣的含量			
检测结论			

七、总结与反馈

1. 总结反思

分组讨论检测过程中的操作要点和要注意的细节，并做汇报。

2. 考核细则（见附录）

【测试题】

一、填空题

1. 在读取甲醇密度时，按甲醇试样液面水平线与_____相交处读取视密度，读数时注意密度计不应与量筒壁接触，_____与_____成水平线。

2. 优等品甲醇密度范围为_____。

3. 沸程指_____与_____之间的温度间隔。

4. 水混溶性试验必须要作_____对比。

5. 甲醇的分子式是_____，分子量是_____。

6. 合成甲醇的原料是_____和_____。

二、选择题

1. GB 338—2011 成品甲醇优等品的密度在什么范围？（　　　）

A. $0.791 \sim 0.792 g/cm^3$　　　　　　　　B. $0.791 \sim 0.793 g/cm^3$

C. $0.792 \sim 0.793 g/cm^3$　　　　　　　　D. $0.790 \sim 0.792 g/cm^3$

2. 干点的定义是（　　　）。

A. 从冷凝管末端馏出最后一滴液体时所观察到的温度

B. 从冷凝管末端馏出第一滴液体时所观察到的温度

C. 从蒸馏瓶底最后一滴液体蒸发时所观察到的温度

D. 从蒸馏瓶底最后一滴液体到冷凝管时所观察到的温度

3. 甲醇的沸程一般在（　　　）范围内。

A. $63.5 \sim 64.5℃$　　　　　　　　　　　B. $64.5 \sim 65.5℃$

C. $65.5 \sim 66.5℃$　　　　　　　　　　　D $66.5 \sim 67.5℃$

4. 甲醇的酸度分析指示剂为（　　　）。

A. 甲基红-亚甲基蓝　　　　　　　　　　　B. 溴百里香酚蓝

C. 甲基橙　　　　　　　　　　　　　　　　D. 酚酞

三、判断题

1. 甲醇蒸气能和空气形成爆炸性混合物。　　　　　　　　　　　　（　　）

2. 分光光度计开机后即可直接测定，无须预热。　　　　　　　　　（　　）

3. 甲醇溢出时应立刻用水冲洗。着火时用沙子、泡沫灭火器、石棉布等进行扑救。

　　　　　　　　　　　　　　　　　　　　　　　　　　　　　（　　）

4. 甲醇水混溶性试验中，各种等级的甲醇试样加入量不同。　　　　（　　）

5. 馏程测定中，干点温度一般比终馏点温度高。　　　　　　　　　（　　）

6. 甲醇中羰基化合物的测定中，无须做空白试验。　　　　　　　　（　　）

7. 铂-钴标准比色液母液的吸光度值需要在规定的范围内。　　　　　（　　）

8. 测定甲醇产品中的蒸发残渣时，在 GB 338—2011 中以 mg/100mL 表示，而在 0-M-232KAA 级标准中以 $(w/w)\%$ 表示。　　　　　　　　　　　　　　（　　）

四、思考题

1. 工业甲醇蒸发残渣中的成分有哪些？

2. 测量甲醇沸程时需要对哪些参数进行校正？

3. 工业甲醇沸程测定的注意事项有哪些？

4. 简述工业甲醇蒸发残渣测定的目的。

5. 简述初馏点、干点、沸程、终点、终馏点的定义。

6. 工业甲醇酸度或碱度的测定中，用到的标准溶液是什么？配制标准溶液时应注意哪些问题？

7. 工业甲醇沸程的测定中引起过热的因素及操作注意事项是什么？

8. 描述工业甲醇中酸度或碱度测定的原理。

9. 工业甲醇合成的原料有什么？甲醇合成的主反应是什么？

10. 工业甲醇酸度或碱度检测为什么要使用全自动滴定管？

学习任务十一 聚氯乙烯树脂分析

学习目标

任务说明

聚氯乙烯，英文简称 PVC，是氯乙烯单体（VCM）在过氧化物、偶氮化合物等引发剂或在光、热作用下按自由基聚合反应机理聚合而成的聚合物。氯乙烯均聚物和氯乙烯共聚物统称为氯乙烯树脂。聚氯乙烯为无定形结构的白色粉末，支化度较小，玻璃化温度 77～90℃， 170℃左右开始分解，对光和热的稳定性差，在 100℃以上或经长时间阳光暴晒，就会分解而产生氯化氢，并进一步自动催化分解，引起变色，力学性能也迅速下降，在实际应用中必须加入稳定剂以提高其对热和光的稳定性。聚氯乙烯具有阻燃（阻燃值为 40 以上）、耐化学药品性高（耐浓盐酸、浓度为 90% 的硫酸、浓度为 60% 的硝酸和浓度 20%的氢氧化钠）、机械强度及电绝缘性良好的优点。但其耐热性较差，软化点为 80℃，于 130℃开始分解变色，并析出 HCl。

本任务主要对聚氯乙烯树脂的黏数、杂质与外来粒子数、挥发物、表观密度、"鱼眼"和热稳定性进行测定。

知识目标

1. 掌握聚氯乙烯树脂的采样与保存方法。

2. 明确聚氯乙烯树脂质量指标、采样及检验规则。

3. 掌握聚氯乙烯树脂黏数、杂质与外来粒子数、挥发物、表观密度、"鱼眼"和热稳定性试验测定方法、原理。

技能目标

1. 会对聚氯乙烯树脂正确采样和保存。

2. 能正确熟练地使用与维护聚氯乙烯树脂分析检测仪器。

3. 能熟练正确地分析聚氯乙烯树脂黏数、杂质与外来粒子数、挥发物（包括水）、表观密度、"鱼眼"及热稳定性试验测定。

素养目标

1. 培养学生严谨、细致、认真的工作态度。

2. 培养学生团结协作的工作精神。

3. 培养学生环保意识、安全意识、经济意识。

【任务准备】

一、聚氯乙烯树脂质量指标

根据 GB/T 5761—2018《悬浮法通用型聚氯乙烯树脂》规定，通用型聚氯乙烯树脂的各项技术要求总结如下。

1. 产品分类

悬浮法通用型聚氯乙烯树脂的产品型号由 GB/T 3402.1 中规定的产品名称、聚合方法和用途的表示符号及黏数分类号（见表 11-1）等四项组成。PVCSGn：PVC 为产品名称，S 为聚合方法，G 为用途，n 为黏数分类号。

表 11-1　黏数分类号和黏数

分类号 n	1	2	3	4	5	6	7	8
黏数/(mL/g)	144~156	136~143	127~135	119~126	107~118	96~106	87~95	73~86

2. 技术要求

① 外观：白色粉末。

② 物化性能应符合表 11-2 要求。

表 11-2　物化性能要求

序号	型号项目指标级别		SG1			SG2			SG3			SG4		
			优等品	一等品	合格品	优等品	一等品	合格品	优等品	一等品	合格品	优等品	一等品	合格品
1	黏数/(mL/g)（或 K 值，或平均聚合度）		144~156 (75~77) (1536~1785)			136~143 (73~74) (1371~1535)			127~135 (71~72) (1251~1370)			119~126 (69~70) (1136~1250)		
2	杂质粒子数/个　　　≤		16	30	60	16	30	60	16	30	60	16	30	60
3	挥发物(包括水)含量/%≤		0.30	0.40	0.50	0.30	0.40	0.50	0.30	0.40	0.50	0.30	0.40	0.50
4	表观密度/(g/mL)		0.45	0.42	0.40	0.45	0.42	0.40	0.45	0.42	0.40	0.47	0.45	0.42
5	筛余物/%	250μm 筛孔　≤	1.6	2.0	8.0	1.6	2.0	8.0	1.6	2.0	8.0	1.6	2.0	8.0
		63μm 筛孔　≥	97	90	85	97	90	85	97	90	85	97	90	85
6	"鱼眼"数/(个/400cm²)≤		20	30	60	20	30	60	20	30	60	20	30	60
7	100g 树脂的增塑剂吸收量/g　　　　≥		27	25	23	27	25	23	26	25	23	23	22	20
8	白度(160℃,10min)%　≥		78	75	70	78	75	70	78	75	70	78	75	70
9	水萃取物电导率/(μS/cm·g)　　　　≤		5	5	—	5	5	—	5	5	—	5	5	—
10	残留氯乙烯单体含量/(μg/g)　　　≤		5	5	10	5	5	10	5	5	10	5	5	10
11	干流性/min		—											

序号	型号项目指标级别	SG5			SG6			SG7			SG8		
		优等品	一等品	合格品	优等品	一等品	合格品	优等品	一等品	合格品	优等品	一等品	合格品
1	黏数/(mL/g)（或 K 值，或平均聚合度）	107~118 (66~68) (981~1135)			96~106 (63~65) (846~980)			87~95 (60~62) (741~845)			73~86 (55~59) (650~740)		
2	杂质粒子数/个　　　≤	16	30	60	16	30	60	20	40	60	20	40	60

序号	型号项目指标级别		SG5			SG6			SG7			SG8		
			优等品	一等品	合格品	优等品	一等品	合格品	优等品	一等品	合格品	优等品	一等品	合格品
3	挥发物(包括水)含量/% ≤		0.40	0.40	0.50	0.40	0.40	0.50	0.40	0.40	0.50	0.40	0.40	0.50
4	表观密度/(g/mL)		0.48	0.45	0.42	0.50	0.45	0.42	0.50	0.45	0.42	0.52	0.45	0.42
5	筛余物/%	250μm 筛孔 ≤	1.6	2.0	8.0	1.6	2.0	8.0	1.6	2.0	8.0	1.6	2.0	8.0
		63μm 筛孔 ≥	97	90	85	97	90	85	97	90	85	97	90	85
6	"鱼眼"数/(个/400cm²) ≤		20	30	60	20	30	60	30	30	60	30	30	60
7	100g 树脂的增塑剂吸收量/g ≥		19	17	—	15	15	—	12	—	—	12	—	—
8	白度(160℃,10min)% ≥		78	75	70	78	75	70	75	70	70	75	70	70
9	水萃取物电导率/(μS/cm·g) ≤		—			—			—			—		
10	残留氯乙烯单体含量/(μg/g) ≤		5	5	10	5	5	10	5	5	10	5	5	10
11	干流性/min		—											

二、聚氯乙烯树脂的组批、采样及检验

1. 组批

以单釜所得产品或同聚合条件的数釜产品经混合均匀为一批。

2. 采样

从批量总袋数中按下述规定的采样单元数进行随机采样。当总袋数小于或等于 500 时，按表 11-3 确定；当总袋数大于 500 时，以公式（$n = 3 \times \sqrt[3]{N}$，N 为总袋数）确定，如遇小数进整数。

表 11-3 选取采样袋数的规定

总袋数	采样袋数	总袋数	采样袋数
1～10	全部	182～216	18
11～49	11	217～254	19
50～64	12	255～296	20
65～81	13	297～343	21
82～101	14	344～394	22
102～123	15	395～450	23
124～151	16	451～512	24
152～181	17		

采样时，用采样探子自袋的中心插入深度的 3/4，采取均匀样品或用连续自动采样器（或人工）在包装线按采样单元数确定的间隔采样。

采样量不少于 2kg，混匀后装于洁净干燥的容器（或塑料袋）中封严（用于残留氯乙烯单体含量测定的样品，应贮存在密封良好的样品瓶中并压实充满），并标明产品批号和采样日期。

3. 出厂检验

产品出厂前应由生产企业检验部门进行质量检验，并附有质量检验报告单，其内容包括

生产厂名称、产品名称、型号、批号、质量指标、等级、生产日期，并有检验章。未满足标准要求的产品不得声明符合本标准。

物化性能要求中出厂检验项目为黏数（或 K 值或平均聚合度）、表观密度、挥发物含量、$250\mu m$ 筛余物、杂质粒子数、"鱼眼"数、残留氯乙烯单体含量，其余检验项目为型式检验项目中的抽检项目。如有停产后复产、原料或者工艺有重大改变、合同规定等情况，必须进行型式检验。在连续正常生产时，抽检项目应保证达到本标准规定指标，每月抽检一次，当抽检不达标时应每批都进行检验，直至连续五批检验结果都符合标准规定后，方可正常抽检。

检验结果中如有不符合本标准要求的项目时，应自同批产品中以双倍采样单元数采样，对不符合本标准要求项目进行复检，以复检结果确定。如仍不符合本标准的要求，即为不合格品。

本标准产品质量指标极限数值的判定，采用 GB/T 1250 中"修约值比较法"。

三、聚氯乙烯树脂的标志、包装、运输和贮存

（1）标志　包装袋上应标明商标、产品名称、产品标准号、净质量和生产厂名称及地址，并标识产品型号及等级。

（2）包装　本产品用内衬塑料薄膜袋的牛皮纸袋、聚丙烯编织袋或牛皮纸与聚丙烯编织物复合袋包装，每袋净质量（25.0 ± 0.2）kg，亦可采用适宜的其他包装方式和包装量。应保证产品在正常贮运中包装不破损，产品不被污染，不泄漏。

（3）运输　运输时应用洁净的运输工具，并防止雨淋。本产品为非危险品，可按一般货物运输。

（4）贮存　产品应存放在干燥通风的仓库内，以批为单位分开存放，不得露天堆放，防止日晒和受潮。

【任务实施】

工作任务

学习情境	任务目标	学习任务	任务实施方法
聚氯乙烯树脂的分析	1. 掌握聚氯乙烯树脂的取样方法 2. 掌握聚氯乙烯树脂生产方法、分析可能存在的物质 3. 能正确操作、维护使用仪器设备 4. 能准确配制标准溶液 5. 分析聚氯乙烯树脂不合格的原因并能提出合理化的改进建议	1. 聚氯乙烯树脂的采样方法 2. 聚氯乙烯树脂黏数的测定 3. 聚氯乙烯树脂的杂质与外来粒子数的测定 4. 聚氯乙烯树脂挥发物（包括水）的测定 5. 聚氯乙烯树脂表观密度的测定 6. 聚氯乙烯树脂"鱼眼"的测定方法 7. 聚氯乙烯树脂热稳定性实验方法	任务驱动、引导实施、小组讨论、多媒体教学演示、讲解分析、总结、边学边做

 任务 1　聚氯乙烯树脂黏数的测定

任务描述

根据 GB/T 3401—2007《用毛细管黏度计测定聚氯乙烯树脂稀溶液的黏度》中有关规定，聚氯乙烯树脂黏度的测定方法总结如下。

一、方法概要

1. 比浓黏度 I（也称黏数）

比浓黏度 I 为黏度比增量与溶液中聚合物浓度 c 之比：

$$I = \frac{\eta - \eta_0}{\eta c} \tag{11-1}$$

如果溶液浓度较低，黏度比 η / η_0 可由流经时间之比 t / t_0 给出，则比浓黏度可表示为：

$$I = \frac{\eta - \eta_0}{\eta c} = \frac{t - t_0}{t_0 c} \tag{11-2}$$

比浓黏度的量纲为 $L^3 M^{-1}$。比浓黏度的单位为 m^3/kg。

在实际应用中，使用它的千分之一（$10^{-3} m^3/kg$），即 mL/g 更为方便，通常所说的黏数值指的即是应用此经验单位的比浓黏度（黏数）。

通常在低浓度（低于 $5kg/m^3$，即 $0.005g/mL$）时测定比浓黏度，除非对分子量低的聚合物才提高浓度。

2. K 值

与聚合物溶液浓度无关并且是聚合物样品所特有的常数，它是平均聚合度的度量值：

$$K = \frac{1.51g\eta_r - 1 + \sqrt{1 + (2/c + 2 + 1.5(g\eta_r)1.51g\eta_r)}}{150 + 300c} \times 1000 \tag{11-3}$$

式中，η_r 为黏度比，$\eta_r = \eta / \eta_0$；c 为质量浓度，g/mL。

试样溶解在溶剂中，根据溶剂和溶液在毛细管黏度计内的流经时间计算比浓黏度和 K 值。

二、试剂与仪器

1. 试剂

环己酮，$25℃$ 时黏度与密度比值（运动黏度）为 $2.06 \times 10^{-6} \sim 2.33 \times 10^{-6} m^2/s$（$2.06 \sim 2.33 m^2/s$），沸点 $155℃$。将溶剂贮存在具有磨口玻璃塞的深色瓶中放于暗处，使用前核对运动黏度。

2. 仪器

（1）黏度计　标准黏度计为 1C 型乌式黏度计，毛细管直径 $0.77mm$，具有 $\pm2\%$ 的相对误差，其他部分尺寸见图 11-1。

如果在所测比浓黏度和 K 值范围内建立了所选黏度计和标准黏度计的相互关系，也可以使用其他黏度计，并对结果作相应校正。（注：K 值，与聚合物溶液浓度无关并且是聚合物样品所特有的常数，它是平均聚合度的度量值。）

（2）容量瓶　下面任选一种：单标线容量瓶，A 级，$50mL$；单标线容量瓶，A 级，$25mL$。

注：使用在 $20℃$ 下进行校正的容量瓶所引起的系统误差可以忽略。

（3）过滤漏斗　具有中等孔隙度（孔径 $40 \sim 50\mu m$）的烧结玻璃过滤器或带有滤纸的玻璃漏斗。

（4）机械混合器　具有加热装置可使容量瓶和其中的内容物温度保持在 $80 \sim 85℃$。此

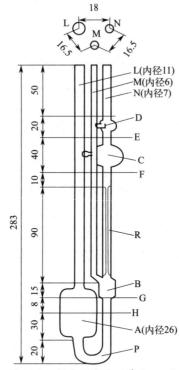

图 11-1　标准黏度计（单位：mm）

A—主储液球；B—缓冲球；C—测量球；D—上储液球；E、F—测量刻线；G、H—注液刻线；

L~N—黏度计管；R—毛细管（直径 0.77mm，具有±2%的相对误差），

P—P管（内径 6.0mm，具有±5%的相对误差）

外，也可将转动混合器和振动器放入一个温度在 80~85℃的恒温箱中。

（5）分析天平　准确至 0.1mg。

（6）温控池　能够设定在（25.0±0.5)℃，分度值为 0.1℃，在设定温度的±0.05℃范围内保持稳定。

（7）温度计　准确至 0.05℃。

（8）计时装置　准确至 0.1s。

三、分析步骤

1. 取样

取能代表该树脂特性的样品用于测定，并且其量应足够用于至少两次测定。

2. 测定次数

进行两次完整的测定，每次用新试料进行。

3. 溶液的制备

如果树脂的 K 值大于 85，溶液对溶剂的流经时间的比值将趋于最大值 2.0，这样就存在切变的影响和黏数对浓度的非线性关系。但为了保证 PVC 测试的统一性，这一影响应该被忽略并且目前所有能得到的树脂的测试均采用同一浓度。

按以下方法制备（25±1)℃时浓度为（5±0.1) g/L 的溶液。

（1）方法 A　称取（0.250±0.005）g 树脂，精确至 0.0001g，并全部移入 50mL 容

量瓶中。在容量瓶中加入约 40mL 环己酮，摇动以防止凝聚或成块，使用机械混合器在 80～85℃继续混合溶解 1h，目视检查是否溶解完全，如仍存在可见胶状粒子，则应取新试料重新开始。将溶液冷却至（25±1）℃，并用同一温度的环己酮稀释至刻度，摇匀待用。

（2）方法 B 称取（0.125±0.0025）g 树脂，精确至 0.0001g，并全部移入 25mL 容量瓶中。在容量瓶中加入约 20mL 环己酮，摇动以防止凝聚或成块，使用机械混合器在 80～85℃继续混合溶解 1h，目视检查是否溶解完全，如仍存在可见胶状粒子，则应取新试料重新开始。将溶液冷却至（25±1）℃，并用同一温度的环己酮稀释至刻度，摇匀待用。

（3）其他方法 除按上述两种方法制备溶液外，还可采用其他方法制备溶液，例如，可以加定量体积的溶剂于定质量的试样中，给出的比浓黏度或 K 值可等同于用上述方法制备的溶液。这种溶液的制备方法需要通过试验测定需要的溶剂和试样量，而且也需要补偿在溶解过程中由于蒸发而损失的溶剂。

4. 流经时间的测定

（1）溶剂流经时间的测定

① 设置温控池的温度，使得经温度计所测定的温度在（25±0.5）℃范围内。测定温度应稳定在温控池设定温度的±0.05℃内。

② 在黏度计管 M、管 N 上，接上乳胶管，把黏度计垂直置于温控池中，使液面超过黏度计 D 球约 20mm。

③ 用过滤漏斗将约 15mL 环己酮经 L 管滤入黏度计中，恒温约 10min。

④ 当温度平衡后，关闭 M 管，吸 N 管或在 L 管上加压，使溶剂经毛细管缓慢进入 C 球，当液面上升至 E 刻线上方约 5mm 处时，停止吸气或加压。开启 M 管，测量液体通过 E 刻线到 F 刻线的流经时间。

⑤ 放弃第一次读取的流经时间，重复测定流经时间三次，取其算术平均值为溶剂的流经时间 t_0。对于给定的黏度计，连续测定溶剂环己酮的流经时间的极差应在 0.2s 以内。如果溶剂的两次连续的平均流经时间测定差大于 0.4s，则需清洗黏度计。

（2）溶液流经时间的测定

① 将上述溶剂吸出，用过滤漏斗将约 10mL 溶液经 L 管滤入黏度计中，使溶液通过 C 球反复冲洗三次后将溶液吸出。再将约 15mL 溶液经 L 管滤入黏度计中，恒温约 10min。

② 按溶剂流经时间步骤④测定溶液的流经时间。

③ 放弃第一次读取的流经时间，重复测量流经时间直至两次连续测定值之差小于 0.25%，取其算术平均值为溶液的流经时间 t。

注：以上为手动过程。可以采用专用仪器将溶液或溶剂注入黏度计并自动测量相应的流经时间。如果在自动步骤前提供了上述所有步骤和验证校核，有关这种仪器的使用也包含在本试验的适用范围内。

四、结果计算

1. 比浓黏度

按式(11-4)计算样品的比浓黏度 I：

$$I = \frac{t - t_0}{t_0 c} \tag{11-4}$$

式中，t 和 t_0 分别为溶液和溶剂的流经时间，s；c 为溶液质量浓度，g/mL。

取两次单独测定结果的平均值为样品的比浓黏度，结果以整数表示。如果两次测定得到的 I 值大于平均值的 $\pm 0.4\%$，则舍弃这些值并取新试料重新测定。

如果溶液的质量浓度为 (5 ± 0.005) g/L，可根据溶液流经时间对溶剂流经时间的比值（也称黏度比 VR）从 GB/T 3401—2007 "黏度比（VR）转换为比浓黏度（I）和 K 值对照表"中直接读取比浓黏度 I，以 $10^{-3} \mathrm{m}^3/\mathrm{kg}$ 表示，即 mL/g，结果修约至第一位小数。

2. K 值

对于每一试料，按式(11-5) 计算 K 值：

$$K = \frac{1.51g\eta_r - 1 + \sqrt{1 + \left(\frac{2}{c} + 2 + 1.51g\eta_r\right) 1.51g\eta_r}}{150 + 300c} \times 1000 \tag{11-5}$$

式中，η_r 为溶液和溶剂的黏度（流经时间）比，$\eta_r = \eta/\eta_0 = t/t_0$（$t$ 和 t_0 分别为溶液和溶剂的流经时间，s）；c 为溶液质量浓度，g/mL。

取两次单独测定结果的平均值为样品的 K 值，结果修约至第一位小数。如果两次测定得到的 K 值大于平均值的 $\pm 0.4\%$，则舍弃这些值并取新试料重新测定。

如果溶液的质量浓度为 (5 ± 0.005) g/L，可以从 GB/T 3401—2007 "黏度比（VR）转换为比浓黏度（I）和 K 值对照表"中直接读取 K 值，结果修约至第二位小数。

五、精密度

三个树脂在四个不同日期于 11 个实验室进行的室间试验的重复性标准差 S_r（在同一实验室）和可再现性标准差 S_R（不同实验室）结果如下。

K 值

项目	K 值		
	约 50	约 70	约 90
S_r	0.132	0.115	0.120
S_R	0.420	0.291	0.495

比浓黏度

项目	比浓黏度/(mL/g)		
	约 61	约 124	约 227
S_r	0.313	0.458	0.742
S_R	0.984	1.202	3.042

六、任务执行

1. 准备

（1）以小组为单位，综合考虑安全、实验室条件和实验方法的可行性，填写工作任务分配表（参考附录）。

（2）查阅参考书，完成下列有关工作任务的问题。

① 聚氯乙烯树脂的合成原料有什么？

② 聚氯乙烯树脂的黏度检测的目的何在？

2. 实施

（1）制订分析检测方案　以小组为单位，综合考虑安全、实验室条件和实验方法的可行性，制订相应的检测方案，并列出所需仪器（参考附录）。

① 实验所需仪器。

② 检测步骤。

（2）审核分析检测方案　各组将制订好的计划交教师审核，在教师指导下修改不合理的地方，批准后方可实施。

（3）分析检测项目的实施

① 各组根据实验室现有条件选择所用仪器，填写仪器使用情况登记表，各自洗净备用。

② 学生各自独立完成检验项目，填写原始数据记录表及检验报告单。

③ 结果描述（根据方法 A 列出）。

比浓黏度 I 测定原始数据记录表

样品名称		测定人	
样品编号		校核人	
检测依据		检测日期	
室温/℃		湿度	
项目	平行测定一		平行测定二
样品质量 m/g			
溶液的流经时间 t/s			
溶剂的流经时间 t_0/s			
溶液质量浓度 c/(g/mL)			
比浓黏度 I			
溶液和溶剂的黏度(流经时间)比 η			
K			
精密度参照"五、精密度"		本次测定结果是否符合要求	

（4）数据处理　将黏数测定结果填至下表中，并进行相关计算。

聚氯乙烯树脂黏数测定分析结果报告单

来样单位			
采样日期		分析日期	
批号		批量	
执行标准			
检测项目	企业指标值		实测结果
黏数			
检测结论			

七、总结与反馈

1. 总结反思

分组讨论检测过程中的操作要点和要注意的细节，并做汇报。

2. 考核细则 （见附录）

 任务2　聚氯乙烯树脂的杂质与外来粒子数的测定

任务描述

  根据 GB/T 9348—2008《塑料　聚氯乙烯树脂　杂质与外来粒子数的测定》中有关规定，聚氯乙烯树脂的杂质与外来粒子数的测定方法如下。

一、方法概要

  把一定量的树脂放在一硬质平板（用一张白色蜡光纸覆盖）和带网格的玻璃板之间并展平，数出 25 个方格中可见的杂质与外来粒子数。结果用外推法表示为每 100 个方格中的杂质点（杂质与外来粒子）数。

二、仪器

  （1）玻璃板　340mm×340mm×4.5mm，无色、透明，没有划痕、气泡、黑点之类的缺陷。在玻璃板的中央，是一个由 100 个 30mm×30mm 的方格组成的 300mm×300mm 的网格。方格网可以用擦不掉的铅笔、金刚石或其他适当的工具在不接触树脂的一面画出。

  （2）硬质平板　450mm×450mm，用一张白色蜡光纸覆盖。

  （3）计时器（如秒表）

三、分析步骤

  （1）在硬质平板上摊开大约 200mL（$1cm^3$＝1mL）试料。将玻璃板压在试料上，轻轻移动玻璃板，展开试料，使试料与玻璃板的接触面积在 25 个方格以上，最好在玻璃板的中央。用深色铅笔标明 25 个所选方格的界限。

  （2）在良好的实验室光线下，距所选方格约 300mm 处，于 2min 内，在所选的方格内目视计数可见的杂质点（n_1）数。

  注：为避免操作者的眼睛疲劳，训练操作者在最长 2min 内完成测试。

  根据需要，每次使用新试料按照以下步骤再次计数（n_2、n_3、n_4）。

  ① 第一次测定——n_1。

  a. 如果杂质点太多，2min 内不能数完 25 个方格中的杂质点，除记录已计数的杂质点数 n_1 外，还要记录已检验的方格数 S，并且不需要再一次测定。

  b. 如果可以在 2min 内计数 25 个方格中的杂质点，应进行第二次测定 n_2。

  ② 第二次测定——n_2。

  a. 如果杂质点太多，2min 内不能数完 25 个方格中的杂质点，除记录已计数的杂质点数 n_2 外，还要记录已检验的方格数 S，并且不需要再一次测定。

  b. 如果 $|n_1-n_2|<3$，说明污染是均匀性的而不需要再次测定。

  c. 如果 $|n_1-n_2|\geqslant3$，说明污染是非均匀性的需要进行第三次测定 n_3。

③ 第三次测定——n_3。如果杂质点太多，2min 内不能数完 25 个方格中的杂质点，除记录已计数的杂质点数外，还要记录已检验的方格数 S，并且不需要再一次测定，如果可以在 2min 内计数 25 个方格中的杂质点，需要进行第四次测定 n_4。

④ 第四次测定——n_4。如果杂质点太多，2min 内不能数完 25 个方格中的杂质点，除记录已计数的杂质点数外，还要记录已检验的方格数 S，并且不需要再一次测定。

四、结果计算

对任何一次测定，如果杂质点太多，在 2min 内不能数完 25 个方格中的杂质点，树脂为高度污染，应按下式计算每 100 个方格中的杂质点数（P）：

$$P = \frac{(n \times 100)}{S} \tag{11-6}$$

式中，n 为 n_1、n_2、n_3 或 n_4；S 为已检验的方格数。

如果进行了第二次测定，且 $|n_1 - n_2| < 3$，说明树脂污染为均匀性，应按下式计算每 100 个方格中的杂质点数（P）：

$$P = 2(n_1 + n_2) \tag{11-7}$$

如果进行了四次测定，树脂污染为非均匀性，则应按下式计算每 100 个方格中的杂质点数（P）：

$$P = n_1 + n_2 + n_3 + n_4 \tag{11-8}$$

五、任务执行

1. 准备

（1）以小组为单位，综合考虑安全、实验室条件和实验方法的可行性，填写工作任务分配表（参考附录）。

（2）查阅参考书，完成下列有关工作任务的问题。

① 聚氯乙烯树脂主要的杂质与外来粒子有哪些？

② 测定聚氧乙烯树脂的杂质与外来粒子的目的何在？

2. 实施

（1）制订分析检验方案　以小组为单位，综合考虑安全、实验室条件和实验方法的可行性，制订方案，并列出所需仪器（参考附录）。

① 实验所需仪器。

② 检测步骤。

（2）审核分析检验方案　各组将制订好的计划交教师审核，在教师指导下修改不合理的地方，批准后方可实施。

（3）分析检验项目的实施

① 各组根据实验室现有条件选择所用仪器，填写仪器使用情况登记表。

② 学生各自独立完成检验项目，填写原始数据记录表及检验报告单。

③ 结果描述。

（4）数据处理　将杂质与外来粒子数测定结果填至下表中，并进行相关计算。

来样单位				
采样日期		分析日期		
批号		批量		
执行标准				
检测项目	企业指标值		实测结果	
杂质与外来粒子数				
检测结论				

六、总结与反馈

1. 总结反思

分组讨论检测过程中的操作要点和要注意的细节，并做汇报。

2. 考核细则（见附录）

 任务3　聚氯乙烯树脂挥发物（包括水）的测定

任务描述

根据 GB/T 2916—2007《塑料　氯乙烯均聚和共聚树脂　用空气喷射筛装置的筛分析》中有关规定，聚氯乙烯树脂挥发物（包括水）的测定方法总结如下。

一、方法概要

将树脂试样平铺在规定尺寸的称量皿中，在适宜的温度下加热到质量恒定。

二、仪器

1. 方法A（使用烘箱和天平）

（1）烘箱　能控制在（110±2）℃并有微弱的自然通风或配备一低速循环风扇。

（2）称量皿　直径约80mm，高度大于5mm，玻璃、铝或不锈钢（最佳）制的带盖浅称量皿。

（3）天平　准确至0.001g。

（4）干燥器　盛有适宜的干燥剂。

2. 方法B（使用自动热解重量分析天平）

（1）烘箱　能控制在（110±2）℃。

（2）自动热解重量分析天平　包括一个精密天平和一个红外或卤素加热箱。自动热解重量分析天平通过检测质量读数自动蒸发挥发物到恒定质量。

（3）称量皿　直径约100mm，高度大于5mm，铝制。

（4）天平　准确至0.001g。

（5）干燥器　盛有适宜的干燥剂。

三、分析步骤

调节烘箱至 (110 ± 2)℃，在烘箱中加热带盖称量皿约 1h，加热时打开盖放在烘箱中。移出置于干燥器中冷却至室温，然后称量称量皿及盖，精确至 0.005g。

将约 5g 的试样在称量皿底部均匀铺开，盖上盖称量，精确至 0.005g。

将成套称量皿放在 (110 ± 2)℃的烘箱中，打开盖但要放在烘箱中，加热约 1h。

把称量皿从烘箱中取出，盖上盖子，在干燥器中冷却至室温后称量，精确至 0.005g。按照同样的步骤，做两次平行试验。

四、结果计算

对每次测定，按式（11-9）计算挥发物（包括水）的质量分数 w，以％表示。

$$w = \frac{m_2 - m_3}{m_2 - m_1} \times 100 \tag{11-9}$$

式中，m_1 为空称量皿及盖（经加热并冷却）的质量，g；m_2 为加热前称量皿、盖及试料的质量，g；m_3 为加热后称量皿、盖及试料的质量，g。

计算结果表示小数点后两位。

如果试样两次测定值之差的绝对值小于 0.10％，用其计算平均值，修约至 0.01％，否则，再次进行测定，直至满足要求，但若两次测定值均小于 0.30％，则忽略其绝对值之差直接计算平均值。

注：对于许多用途，如树脂的命名，表示挥发物质量分数的平均值至一位小数即可。

五、任务执行

1. 准备

（1）以小组为单位，综合考虑安全、实验室条件和实验方法的可行性，填写工作任务分配表（参考附录）。

（2）查阅参考书，完成下列有关工作任务的问题。

① 检测聚氯乙烯树脂挥发物的目的何在？

② 检测聚氯乙烯树脂挥发物的注意事项？

2. 实施

（1）制订分析检验方案 以小组为单位，综合考虑安全、实验室条件和实验方法的可行性，制订相应的检测方案，并列出所需仪器（参考附录）。

① 实验所需仪器。

② 检测步骤。

（2）审核分析检验方案 各组将制订好的计划交教师审核，在教师指导下修改不合理的地方，批准后方可实施。

（3）分析检验项目的实施

① 各组根据实验室现有条件选择所用仪器，填写仪器使用情况登记表，各自洗净、备用。

② 学生各自独立完成检验项目，填写原始数据记录表及检验报告单。

③ 结果描述。

聚氯乙烯树脂挥发物（包括水）原始数据记录表

样品名称		测定人	
样品编号		校核人	
检测依据		检测日期	
室温/℃		湿度	
记录项目		第一份	第二份
空称量皿的质量 m_1/g			
称量皿＋样品质量 m_2/g			
烘干后称量皿＋样品质量 m_3/g			
样品质量/g			
挥发物含量 w/%			
平均值/%			
绝对差值/%			
精密度要求参照"四、结果计算"		本次测定结果是否符合要求	

（4）数据处理　将挥发物（包括水）测定结果填至下表中，并进行相关计算。

聚氯乙烯树脂挥发物（包括水）测定分析结果报告单

来样单位			
采样日期		分析日期	
批号		批量	
执行标准			
检测项目	企业指标值		实测结果
挥发物(包括水)			
检测结论			

六、总结与反馈

1. 总结反思

分组讨论检测过程中的操作要点和要注意的细节，并做汇报。

2. 考核细则（见附录）

 任务4　聚氯乙烯树脂表观密度的测定

任务描述

　　根据 GB/T 20022—2005《塑料　氯乙烯均聚和共聚树脂表观密度的测定》中有关规定，现将方法总结如下。

一、方法概要

　　聚氯乙烯树脂广泛应用于塑料加工、建材、轻工等行业。表观密度的高低直接影响成品的加工，所以表观密度是聚氯乙烯树脂的一个重要指标。表观密度不同的样品，在充分混匀后呈现不同的外观状态。表观密度结果大于 0.540g/mL 的样品，在 7 天内表观密度结果波动不大，30 天、60 天时表观密度测定结果偏低；表观密度结果小于 0.540g/mL 的样品放置一段时间后，外观状态无明显变化，表观密度测定结果波动不大。

二、仪器

天平：分度值 0.1g。

量杯：容积为 200mL。

量筒：金属制成，内表面光滑，容积为（100±0.5）mL。内径为（45±5）mm。

漏斗：下部出口有一块插板，形状与尺寸如图 11-2 所示。

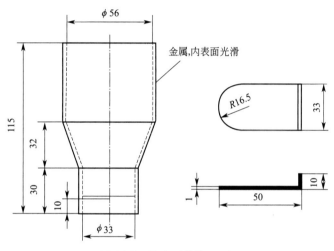

图 11-2　漏斗（单位：mm）

三、分析步骤

① 将漏斗垂直固定，其下端出口距已知质量的量筒上方 20～30mm，并与量筒同轴线，用插板封闭漏斗下部出口。

② 试验前将样品混匀，用量杯量取 110～120mL。倒入漏斗中，如静电严重，可加入少量抗静电剂（如 γ-氧化铝或炭黑，百分之几）。迅速移去插板，让试料自然落入量筒内（装满试料的量筒不得震动）。用直尺刮去量筒上面多余的试料，用天平称量，精确至 0.1g。

③ 对检测的样品进行两次测定。

四、结果计算

样品表观密度 X，以 g/mL 表示，按下列公式计算：

$$X = \frac{m}{V} \tag{11-10}$$

式中，m 为样品质量，g；V 为量筒体积，100mL。

五、允许差

平行测定结果之差的绝对值不大于 0.010g/mL，取平行测定结果的算术平均值表示结果。

六、任务执行

1. 准备

（1）以小组为单位，综合考虑安全、实验室条件和实验方法的可行性，填写工作任务分配表（参考附录）。

（2）查阅参考书，完成下列有关工作任务的问题。

① 聚氯乙烯树脂的表观密度的检测目的是什么？

② 实训注意事项有哪些？

2. 实施

（1）制订分析检验方案　以小组为单位，综合考虑安全、实验室条件和实验方法的可行性，制订相应的检测方案，并列出所需仪器（参考附录）。

① 实验所需仪器。

② 检测步骤。

（2）审核分析检验方案　各组将制订好的计划交教师审核，在教师指导下修改不合理的地方，批准后方可实施。

（3）分析检验项目的实施

① 各组根据实验室现有条件选择所用仪器，填写仪器使用情况登记表，各自洗净、备用。

② 学生各自独立完成检验项目，填写原始数据记录表及检验报告单。

聚氯乙烯树脂表观密度原始数据记录表

样品名称		测定人	
样品编号		校核人	
检测依据		检测日期	
室温/℃		湿度	
项目		第一份	第二份
样品质量 m/g			
量筒体积 V/mL			
样品表观密度 X/(g/mL)			

（4）数据处理　将表观密度测定结果填至下表中，并进行相关计算。

聚氯乙烯树脂表观密度测定分析结果报告单

来样单位			
采样日期		分析日期	
批号		批量	
执行标准			
检测项目	企业指标值		实测结果
表观密度			
检测结论			

七、总结与反馈

1. 总结反思

分组讨论检测过程中的操作要点和要注意的细节，并做汇报。

2. 考核细则（见附录）

 任务 5　聚氯乙烯树脂"鱼眼"的测定

任务描述

　　鱼眼，透明或半透明塑料薄膜或片材中，明显可见的"鱼眼"状缺陷，即树脂在成型过程中未得充分塑化的粒子。根据 GB/T 4611—2008《通用型聚氯乙烯树脂"鱼眼"的测定方法》中有关规定，现将方法总结如下。

一、方法概要

　　将样品按规定配方和制片条件压延成片，在检测箱上计数一定面积中的"鱼眼"数。

二、试剂与仪器

1. 试剂

① 邻苯二甲酸二辛酯（DOP），符合 GB/T 11406 一等品技术指标要求。

② 硬脂酸钡（轻质），符合 HG/T 2338 一等品技术指标要求。

③ 炭黑，符合 GB/T 7044 中色素炭黑技术指标要求，且通过 0.149mm 筛孔筛分。

2. 仪器

① 二辊炼塑机，160mm×320mm，速比 1∶（1.22～1.35）（快辊筒转速 19.5～24.0r/min），辊筒表面温度能控制在[（140～165）±2]℃，其他参数的炼塑机也可以使用，在报告中应注明规格，但仲裁时应采用符合本规定的设备。

② 表面测温仪，量程中的 140～165℃ 范围，分度值 1℃，热电偶允差不低于 3 级。

③ 厚度计，0～5mm，分度值 0.01mm。

④ 秒表。

⑤ 盛料杯，500mL。

⑥ 天平，精确至 0.1g。

⑦ 检测箱，见图 11-3。

⑧ 放大镜，20 倍。

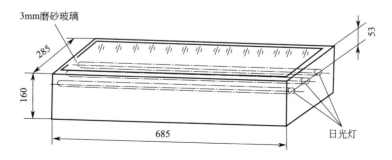

图 11-3　检测箱（单位：mm）

三、分析步骤

1. "鱼眼"测定配方

"鱼眼"测定配方见下表。

"鱼眼"测定配方

项目	DOP				PVC	硬脂酸钡	炭黑
黏数/(mL/g)	>156	156～96	95～73	<73			
配比(质量)/%	50	45	40	—①	100	2.0	0.2
用量/g	25.0	22.5	20.0	—①	50	1.0	0.1

① 配比及用量由供需双方协商确定。

2. 制片条件

（1）温度　各辊筒平均温度如下表所示，且两端温差不大于5℃。

各辊筒平均温度

黏数/(mL/g)	>156	156～127	126～96	95～73	<73
温度/℃	162±2	156±2	152±2	148±2	—①

①温度由供需双方协商确定。

（2）时间　6min±5s。

（3）试片厚度　（0.20±0.02）mm。

（4）室温　不低于20℃。

3. 操作过程

① 按"鱼眼"测定配方于盛料杯中依次加入DOP、树脂及各种助剂后搅拌均匀。

② 清洁辊筒表面并接通热源，加热至辊筒表面温度符合要求后，把辊筒调至试片厚度所需间隙，同时排风。

③ 开动炼塑机，将盛料杯中试料投入辊筒上，同时计时。

④ 使试料包在快辊上，不断切翻。待全部成片后，清除两端黏附粉末，并使试样在辊间分布均匀，呈滚动状态，防止有局部隆起。

⑤ 在1.5～2.0min取样检查包辊两端试片厚度（检查样片不应放回辊中，但最后试片总质量不少于65g），并及时调整到要求厚度。

⑥ 1.5min后每0.5min切翻一次，料卷应贴辊筒转动，到6min时拉出试片。

四、"鱼眼"的计数与结果表示

将试片放在检测箱上，从中间部位划取20cm×20cm一块，手持试片与毛玻璃板约成30°，对光源目视记录这块面积中的"鱼眼"数，个别可疑的"鱼眼"用放大镜鉴别。

试验结果以400cm^{2}中含有的"鱼眼"数表示，取平行试验的测定值的算术平均值为测定结果。当"鱼眼"数多于10个时，测定值与平均值的相对偏差应不大于20%，如大于20%需重新测定；当"鱼眼"数少于10个时，不计偏差。

五、任务执行

1. 准备

（1）以小组为单位，综合考虑安全、实验室条件和实验方法的可行性，填写工作任务分配表（参考附录）。

（2）查阅参考书，完成下列有关工作任务的问题。

① 聚氯乙烯树脂"鱼眼"数的检测目的是什么？

② 实训注意事项有哪些？

2. 实施

（1）制订分析检测方案　以小组为单位，综合考虑安全、实验室条件和实验方法的可行性，制订相应的检测方案，并列出所需仪器（参考附录）。

① 实验所需仪器。

② 检测步骤。

（2）审核分析检测方案　各组将制订好的计划交教师审核，在教师指导下修改不合理的地方，批准后方可实施。

（3）分析检测项目的实施

① 各组根据实验室现有条件选择所用仪器，填写仪器使用情况登记表，各自洗净、备用。

② 学生各自独立完成检验项目，填写原始数据记录表及检验报告单。

③ 结果描述。

聚氯乙烯树脂"鱼眼"数原始数据记录表

样品名称		测定人	
样品编号		校核人	
检测依据		检测日	
室温/℃		湿度	
项目		第一份	第二份
$400cm^2$ 中含有的"鱼眼"数			
精密度要求参照上述"四、'鱼眼'的计数与结果表示"中所述内容	本次测定结果是否符合要求		

（4）数据处理　将"鱼眼"测定结果填至下表中，并进行相关计算。

聚氯乙烯树脂"鱼眼"测定分析结果报告单

来样单位			
采样日期		分析日期	
批号		批量	
执行标准			
检测项目	企业指标值		实测结果
"鱼眼"数			
检测结论			

六、总结与反馈

1. 总结反思

分组讨论检测过程中的操作要点和要注意的细节，并做汇报。

2. 考核细则（见附录）

 任务6　聚氯乙烯树脂热稳定性试验

任务描述

　　根据 GB/T 15595—2008《聚氯乙烯树脂　热稳定性试验方法　白度法》中有关规定，现将方法总结如下。

一、方法概要

　　聚氯乙烯树脂在高温下发生分解的同时，呈现出白度下降。而不同样品在相同受热条件下得到的白度存在差别，从而体现出耐热性的不同。根据这一特性，采用热试验箱，将试样在规定条件下受热后测定白度。所测结果可作为样品间在规定条件下热稳定性的相对比较值。

二、仪器

　　(1) 白度仪

　　① 测量系统的照明与探测条件为 d/0 或符合国际照明委员会（CIE）规定的其他结构，所测白度为 R457 白度。

　　② 测量系统的光谱特性为主峰波长 457nm，半峰宽 44nm。

　　③ 仪器读数最小示值 0.1%，重复性≤0.5%。

　　(2) 热试验箱　带转盘和鼓风，箱内温度均匀，可控制在[(130～300)±1]℃。

　　(3) 试样瓶（或称量瓶）　70mm×35mm，不具盖、壁厚均匀。质量为（45±5）g。

　　(4) 天平　准确至 0.1g。

　　(5) 试验筛　筛孔尺寸为 0.250mm。

　　(6) 样品勺（或不锈钢汤勺）

　　(7) 秒表

三、分析步骤

1. 试料的制备

　　试样的受热温度和时间，按产品标准中规定或协议中要求进行。

　　① 称取 9.5～10.5g 试样，均匀地铺在试样瓶底部。

　　② 热试验箱升至规定温度后，打开箱门，迅速地把该试样瓶放在箱内的转盘上，此时试样瓶的平面与温度计的垂直距离应为 1cm，并立即关门计时，同时开动转盘。此时箱内温度与规定的温度差应不大于 5℃，并应在 2min 内升至规定温度。

　　注：若一次同时进行多个试样的测试，为了取放试样瓶方便，可在热试验箱外先把装有试样的试样瓶放在转盘上，用夹子将试样瓶固定，当打开箱门后，将其一同安放在箱内。

　　③ 距规定的受热时间±5s 时，关停转盘，取出试样瓶。及时用样品勺把试样瓶中结块的试样搅成粉末，过筛后待测。

2. 白度的测定

① 按仪器使用说明书规定的使用条件，把仪器调整到工作状态。

② 将待测试料置于样品池中，并超过池框表面。用玻璃板压实，再用金属尺刮去多余的试料，使表面平整无凸凹、斑痕等现象。

③ 将此样品池放在仪器的样品座上测定白度，读至0.1%。再将样品池在座上水平旋转90°测定白度，读至0.1%。取其算术平均值为测定值。

④ 若有争议，以测量系统的照明与探测条件为d/0结构的仪器为仲裁。

四、允许差

同一试样以相同条件进行两次测定，取两次测定值的算术平均值为测定结果。如果两次测定值之差的绝对值大于2.0%时需重新测定。

五、任务执行

1. 准备

（1）以小组为单位，综合考虑安全、实验室条件和实验方法的可行性，填写工作任务分配表（参考附录）。

（2）查阅参考书，完成下列有关工作任务的问题。

① 什么叫白度？

② 检测聚氯乙烯树脂的白度目的何在？

2. 实施

（1）制订分析检验方案 以小组为单位，综合考虑安全、实验室条件和实验方法的可行性，制订相应的检测方案，并列出所需仪器（参考附录）。

① 实验所需仪器。

② 检测步骤。

（2）审核分析检验方案 各组将制订好的计划交教师审核，在教师指导下修改不合理的地方，批准后方可实施。

（3）分析检验项目的实施

① 各组根据实验室现有条件选择所用仪器，填写仪器使用情况登记表，各自洗净、备用。

② 学生各自独立完成检验项目，填写原始数据记录表及检验报告单。

③ 结果描述。

聚氯乙烯树脂"白度"测定结果

样品名称		测定人	
样品编号		校核人	
检测依据		检测日期	
室温/℃		湿度	
项目		第一份	第二份
质量/g			
白度			
平均值			
精密度参照上述"四、允许差"中所述内容		本次测定结果是否符合要求	

（4）数据处理　将热稳定性试验测定结果填至下表中，并进行相关计算。

聚氯乙烯树脂热稳定性试验测定分析结果报告单

来样单位			
采样日期		分析日期	
批号		批量	
执行标准			
检测项目	企业指标值		实测结果
热稳定性			
检测结论			

六、总结与反馈

1. 总结反思

分组讨论检测过程中的操作要点和要注意的细节，并做汇报。

2. 考核细则（见附录）

素养拓展

聚合反应——团结力量大

　　聚合反应是把低分子量的单体转化成高分子量的聚合物的过程，聚合物具有低分子量单体所不具备的可塑、成纤、成膜、高弹等重要性能，可广泛用作塑料、纤维、橡胶、涂料、黏合剂以及其他用途的高分子材料。这种材料是由一种以上的结构单元（单体）构成的，由单体经重复反应合成的高分子化合物，可分为加聚反应（即聚合反应）和缩聚反应（即缩合反应）。

　　不论在我们的日常生活还是工作中，单枪匹马、个人英雄主义是不能打胜仗的，要学会团结，团结才能力量大。

【测试题】

一、填空题

1. 聚氯乙烯的外观是_____色粉末，当温度高于 100℃时开始分解放出_____。

2. 生产聚氯乙烯的主要原料为_____，其化学式为_____。

3. PVC 的生产主要有两种制备工艺，一是_____，主要生产原料是电石、煤炭和原盐；二是_____，主要原料是石油。

4. 环己酮，应贮存在具有磨口玻璃塞的_____中，放于暗处，使用前核对运动黏度。

5. 聚氯乙烯树脂在高温下发生分解的同时，呈现出_____。而不同样品在相同受热条件下得到的白度存在差别，从而体现出_____的不同。

6. 电石在常温下呈_____。

二、选择题

1. 为了提高树脂的热稳定性，可在聚合配方中加入（　　）。

A. 碳酸氢钠　　　　B. 聚醚　　　　　　C. 有机锡　　　　　D. 碳酸钠

2. 氯乙烯在少量过氧化物存在下，能聚合生成白色粉状固体高聚物，称为聚氯乙烯，简称为（　　　）。

　　A. PVC　　　　　　　　　B. PP　　　　　　　　C. VCM　　　　　　　　D. PS

3. 下列对聚氯乙烯树脂用途的叙述，不正确的是（　　　）。

A. 该树脂加入一定的添加剂后，可以用来制造农用薄膜

B. 该树脂加入一定的添加剂后，可以用来制造管材

C. 该树脂加入一定的添加剂后，可以用来制造有机玻璃

D. 该树脂加入一定的添加剂后，可以用来制造化学纤维

4. PVC 的软化点为（　　　）。

　　A．100～120℃　　　　B. 120～200℃　　　　C. 70～85℃　　　　D. 200～240℃

5. 聚氯乙烯在受热时将会发生降解放出氯化氢，放出的氯化氢对 PVC 的降解（　　　　）。

A. 有抑制作用　　　　B. 有催化作用　　　　C. 无影响　　　　D. 有加速作用

三、判断题

1. PVC 为无定形结构的白色粉末，支化度较小，玻璃化温度 77～90℃，170℃左右开始分解。　　　　　　　　　　　　　　　　　　　　　　　　　　　　　　　　　　　（　　　）

2. 聚氯乙烯树脂一等品要求挥发物（包括水）≤0.4％。　　　　　　　　　（　　　）

3. 聚氯乙烯具有阻燃、耐化学药品性、高机械强度及电绝缘性良好的优点。　（　　　）

4. 生产聚氯乙烯的原料为氯乙烯，分子式为 C_2H_3Cl，分子量是 62.5。　　　（　　　）

5. 工业上聚氯乙烯树脂只有两类，即高分子量聚氯乙烯树脂与低分子量聚氯乙烯树脂。

　　　　　　　　　　　　　　　　　　　　　　　　　　　　　　　　　　　　　（　　　）

6. 因为聚氯乙烯分子链柔顺性小于聚乙烯，所以聚氯乙烯塑料比聚乙烯塑料硬。

　　　　　　　　　　　　　　　　　　　　　　　　　　　　　　　　　　　　　（　　　）

7. 可以用"白度法"测定聚氯乙烯树脂的表观密度。　　　　　　　　　　　（　　　）

8. 聚氯乙烯树脂为非危险品，可按一般货物运输，运输时应用洁净的运输工具，不用防止雨淋。　　　　　　　　　　　　　　　　　　　　　　　　　　　　　　　　　　（　　　）

四、思考题

1. 简述什么叫白度。

2. 检测聚氯乙烯树脂的白度目的何在？

3. 简述聚氯乙烯树脂"鱼眼"数的检测目的。

4. 检测聚氯乙烯树脂挥发物（包括水）的注意事项有哪些？

5. 聚氯乙烯树脂主要的杂质与外来粒子有哪些？

6. 聚氯乙烯树脂的合成原料有什么？

7. 简述比浓黏度与 K 值的定义。

8. 简述干燥器的使用方法。

9. 简述白度仪应符合的条件。

附录

原始数据记录表

任务分配表

样品名称				样品编号	
检测项目					
组别		组长		组员	
序号					检测员

实验所需药品

序号	药品名称	药品等级或浓度	用量/g(或 mL)	使用安全注意事项

实验所需仪器

序号	仪器名称	规格	数量	序号	仪器名称	规格	数量

标准滴定溶液的滴定

检测依据			标定人	
基准物质			审核人	
水温/℃			检测日期	
温度校正系数			指示剂	

	记录项目	1	2	3	备份
基准物称量	$m_{倾样前}$/g				
	$m_{倾样后}$/g				
	$m_{(基准物)}$/g				

	记录项目	1	2	3	备份
	移取试液体积/mL				
滴定管	滴定管初读数/mL				
	滴定管终读数/mL				
	滴定消耗溶液体积/mL				
空白	V_0/mL				
体积校正	温度校正值/℃				
	体积校正值/mL				
	试剂体积/mL				
结果计算	计算公式				
	$c_{标液}$/(mol/L)				
	平均值				
	绝对差值/%				

评价与考核细则

课程名称:化工产品分析与检测		授课地点:			
任务名称:		授课教师:		课时:	
课程性质:理实一体课程		综合评分:			

评价项目及标准		分值(分)	评价等级			
学生自评(20%)		20	优	良	中	差
学生课堂表现自我评价	1. 按时出勤,无早退旷课情况	1				
	2. 课前预习,充分利用资源平台,获取有效信息	1				
	3. 认真完成课前老师下达的工作任务	1				
	4. 自己对学习过程中的重难点掌握程度	1				
	5. 教学活动中的表现,参与的积极性和主动性	2				
	6. 对实验过程中出现的问题能否主动思考,并使用已有知识进行解决,同时能找到自身知识的短板之处	2				
	7. 自己与团队人员工作过程中配合默契程度	2				
项目团队自我评价	1. 团队分工合作是否明确,自己在团队中的角色	2				
	2. 团队全体交流时是否听取每个组员的意见	3				
	3. 团队决策是否科学合理	2				
	4. 团队决策是否意见一致	3				
学生互评(20%)		20				
组内成员互评	1. 能认真对待他人意见,共同制定决策	5				
	2. 与组员交流、积极发言、融洽合作	5				
	3. 能积极主动帮助其他组员完成任务	5				
	4. 遇到问题能互相商量,不指责他人	5				
教师评价(60%)		60				
业务档案资料评价	1. 是否有业务参考资料	2				
	2. 是否制订业务实施计划与实施步骤	2				
	3. 实施过程材料是否齐全	2				
	4. 研讨与评价会议记录是否详细	2				
	5. 归档文件是否有条理、整齐、美观	2				
课堂汇报评价	1. 汇报表达清晰、有条理	5				
	2. 汇报内容正确,有科学依据	5				
	3.PPT 漂亮美观,内容呈现简洁明了	5				

课程名称:化工产品分析与检测			授课地点:				
任务名称:			授课教师:		课时:		
课程性质:理实一体课程			综合评分:				
评价项目及标准			分值(分)	评价等级			
教师评价(60%)			60	优	良	中	差
检测过程评价	实验操作	1. 着装符合实验室相关要求	1				
		2. 实验用仪器操作规范	2				
		3. 实验台面干净整洁	1				
		4. 实验过程中态度严谨端正	2				
	原始记录	1. 规范填写数据记录表	1				
		2. 数据真实、无修改	2				
	数据处理	1. 计算公式正确	2				
		2. 计算结果正确	2				
		3. 有效数据取舍是否合理	2				
	结果	1. 平行测定偏差处理是否合理	10				
		2. 结果准确度在允许范围内	10				
权重:优秀 100%　　良好 80%　　中等 60%　　较差 40%							

参考文献

［1］ 黄浩，李林福，刘海．分析化学［M］．延边：延边大学出版社，2019.

［2］ 黄一石，乔子荣．定量化学分析［M］.3 版．北京：化学工业出版社，2015.

［3］ 王有志．水质分析技术［M］.2 版．北京：化学工业出版社，2011.

［4］ 韩德红．化工产品分析与检测［M］．北京：科学出版社，2012.

［5］ 祁新萍，李永霞．化工产品分析与检测［M］．北京：化学工业出版社，2018.

［6］ 陈若愚，朱建飞．无机与分析化学实验［M］．北京：化学工业出版社，2014.

［7］ 唐仕荣．仪器分析实验［M］．北京：化学工业出版社，2016.

［8］ 张微微，张海玲．分析化学实训［M］．北京：化学工业出版社，2013.

［9］ 张晓明．分析化学实验教程［M］．北京：科学出版社，2008.

［10］ 刘永生，牛华锋．化工产品分析技术［M］．北京：化学工业出版社，2016.

［11］ 张振宇．化工产品检验技术［M］.2 版．北京：化学工业出版社，2011.

［12］ 丁敬敏，赵连俊．有机分析［M］.2 版．北京：化学工业出版社，2008.

［13］ 刘钢．化肥分析［M］．北京：化学工业出版社，2008.